工业和信息化精品系列教材

Java

基础
案例教程

黑马程序员 ◎ 编著

人民邮电出版社

北 京

图书在版编目（CIP）数据

Java 基础案例教程 / 黑马程序员编著. -- 3 版.

北京 ：人民邮电出版社，2025. --（工业和信息化精品系列教材）. -- ISBN 978-7-115-65384-0

Ⅰ. TP312.8

中国国家版本馆 CIP 数据核字第 20243NJ826 号

内 容 提 要

本书为 Java 基础入门教材，适合初学者使用。全书共 13 章，第 1～2 章主要讲解 Java 技术的一些基础知识，内容包括 Java 概述、Java 环境搭建、Java 程序的开发、IDEA、Java 基本语法、变量、数据类型转换、Java 中的运算符、选择结构语句、循环结构语句、数组和方法等；第 3～4 章主要讲解面向对象的相关知识，内容包括面向对象概述、类与对象、封装、构造方法、static 关键字、继承、抽象类和接口、多态、内部类和异常等；第 5～12 章讲解 Java 的重要知识及进阶技术，内容包括 Java API、集合与泛型、I/O、多线程、网络编程、数据库编程、Java 的反射机制和图形用户界面等；第 13 章基于图形用户界面开发一个综合项目——黑马书屋，帮助读者将前面所学的知识融会贯通。

本书配套丰富的教学资源，包括教学 PPT、教学大纲、源代码、课后习题及答案等。为帮助读者更好地学习本书中的内容，作者还提供了在线答疑服务，希望能够帮助到更多读者。

本书既可作为高等教育本、专科院校计算机相关专业的教材，也可作为 Java 程序设计爱好者的自学参考书。

◆ 编　著　黑马程序员

　　责任编辑　范博涛

　　责任印制　王　郁　焦志炜

◆ 人民邮电出版社出版发行　　北京市丰台区成寿寺路 11 号

　邮编　100164　电子邮件　315@ptpress.com.cn

　网址　https://www.ptpress.com.cn

　大厂回族自治县聚鑫印刷有限责任公司印刷

◆ 开本：787×1092　1/16

　印张：19.25　　　　　　　　　2025 年 1 月第 3 版

　字数：459 千字　　　　　　　2025 年 1 月河北第 4 次印刷

定价：59.80 元

读者服务热线：(010)81055256　印装质量热线：(010)81055316

反盗版热线：(010)81055315

广告经营许可证：京东市监广登字 20170147 号

前　言

Java 是当今时代主流的程序设计语言，因其安全性高、性能优异等特点，一直深受广大编程人员的喜爱。Java 技术的应用范围十分广泛，从智能移动终端的应用开发到企业级分布式计算，随处都能见到 Java 技术的身影。对于想从事 Java 开发工作的人员来说，学好 Java 基础知识尤为重要。

本书在编写的过程中，结合党的二十大精神进教材、进课堂、进头脑的要求，将素质教育内容融入日常学习中，让学生在学习新兴技术的同时提升爱国热情，增强民族自豪感和自信心，引导学生树立正确的世界观、人生观和价值观，进一步提升学生的职业素养，落实德才兼备、高素质、高技能的人才培养要求。

为什么要选择本书

编写一种技术的基础教程，最难的是将一些复杂、难以理解的思想和问题简单化，让读者能够轻松理解并快速掌握。本书为每个知识点都设计了相关案例，力争做到理论与实践相结合。

本书是在《Java 基础案例教程（第 2 版）》的基础上改版而成，对原教材做了如下优化与新增，具体如下。

（1）本书对 Java 基础知识体系进行了优化，力求知识模块之间的衔接更紧密。例如，将 Object 类、包装类、Lambda 表达式等内容放到了 Java API 中进行讲解。

（2）本书对 Java 基础知识体系进行扩充，涵盖的内容更加广泛，对每个知识点的讲解更加丰富翔实。例如，新增了 Stream 流、线程池、数据库连接池、JavaFX 等相关知识。

（3）本书在语言文字方面进行了优化，用简洁、清晰的语言对难以理解的编程问题进行描述，让读者更容易理解。对于难度较高的知识点，本书还配有生动的图解，帮助读者更好地掌握相关知识。

（4）本书新增了许多案例任务和项目实践，让读者在学习完知识点后有更多动手实践的机会，加深对知识点的应用，着重培养读者的动手实践能力。

如何使用本书

本书共 13 章，下面分别对每章内容进行简单介绍。

● 第 1 章主要讲解 Java 开发入门的相关知识，内容包括 Java 概述、Java 环境搭建、Java 程序的开发和 IDEA 等。

● 第 2 章主要讲解 Java 的编程基础，内容包括 Java 基本语法、变量、数据类型转换、Java 中的运算符、选择结构语句、循环结构语句、数组和方法等。

● 第 3～4 章主要讲解面向对象的相关知识，内容包括面向对象概述、类与对象、封装、构造方法、static 关键字、继承、抽象类和接口、多态、内部类和异常。通过这两章的学习，读者能够理解 Java 面向对象的思想。

● 第 5~7 章主要讲解 Java API、集合与泛型、I/O 的相关知识，这部分内容属于 Java 开发的重要知识。读者在学习时应做到完全理解每个知识点，并认真完成每章的案例任务和项目实践，以巩固所学知识。

● 第 8~12 章主要讲解多线程、网络编程、数据库编程、Java 的反射机制和图形用户界面的相关知识。这部分内容属于 Java 开发的进阶技术，读者学完这部分内容能够掌握如何在程序中同时处理多个任务，学会如何在网络上实现数据的传输和通信，能够进行更高级的数据操作，能够掌握如何在程序运行时获取类的信息并动态地创建对象和调用方法，以及学会开发并运用图形用户界面。

● 第 13 章基于图形用户界面开发一个综合项目——黑马书屋。通过本章的学习，读者能够掌握 Java 项目的开发流程及实现思路。

致谢

本书的编写和整理工作由传智教育完成，全体人员在近一年的编写过程中付出了辛勤的汗水，在此一并表示衷心的感谢。

意见反馈

尽管编者尽了最大的努力，但书中难免会有不妥之处，欢迎读者来信给予宝贵意见，编者将不胜感激。电子邮箱地址：itcast_book@vip.sina.com。

黑马程序员
2024 年 12 月于北京

目 录

第 1 章

拓展阅读

Java开发入门

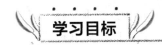

知识目标	1. 了解什么是 Java，能够简述 Java 是什么和 Java 的 3 个技术平台 2. 了解 Java 的特点，能够简述 Java 的主要特点 3. 了解 Java 程序的运行机制，能够简述 Java 程序的运行机制
技能目标	1. 掌握 JDK 的下载与安装，能够独立下载并安装 JDK 2. 掌握环境变量的配置，能够独立配置 Path 环境变量 3. 掌握第一个 Java 程序的开发，能够独立编写并运行 "HelloWorld" 程序 4. 掌握 IDEA 的下载、安装与启动，能够独立安装并启动 IDEA 5. 掌握使用 IDEA 进行程序开发，能够使用 IDEA 编写并运行 "HelloWorld" 程序 6. 掌握 IDEA 调试工具的使用方法，能够在程序中正确设置断点并进行程序的调试

　　Java 是一门高级程序设计语言，自问世以来，就受到了前所未有的关注，并成为网络应用、移动开发、嵌入式系统等众多领域最受欢迎的开发语言之一。本章将介绍 Java 的特点、开发环境和开发工具等相关知识，带领读者入门 Java 开发。

1.1 Java 概述

1.1.1 什么是 Java

　　在介绍 Java 之前，在此对计算机语言进行简述。计算机语言是人与计算机之间进行交流的一种语言形式。计算机语言种类繁多，按照抽象层次通常将其分为机器语言、汇编语言、高级语言三大类。

　　机器语言是计算机可以直接识别和执行的语言，使用二进制编码，表示简单、控制精确，但不易于编写和阅读；汇编语言使用与机器语言对应的文本式助记符、符号与操作码，更易于编写和阅读，但需要转换为机器语言才能被计算机执行；高级语言通常不直接与计算机硬件交互，更加接近于自然语言，具有结构化和面向对象等优点，编写和阅读更加简便。

Java 是计算机语言中的一种高级语言，于 1995 年首次发布。作为一种支持跨平台和完全面向对象的编程语言，Java 已经成为企业级应用程序和互联网应用开发的首选语言之一。为了满足不同的开发需求，Java 划分了 3 个技术平台，分别是 Java SE、Java EE 和 Java ME。

● Java SE（Standard Edition，标准版）是用于开发通用桌面和业务应用程序的解决方案。Java SE 是 3 个平台的核心部分，Java EE 和 Java ME 都是从 Java SE 的基础上发展而来的。Java SE 平台中包括 Java 最核心的类库，如集合、I/O、数据库连接和网络编程等。

● Java EE（Enterprise Edition，企业版）是用于开发企业级应用程序的解决方案。Java EE 可以看作是开发、组装和部署企业级应用的技术平台，主要包括 Servlet、JSP、EJB、Web Service 等技术。

● Java ME（Micro Edition，微型版）是用于开发嵌入式设备和移动设备上的应用程序的解决方案。然而，随着移动设备的迅速发展和其他技术的涌现，Java ME 的受欢迎程度逐渐降低，Java ME 的一些特定配置已经停止更新。同时，Java SE 9 开始引入新的模块化系统（Java Platform Module System，JPMS），以支持对 Java ME 的某些功能的整合和支持嵌入式设备、移动设备和物联网设备上应用程序的开发。

1.1.2 Java 的特点

Java 是一门优秀的编程语言，它之所以应用广泛，受到大众的欢迎，是因为它有许多突出的特点，其中最主要的特点有以下几个。

1. 简单

Java 是一种相对简单的编程语言，提供了基本的方法来完成指定的任务。程序员只需理解一些基本的概念，就可以用 Java 编写出适用于各种情况的应用程序。Java 舍弃了 C++ 中复杂的运算符重载和多重继承等特性，使用引用代替指针，并提供了丰富的类库、框架以及许多内置的功能和工具，使得开发者能够更快速、更高效地构建 Java 程序。

2. 面向对象

面向对象是当今主流的程序设计思想之一，其核心由类和对象组成，通过类和对象描述现实世界事物之间的关系。Java 是一种纯粹的面向对象的编程语言，支持封装、继承和多态等面向对象的概念，使得代码更加模块化、可以重用和易于维护。

3. 安全性

Java 具备较高的安全性，且提供了多种安全特性，如数字签名、SSL（Secure Socket Layer，安全套接字层）/TLS（Transport Layer Security，传输层安全协议）等机制，这些机制可以帮助开发者保证代码的安全性，抵御恶意行为或攻击。同时，Java 提供了自动的垃圾回收机制，开发人员不需要手动管理内存，减少了内存泄漏等问题，从而提高了代码的安全性和可靠性。

4. 跨平台性

Java 通过 JVM（Java Virtual Machine，Java 虚拟机）和字节码实现跨平台。Java 程序由 Java 编译器编译成字节码文件，JVM 中的 Java 解释器会将字节码文件翻译成所在平台对应的机器码文件，由硬件执行机器码文件。因此，Java 程序可以"一次编写，到处运行"。

5. 支持多线程

Java 语言支持多线程。多线程可以简单理解为程序中的多个任务可以并发执行，从而显著提高程序的执行效率，这使得 Java 适用于并发编程和处理大规模并发任务。

6. 分布性

Java 是一门分布式语言，提供了广泛的网络连接支持，并且通过 Socket 类可以实现可靠的流式网络连接。借助 Java，开发者可以轻松地创建分布式的客户端和服务器应用，将网络作为软件应用的分布式运输工具。

1.2　Java 环境搭建

Java 环境主要指的是支撑 Java 开发和执行的一系列工具和组件，搭建 Java 环境包括下载和安装 JDK（Java Development Kit，Java 开发工具包），以及配置系统环境变量等。JDK 是构建及运行 Java 应用程序的核心，包含 Java 编译器、运行时环境和一系列工具库，用于开发和运行 Java 应用程序。配置环境变量可以更便捷地使用已安装的 JDK。下面对 JDK 的下载与安装以及环境变量的配置进行详细讲解。

1.2.1　JDK 的下载与安装

为了适应不断变化的技术需求和标准，JDK 的版本也在不断升级，在本书完稿时，JDK 已更新至 JDK 23。然而，企业通常会考虑兼容性、稳定性和迁移成本等多种因素，不会立即采用最新版本的 JDK。相比之下，JDK 17 被认为是目前比较稳定的版本，同时 JDK 17 将在未来获得官方长期的支持和维护，因此本书将基于 JDK 17 进行讲解。下面对 JDK 17 的下载与安装进行讲解。

1. 下载 JDK

Oracle 公司提供了适应多种操作系统的 JDK，读者可以根据自己使用的操作系统，下载相应版本的 JDK。本书以 64 位的 Windows 10 系统为例演示 JDK 的下载和安装。

打开浏览器并访问 Oracle 官方网站，进入 JDK 下载页面，如图 1-1 所示。

在图 1-1 所示的页面中，依次单击"JDK 17"和"Windows"，查看相应的安装包，如图 1-2 所示。

图1-1　JDK 下载页面

图1-2　JDK 17下载页面

从图 1-2 中可以看到，该页面中提供了 3 个 JDK 安装文件，其类型分别为 x64 Compressed Archive、x64 Installer、x64 MSI Installer，下面分别对这 3 种类型的安装文件进行介绍。

● x64 Compressed Archive：免安装版本，是一个压缩文件，下载后解压缩即可使用，通常需要用户自行进行一些设置。

● x64 Installer：离线安装包版本，是一个可执行文件，包含图形用户界面的安装向导程序。下载后运行该可执行文件，再根据安装向导的提示进行安装即可，用户无须进行额外配置。

● x64 MSI Installer：也是离线安装包版本，通过 MSI 文件进行安装，提供更丰富的安装选项。与 x64 Installer 类似，它也无须用户进行额外的配置。

上述 3 种类型的 JDK 安装文件安装后的使用效果都一样，读者可以选择上述任意一种 JDK 安装文件进行下载和安装。由于免安装版本解压缩后可以直接使用，无须进行烦琐的安装操作，相比之下更加方便，这里选择下载免安装版本进行下载和安装演示。

单击"x64 Compressed Archive"右侧的链接，下载 Windows 系统下免安装的 JDK 17 安装文件，下载成功后会得到一个名为"jdk-17_windows-x64_bin.zip"的压缩包。

2. 解压缩 JDK 安装文件的压缩包

将下载好的"jdk-17_windows-x64_bin.zip"压缩包解压缩到一个路径不包含中文和空格的目录中，存放解压缩后的 JDK 安装文件的目录称为 JDK 安装目录，JDK 安装目录下的文件如图 1-3 所示。

图1-3　JDK安装目录下的文件

为了帮助读者更好地理解 JDK 安装目录下各文件的作用，下面对 JDK 安装目录中的子目录和重要文件进行说明。

（1）bin 目录：该目录用于存放一些可执行文件，下面对该目录下常用的可执行文件进行说明。

● javac.exe：Java 编译器，它可以将编写好的 Java 文件编译成 Java 字节码文件。

● java.exe：Java 解释器，用于运行已编译的 Java 字节码文件，从而运行 Java 程序。

● jar.exe：Java 打包工具，用于创建和管理 JAR（Java Archive）文件。JAR 是一种压缩文件格式，可将多个 Java 类文件、资源文件和相关信息打包成一个单独的文件。

● javadoc.exe：文档生成工具，它可以根据代码中的注释和特定标记，自动生成详细的 API（Application Program Interface，应用程序接口）文档，包括类、方法、字段的描述、参数说明、返回值信息等。

（2）conf 目录：该目录包含 JDK 的配置文件和属性文件，其中包括 security 目录，用于存储与安全相关的配置文件。

（3）include 目录：JDK 是使用 C 语言和 C++开发的，因此在启动时需要引入一些 C 语言的头文件，该目录包含用于本地开发的头文件，用于与其他编程语言进行交互。

（4）jmods 目录：包含 JDK 模块化系统使用的模块文件（.jmod 文件），模块化系统是 JDK 9 引入的一项特性，用于提高 Java 平台的可伸缩性和安全性。

（5）lib 目录：用于存放 JDK 提供的核心类库、扩展库、第三方库以及本地实现库，这些类库文件提供了 Java 开发所需的各种基础类、方法和功能，用于支持特定的功能或平台。

3. 验证 JDK 是否安装成功

JDK 安装完成后，可以通过执行 JDK 中的相关命令验证 JDK 是否安装成功。打开 JDK 安装目录下的 bin 目录，在地址栏中输入 "cmd" 后按 "Enter" 键，在当前目录下打开命令提示符窗口，如图 1-4 所示。

在图 1-4 所示的命令提示符窗口中输入以下命令。

```
java -version
```

上述命令用于在命令提示符窗口中显示系统已安装的 Java 运行时环境的版本信息，执行上述命令，效果如图 1-5 所示。

图1-4　打开命令提示符窗口

图1-5　执行 "java –version" 命令

从图 1-5 中可以看到，命令提示符窗口正常显示出当前计算机上安装的 Java 运行时环境的版本信息，说明当前系统中 JDK 已成功安装。

1.2.2　配置环境变量

解压缩后的免安装版本的 JDK 可以直接使用，但是 Java 的可执行文件存放在 JDK 安装目录的 bin 目录中，默认情况下，想要执行 Java 的相关命令需要在 bin 目录下操作。如果每次执行 Java 的相关命令都需要进入 bin 目录中，操作会比较烦琐。想要在任意目录下都可以执行 Java 的相关命令，可以通过配置系统的环境变量实现，下面讲解如何将 JDK 安装目录配置到环境变量。

1. Path 环境变量的作用

当在 Windows 系统的命令提示符窗口中执行一条可执行命令时，系统会先在当前目录中寻找该命令对应的可执行文件。如果在当前目录中找不到该文件，系统会继续在 Path 环境变量中定义的路径下查找该文件。Path 环境变量是用于保存一系列可执行文件路径的变量，这些路径指定了系统可以查找可执行文件的位置。

下面演示没有在 Path 环境变量中设置 JDK 安装目录之前，在其他目录下执行 java 命令的效果。例如，按 "Windows+R" 快捷键，在弹出的对话框中输入 "cmd" 后按 "Enter" 键打开命令提示符窗口，在命令提示符窗口中输入 "java -version" 命令，按 "Enter" 键，效果如图 1-6 所示。

图1-6　未设置Path环境变量，在其他目录下执行java命令

从图 1-6 所示的错误提示中可以得出，命令执行失败，说明当前目录下不存在 java 命令对应的可执行文件，并且该可执行文件的路径也未包含在 Path 环境变量中，系统没有找到 "java -version" 命令，无法正常执行该命令。

2. 配置 Path 环境变量

右击"此电脑"，在弹出的快捷菜单中选择"属性"命令，然后在弹出的"设置"窗口中单击"高级系统设置"超链接，弹出"系统属性"对话框，在"系统属性"对话框的"高级"选项卡中单击"环境变量"按钮，弹出"环境变量"对话框，如图 1-7 所示。

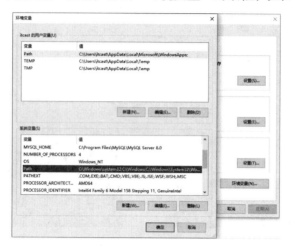

图1-7　"环境变量"对话框

在"系统变量"区域中选中名为"Path"的系统变量，单击"编辑"按钮，打开"编辑环境变量"对话框，如图 1-8 所示。

单击右侧的"新建"按钮后，在左侧新增的输入框中输入 JDK 安装目录下 bin 目录的路径，例如，D:\software\Java\jdk\jdk-17.0.8\jdk-17.0.8\bin，如图 1-9 所示。

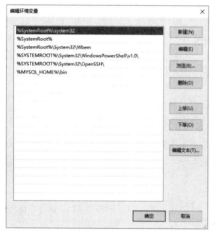

图1-8　"编辑环境变量"对话框　　　　图1-9　添加JDK安装目录下bin目录的路径

成功添加 JDK 安装目录下 bin 目录的路径之后，依次单击所有打开对话框的"确定"按钮，完成 Path 环境变量的配置。需要注意的是，添加的目录路径为自己本地 JDK 安装目录下 bin 目录的路径，如果读者的 JDK 安装目录与本书路径不一致，需要自行修改。

3. 验证 Path 环境变量是否配置成功

按"Windows+R"快捷键，在弹出的对话框中输入"cmd"后按"Enter"键打开命令提示符窗口，在命令提示符窗口中输入"java -version"命令，按"Enter"键，效果如图 1-10 所示。

图1-10　验证Path环境变量是否配置成功

图 1-10 所示的命令提示符窗口中输出了 Java 的版本号，说明成功执行了 java -version 命令，Java 的 Path 环境变量配置成功。

1.3　Java 程序的开发

在 1.2 节中已经成功搭建了 Java 环境，下面开发本书第一个 Java 程序，并分析其开发过程，帮助初学者理解 Java 程序的运行机制。

1.3.1　第一个 Java 程序

Java 程序的执行是由 JVM 负责执行 Java 的字节码文件，从而实现程序的功能。要得到字节码文件，首先需要编写 Java 的源文件，再利用 Java 编译器将源文件编译成字节码文件。根据这个思路，下面开始第一个 Java 程序的开发。

1.　编写程序代码

Java 是一种纯文本编程语言，可以使用记事本等文本编辑器直接编辑和保存 Java 代码。这里使用记事本编写第一个 Java 程序。

在任意目录下创建一个文本文档，并将其重命名为"HelloWorld.java"。用记事本打开"HelloWorld.java"文件，在该文件中编写一个 Java 程序，如以下文件所示。

文件 HelloWorld.java

```
1  class HelloWorld{
2      public static void main(String[] args){
3          System.out.println("hello world");
4      }
5  }
```

文件 HelloWorld.java 中的代码实现了一个 Java 程序，下面对程序代码进行简单介绍。

在文件 HelloWorld.java 中，第 1 行的 class 是一个关键字，用于定义一个类。在 Java 中所有的代码都需要在类中书写。"HelloWorld"是类的名称，简称类名。class 关键字与类名之间需要用空格、制表符、换行符等任意空白字符进行分隔。类名之后要写一对大括号，用于定义当前类的作用域。

第 2～4 行代码定义了一个 main()方法，该方法是 Java 程序的执行入口，程序将从 main()方法开始执行类中的代码。其中，第 3 行代码是 main()方法中的一条执行语句，它的作用是在控制台中输出文本信息"hello world"。

文件 HelloWorld.java 中的代码完成了"HelloWorld.java"源文件的编写。需要注意的是，在编写程序时，程序中出现的括号、分号等符号必须采用英文半角格式，否则程序会出错。

2. 编译程序

由于 Java 程序最终要运行在 JVM 上，因此需要把 Java 源文件编译成 JVM 能够执行的字节码文件。Java 中提供了 javac 命令来编译 Java 的源文件，使用 javac 命令进行编译的语法格式如下。

```
javac [options] <source files>
```

在上述命令中，options 是可选参数，用于指定编译过程中的各种参数和设置；source files 是需要编译的 Java 源文件的路径，可以指定单个文件或一组文件，多个文件之间使用空格分隔。需要注意的是，在使用 javac 命令编译源文件时，需要输入完整的文件名称，包括它的扩展名 ".java"。

进入 "HelloWorld.java" 所在的文件夹中，在该文件夹的地址栏中输入 "cmd" 后按 "Enter" 键，在当前目录下打开命令提示符窗口，如图 1-11 所示。

使用 javac 命令编译 "HelloWorld.java" 文件，具体命令如下。

图1-11　在 "HelloWorld.java" 所在目录下打开命令提示符窗口

```
javac HelloWorld.java
```

执行上述命令的效果如图 1-12 所示。

从图 1-12 中可以看出，javac 命令已经执行完毕，并且没有出现任何异常信息。此时，再次查看 "HelloWorld.java" 所在文件夹，发现该文件夹中新增了一个文件，如图 1-13 所示。

图1-12　编译 "HelloWorld.java" 源文件

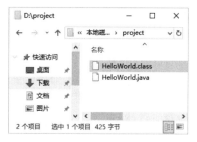

图1-13　"HelloWorld.java" 所在文件夹新增的文件

从图 1-13 中可以看到，"HelloWorld.java" 所在文件夹下生成了 "HelloWorld.class" 字节码文件，说明 "HelloWorld.java" 文件编译成功。

3. 运行程序

Java 中提供了 java 命令来执行字节码文件，使用 java 命令执行字节码文件的语法格式如下。

```
java [options] <classname> [args]
```

在上述命令中，options 是可选参数，用于指定运行时的参数和行为；classname 是要执行的 Java 类的名称，这个类应该包含一个 main() 方法作为程序的执行入口；args 是可选参数，作为 main() 方法的参数传入程序中。

使用 java 命令执行 "HelloWorld" 程序，具体命令如下。

```
java HelloWorld
```

执行上述命令，效果如图 1-14 所示。

图1-14　执行 "HelloWorld" 程序的效果

从图 1-14 中可以看到，命令提示符窗口中输出"hello world"，说明"HelloWorld"程序
执行成功。

●*脚下留心：编译 Java 源文件时可能出现的错误

编译 Java 源文件时，在输入的命令和文件名完全正确
的情况下，可能会出现"找不到文件"的错误，如图 1-15
所示。

出现图 1-15 所示错误的原因可能是文件的扩展名被隐
藏了。虽然文本文档显示的文件名为"HelloWorld.java"，但
实际上这个文件的真实名称可能为"HelloWorld.java.txt"，
文件类型并没有得到修改。为了解决这一问题，需要让文件名中被隐藏的扩展名显示出来，
再进行修改。显示扩展名的方法如下。

图1-15　"找不到文件"错误

在任意目录下选择"查看"选项卡，如图 1-16 所示。

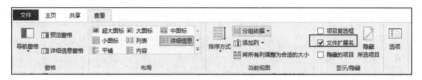

图1-16　"查看"选项卡

选中"文件扩展名"复选框，这样就可以显示出文件隐藏的扩展名。

完成上述设置之后，再修改"HelloWorld.java.txt"文档的名称为"HelloWorld.java"
即可。

1.3.2　Java 程序的运行机制

要熟练使用 Java 进行程序设计，除了要对 Java 的特点有一定的了解外，还有必要深入
了解 Java 程序的运行机制。Java 程序的运行过程包括编译和执行。首先，Java 编译器会将扩
展名为.java 的源文件编译成扩展名为.class 的字节码文件。然后，JVM 会解释执行这些字节
码文件。下面以 HelloWorld.java 文件中实现的第一个 Java 程序为例，对 Java 程序的运行机
制进行说明，具体操作步骤如下。

（1）编写"HelloWorld.java"源文件。

（2）使用"javac HelloWorld.java"命令编译"HelloWorld.java"文件。编译结束后，会
自动生成一个名为"HelloWorld.class"的字节码文件。

（3）使用"javac HelloWorld"命令启动 JVM 运行程序。JVM 首先将编译好的字节码文
件加载到内存，这个过程被称为类加载，由类加载器完成。然后 JVM 对加载到内存中的 Java
类进行解释执行，并输出运行结果。

通过上面的说明不难发现，Java 程序是由 JVM 负责执行的，而并非操作系统。这样做的
好处是可以实现 Java 程序的跨平台，即相同的 Java 程序可以在不同的操作系统上运行，只需
要安装相应版本的 JVM 即可实现兼容。图 1-17 对 Java 程序跨平台的原理进行了简要说明。

由图 1-17 可知，Java 源文件经过编译后会生成字节码文件，这些字节码文件将会被 JVM
加载并解释执行。JVM 作为中间层将 Java 应用程序和操作系统相连，这意味着字节码文件

不会直接和操作系统进行交互，而是通过 JVM
来实现与操作系统的交互。

Java 程序的跨平台特性有效地解决了程序
设计语言在不同操作系统编译时产生不同机器
码的问题，极大降低了程序开发和维护的成本。
需要注意的是，Java 程序通过 JVM 可以实现跨
平台特性，但 JVM 不是跨平台的。也就是说，
不同操作系统上的 JVM 是不同的，即 Windows
平台上的 JVM 不能用在 Linux 平台上，Linux
平台上的 JVM 也不能用在 Windows 平台上。

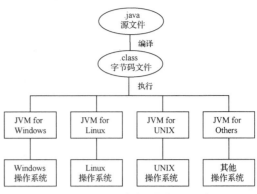

图 1-17   Java 程序跨平台的原理示意

1.4　IDEA

在实际项目开发中，使用记事本编辑代码会受到许多限制，例如无法提供实时调试和排
错功能、缺乏项目管理和构建工具等，很难实现项目的高效开发。正所谓"工欲善其事，必
先利其器"，为了提高程序的开发效率，大部分开发人员很少直接使用记事本编写程序，通
常都会使用集成开发环境（Integrated Development Environment，IDE）进行 Java 程序的开发。
本节将对 Java 常用的开发工具——IntelliJ IDEA（本书简称 IDEA）进行讲解。

1.4.1　IDEA 的下载、安装与启动

IDEA 是用于开发 Java 程序的集成开发环境，同时也支持其他编程语言。它在业界被公
认是最好的 Java 开发工具之一，在智能代码助手、代码自动提示、重构、J2EE 支持、Ant、
Junit、CVS 整合、代码审查、创新的 GUI 设计等方面表现尤为出色。因此，本书后续 Java
程序的编写和运行都将采用 IDEA。下面分别讲解 IDEA 的下载、安装与启动步骤。

1.　下载并安装 IDEA
打开浏览器并访问 IDEA 的官网首页，如图 1-18 所示。

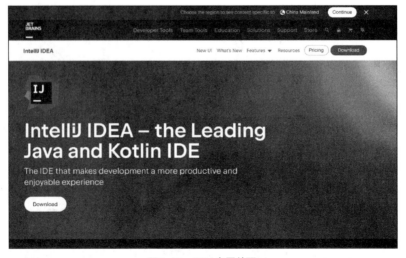

图 1-18   IDEA 官网首页

单击 "Download" 按钮，进入 IDEA 的下载页面，如图 1-19 所示。

图1-19　IDEA的下载页面

从图 1-19 中可以看到，IDEA 有两个版本，分别是 IntelliJ IDEA Ultimate（旗舰版）和 IntelliJ IDEA Community Edition（社区版）。其中旗舰版是商业版本，提供了更多高级功能和企业特性，适用于专业开发人员和大型项目，但是需要付费，而社区版提供了完整的 Java 开发环境，具有代码编辑、调试、重构、版本控制等功能，以及丰富的插件，不需要付费。

社区版与旗舰版相比，可能在一些高级功能和特定领域的支持上存在差异，但对大多数初学者和个人开发者来说，社区版足以满足学习和开发的需求，因此本书选择使用社区版。除此之外，还需要选择适合当前操作系统的 IDEA 版本，本书使用的操作系统为 Windows 10。

单击 "IntelliJ IDEA Community Edition" 下面的 "Download" 按钮进行下载。下载完成后会得到一个名为 "ideaIC-2023.2.1.exe" 的安装包，双击 "ideaIC-2023.2.1.exe" 安装包启动安装程序，弹出 IDEA 安装欢迎界面，如图 1-20 所示。

单击 "Next" 按钮，进入选择安装位置界面，如图 1-21 所示。

图1-20　IDEA安装欢迎界面

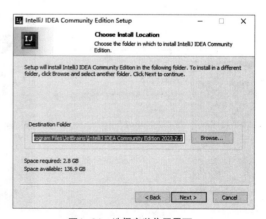

图1-21　选择安装位置界面

在图 1-21 所示的界面中，显示了 IDEA 默认的安装路径，读者可以在文本框中输入自定义路径，或者通过单击 "Browse" 按钮来修改路径。设置完安装路径后，单击 "Next" 按钮，进入基本安装选项界面，如图 1-22 所示。

图 1-22 所示的几个安装选项的含义和推荐设置如下。

● Create Desktop Shortcut：创建桌面快捷方式，为了方便打开 IDEA，建议选中。

● Update Context Menu：是否将 IDEA 的功能集成到操作系统的上下文菜单中，即是否需要通过右键快捷菜单直接访问 IDEA 的相关功能，读者可以根据自身需求进行选择。

● Create Associations：关联文件格式，不推荐选中。

● Update PATH Variable（restart needed）：是否将 IDEA 启动目录添加到环境变量中，即是否允许从命令提示符窗口启动 IDEA，读者可以根据自身需求进行选择。

在此只选择 "Create Desktop Shortcut" 复选框，IDEA 在安装完成后会生成桌面快捷方式。单击 "Next" 按钮，进入选择开始菜单界面，如图 1-23 所示。

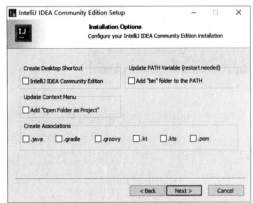

图1-22　基本安装选项界面

图1-23　选择开始菜单界面

在图 1-23 所示的界面中单击 "Install" 按钮安装 IDEA，安装完成界面如图 1-24 所示。

在图 1-24 所示的界面中单击 "Finish" 按钮，至此，IDEA 的安装完成。

2. 启动 IDEA

IDEA 安装完成之后，双击 IDEA 的桌面快捷方式即可启动，IDEA 启动界面如图 1-25 所示。

图1-24　安装完成界面

图1-25　IDEA启动界面

启动过程中需要选中 IDEA 用户协议，启动完成后进入 IDEA 主界面，如图 1-26 所示，该界面显示了 "Welcome to IntelliJ IDEA"，至此，IDEA 已经成功安装并启动。

图1-26　IDEA主界面

📖 **多学一招：修改 IDEA 主题背景颜色**

　　IDEA 2023.2.1 的主题背景颜色默认为黑色，为了后续使用时内容显示得更清晰，这里将 IDEA 的主题背景颜色修改为白色，修改方法如下。

　　单击 IDEA 主界面左侧导航菜单栏中的"Customize"，进入 IDEA 定制界面，如图 1-27 所示。

　　在图 1-27 所示的界面中，将"Color theme"设为"Light"，如图 1-28 所示。

图1-27　IDEA定制界面

图1-28　将IDEA主题背景颜色改为白色

　　图 1-28 中，IDEA 主题背景颜色已成功更改为白色。至此，IDEA 主题背景颜色修改完成。

1.4.2　使用 IDEA 进行程序开发

　　在安装完 IDEA 后，为了更好地学习和掌握 IDEA 的使用方法，下面使用 IDEA 实现一个 Java 程序，实现在控制台中输出"hello world"的功能，具体步骤如下。

1. 创建 Java 项目

　　IDEA 提供了强大的代码管理功能。编写 Java 程序时，通过创建项目能够更好地组织代码、处理依赖关系，以及简化构建和部署流程。创建新项目的具体方法如下。

在 IDEA 主界面中单击"New Project"，进入创建项目界面，如图 1-29 所示。

图 1-29 中展示了使用 IDEA 开发 Java 程序所需的一些设置参数，包括 Name、Location、Language、Build system 和 JDK，下面分别对这些参数的含义和填写内容进行详细讲解。

● Name：项目名称，用于唯一标识一个项目，这里设置为"chapter01"。

● Location：位置，用于指定项目的存储位置或文件保存的路径，这里设置为"D:\project"。

● Language：语言，用于指定要使用的编程语言，这里选择 Java 作为主要语言。

● Build system：构建系统，用于进行项目构建和依赖管理的工具。在 Java 中除了 IDEA 自带的构建系统，还有两种主流的构建系统，即 Maven 和 Gradle，这两种构建系统在之后的 Java 学习中会接触到，这里不做过多解释。由于这里开发的 Java 程序较为简单，因此选择 IDEA 自带的构建系统 IntelliJ，使用它可以方便地进行项目的编译、构建和依赖管理。

● JDK：选择当前项目基于的 JDK，这里选择第 1.2 节安装的 JDK 17。

上述设置完成之后单击"Create"按钮，进入 IDEA 工作台，如图 1-30 所示。

图1-29　创建项目界面

图1-30　IDEA工作台

从图 1-30 中可以看到，在 IDEA 工作台的包资源管理器视图中显示了已经创建好的 Java 项目 chapter01。

2. 创建 Java 类

在前面的讲解中提到，所有的 Java 代码都需要在类中书写。因此这里需要创建一个类来写 Java 代码。右击 src 文件夹，在弹出的快捷菜单中选择"New"→"Java Class"命令，如图 1-31 所示。弹出"New Java Class"界面，如图 1-32 所示。

图1-31　选择"New"→"Java Class"命令

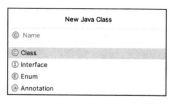

图1-32　"New Java Class"界面

从图 1-32 中可以看到，新建 Java 类时可以选择 4 种不同的类别，这里新建一个普通类，即选择 Class，并在文本框中输入类名 "HelloWorld"，然后按 "Enter" 键完成类的创建，进入 IDEA 开发界面，如图 1-33 所示。

3. 编写程序代码

从图 1-33 中可以看到，创建 HelloWorld 类后，IDEA 开发界面中会显示所创建类的文本编辑器视图，该视图默认打开 "HelloWorld.java" 文件，开发者可以在文本编辑器视图中编辑对应的文件内容。在文本编辑器视图中编写一个 Java 程序，如图 1-34 所示。

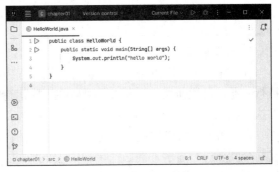

图1-33　IDEA开发界面　　　　　　　　　　　图1-34　编写Java程序

细心的读者从图 1-34 所示的界面中可以发现，不同类型的单词具有不同的底色。这是由于 IDEA 支持语法高亮功能，为不同类型的单词应用不同的颜色或字体效果，可以清楚地区分关键字、变量、方法名等元素，提升了代码的可读性和可维护性。

4. 运行程序

在第 1.3 节中讲到 Java 程序运行时需要经过编译和执行，可以使用 Java 提供的编译器和解释器对程序进行编译和执行。然而，像 IDEA 这样的集成开发环境，它使用了集成的编译器和构建工具，能够自动将源代码编译成字节码文件，从而使得开发者可以更加专注于编码本身。而且，IDEA 还提供了便捷的按钮和快捷键，使用户可以使用更简便的方式执行 Java 程序。在 IDEA 中执行 Java 程序的步骤如下。

（1）单击 "HelloWorld.java" 文件中第 1 行或第 2 行前面的▶按钮，运行 "HelloWorld" 程序，如图 1-35 所示。

（2）单击 "Run 'HelloWorld.main()'"，运行 "HelloWorld" 程序，运行结果会在控制台显示，如图 1-36 所示。

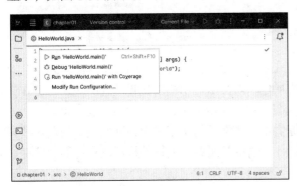

图1-35　运行 "HelloWorld" 程序　　　　　　　　　图1-36　运行结果

（3）在图 1-36 中，控制台中输出了"hello world"，说明程序代码编写正确并成功运行。至此，使用 IDEA 开发"HelloWorld"程序完成。

1.4.3　IDEA 调试工具

在程序开发过程中，难免会出现各种各样的错误。为了帮助开发者更有效地定位程序中的错误，IDEA 提供了强大的调试工具，它通过逐步执行代码、查看变量的值和监视程序的执行流程，帮助开发者深入分析和调试程序。调试工具还允许开发者设置断点，使程序在执行到特定位置时停下来，方便检查代码状态和调试逻辑。下面使用 IDEA 调试工具对程序进行调试。

1．设置断点

在 IDEA 中，断点是开发人员为了调试程序而设置的一个特殊标记点，用于暂停程序的执行。通过设置断点，开发人员可以在程序运行时指定程序在哪个位置暂停，以便观察程序的执行状态、检查变量的值和执行其他调试操作。

在 IDEA 中可以通过单击需要设置断点的代码行左侧来设置断点，设置成功的断点通常以一个圆点进行显示。例如，单击"HelloWorld.java"文件的第 3 行代码左侧以设置断点，如图 1-37 所示。

2．以 Debug 模式启动程序进行调试

在 IDEA 中如果想要程序在执行到设置的断点处暂停，需要以 Debug 模式启动程序。单击 IDEA 工具栏中的█按钮，以 Debug 模式启动程序，如图 1-38 所示。

图1-37　设置断点　　　　　　　　　　图1-38　以Debug模式启动程序

从图 1-38 中可以看到，程序在启动调试运行之后，会在设置的断点位置停下来，此时 IDEA 会自动在当前执行代码的下方添加背景色，以突出显示当前执行的代码块；并且在文本编辑器视图的下方会显示一个变量区域视图，用于显示调试过程中变量的实时值。

在图 1-38 所示的 Debug 模式界面中提供了一些常用的调试按钮，开发人员使用这些调试按钮可以在程序的执行过程中进行调试操作，这些常用调试按钮的作用及对应的快捷键如表 1-1 所示。

表 1-1　常用调试按钮的作用及对应的快捷键

按钮	快捷键	操作名称
⌃	F8	单步调试，执行下一行代码。如果这一行代码中有方法被调用，不会进入方法内部
⤓	F7	单步调试，执行下一行代码。如果这一行代码中调用了自定义的方法，则进入所调用的自定义方法内部
⤓	Alt+Shift+F7	单步调试，执行下一行代码。如果这一行代码中有方法被调用，则进入所调用的方法内部
⤒	Shift+F8	跳出方法，从进入的方法内退出到方法调用处
⋊	Alt+F9	执行代码到当前光标所在的代码行，如果光标不在当前执行代码的后面，则会执行后续所有代码
▶	F9	继续执行，执行到下一个断点或执行完程序

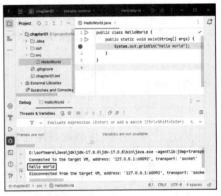

图1-39　继续执行程序

当前执行程序的方法中只有一行代码，并且该行代码中没有调用其他自定义的方法，此时使用快捷键"F8"和快捷键"F7"效果都一样，可以继续执行下一行。直接按"F9"键则可以继续执行程序，如图 1-39 所示。

图 1-39 中，控制台中输出了"hello world"，说明该程序已经执行完成，这是因为在图 1-39 中的断点代码之后没有下一个断点，所以程序会一直执行到结束。

本章小结

本章主要对 Java 的基础知识进行了讲解。首先是 Java 概述；接着讲解了 Java 环境搭建；然后带领读者进行了第一个 Java 程序的开发，并讲解了 Java 程序的运行机制；最后为读者介绍了 IDEA。通过学习本章的内容，读者能够对 Java 有一个初步认识，为后面学习 Java 知识开启了大门。

本章习题

请扫描二维码查看本章习题。

第 **2** 章

拓展阅读

Java编程基础

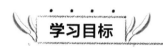

知识目标	1. 了解 Java 程序的基本结构，能够简述 Java 程序的基本结构和各个部分的含义
	2. 熟悉 Java 中的注释，能够简述 Java 中注释的类型及它们各自的作用
	3. 熟悉关键字和标识符，能够简述标识符和关键字的含义和使用规则
	4. 掌握 Java 的数据类型，能够简述 Java 的所有基本数据类型
	5. 掌握数据类型转换，能够简述自动类型转换和强制类型转换的区别
技能目标	1. 掌握变量的定义，能够定义基本数据类型的变量
	2. 掌握 Java 中的运算符，能够使用算术运算符、赋值运算符、比较运算符、逻辑运算符和三元运算符对程序中的数据和表达式进行运算
	3. 掌握选择结构语句的使用方法，能够使用 if 语句和 switch 语句控制程序中语句的执行顺序
	4. 掌握循环结构语句的使用方法，能够使用 while 循环语句、do...while 循环语句、for 循环语句、循环嵌套结构和跳转语句处理程序中要重复执行的代码
	5. 掌握数组的声明和初始化，能够使用静态初始化和动态初始化的方式创建数组
	6. 掌握数组元素的访问和赋值，能够通过索引对数组元素进行访问并赋值
	7. 掌握数组的常见操作，能够对数组进行遍历、排序以及获取数组的最值
	8. 熟悉二维数组的使用方法，能够使用静态初始化和动态初始化的方式创建二维数组和遍历二维数组
	9. 掌握方法的定义和调用，能够定义方法和调用方法
	10. 掌握方法的重载，能够定义和使用重载方法

学习完第一章后，相信读者已经对 Java 有了基本认识。然而，要熟练使用 Java 编写程序，需要充分掌握 Java 的基础知识，并不断进行练习和实践。本章将对 Java 的基本语法、变量与常量、运算符、结构语句、数组和方法等知识进行详细讲解。

2.1　Java 基本语法

每一种编程语言都有一套自己的语法规则，同样，使用 Java 编写程序也必须遵循一定的语法规范，如程序的基本格式、标识符和关键字的定义等。本节将对 Java 的基本语法进行详细讲解。

2.1.1　Java 程序的基本结构

一个典型的 Java 程序包括声明包、导入类、定义类、入口方法和主体代码等多个组成部分。这些部分共同协作，形成完整的 Java 程序，示例如下。

```
1  package cn.itcast.myapp;  // 声明包
2  import java.util.Scanner;  // 导入类
3  public class MyApp {        // 定义类
4    public static void main(String[] args) {  //入口方法
5        //主体代码
6        Scanner scanner = new Scanner(System.in);
7        System.out.print("请输入您的名字: ");
8        String name = scanner.nextLine();
9        System.out.println("您好, " + name + "!");
10   }
11 }
```

上述示例代码中展示了 Java 程序的基本结构，下面对基本结构分别进行说明。

1. 声明包

在上面的示例代码中，第 1 行代码用于声明包。Java 中的包是一种组织和管理类文件的机制，它可以将相关的类组织到一个包中，以便更好地管理和维护代码。包可以嵌套使用，形成层级结构，通常一个包会有一个唯一的名称，通过包名来进行区分。声明包使用关键字 package，具体语法格式如下。

```
package 包名;
```

在上述语法格式中，包名用于给类和接口提供唯一的标识符，避免不同包中的同名类产生冲突。声明包只能位于 Java 源文件的第一行。

需要注意的是，Java 中的包是可选的，在没有显式地声明包的情况下，类将被放置在默认包中。

2. 导入类

在上面的示例代码中，第 2 行代码用于导入类。在 Java 开发过程中，一个项目通常会引用很多的类和包。如果要使用另一个包中类的功能，则需要使用 import 关键字来导入这个类。使用 import 关键字导入类的语法格式如下。

```
import 包名.类名;
```

导入类的语句通常出现在声明包的语句之后。导入类的语句也是可选的，使用 import 关键字导入指定包下的类后，就不必在每次使用该类时都书写其全限定名。类的全限定名是指包括包名在内的类的完整名称，例如上述示例代码中 MyApp 类的全限定名为 cn.itcast.myapp.MyApp。如果需要用到一个包中的多个类，则可以使用以下语法格式，导入该包下所有的类。

```
import 包名.*;
```

3. 定义类

在上面的示例代码中，第 3~11 行代码定义了一个类。Java 的所有代码都需要在类中书写，类可以看作 Java 程序的基本单元。类的定义使用关键字 class，具体语法格式如下。

```
修饰符 class 类名{
    //类体
}
```

在上述语法格式中，修饰符分为访问修饰符和非访问修饰符，访问修饰符用于控制类的访问权限。例如，public 是公共访问修饰符；非访问修饰符有 final、abstract 等。修饰符的具体知识将会在后续内容中进行讲解。

4. 入口方法

在上面的示例代码中，第 4~10 行代码是程序的入口方法，也称作主方法。入口方法是程序执行的起始位置，具体语法格式如下。

```
public static void main(String[] args) {
    // 入口方法主体代码
}
```

关于上述语法格式中各个元素的含义将会在后面的内容中详细讲解。此处读者只需要知道 Java 程序执行时从入口方法开始即可。

5. 主体代码

在上面的示例代码中，第 6~9 行代码为主体代码。主体代码位于入口方法中，用于实现程序的具体逻辑。例如，上述示例程序中，主体代码实现了用户从键盘输入名字后，程序会输出"您好，+输入的具体名字+!"。主体代码还可以使用变量和调用方法来完成特定的任务，变量和方法将会在后面的内容中进行讲解。

了解了 Java 程序的基本结构后，在编写 Java 程序时，需要注意以下几点。

● 使用 public 修饰的类名和文件名需要保持一致。

● Java 严格区分大小写。大小写不同的变量名、方法名、类名会被程序视为不同的名称。

● Java 程序中每条语句需要以 ";" 结束，否则程序会报错。

● 在编写程序时，为了增强代码的可读性，通常会使用空格或制表符来构建代码块的层次结构，一般使用 4 个空格作为一个缩进级别。此外，在编写程序时通常一行只写一条语句，符号 "{" 与代码同行，符号 "}" 单独占一行。

2.1.2　Java 中的注释

在 Java 中，注释是用来为代码添加解释、说明和文档化信息的特殊文本，它只在 Java 源文件中有效，在编译程序时编译器会忽略这些注释信息，不会将其编译到字节码文件中。Java 中的注释有以下 3 种类型。

1. 单行注释

单行注释用于对程序中的某一行代码进行解释。单行注释以符号 "//" 开头，可以添加到代码的任意位置，具体示例如下。

```
int x = 5;                    // 定义一个变量并为其赋初始值 5
```

2. 多行注释

多行注释顾名思义就是注释的内容可以为多行，常用于对整个类或方法的功能进行说明。多行注释以"/*"开始，以"*/"结束，具体示例如下。

```
/*
 * 这是一个计算两个整数之和的方法。
 * @param num1 第一个整数
 * @param num2 第二个整数
 * @return 两个整数的和
 */
```

3. 文档注释

文档注释是为了生成项目文档或 API 文档而设计的一种注释形式，用于对一段代码进行概括性的解释和说明。文档注释通常用于描述类、接口、方法、字段等代码元素的用途，以及说明输入参数、返回值、异常、使用示例等信息。

文档注释以"/**"开始，以"*/"结束，位于代码元素的前面。在文档注释中，可以使用特定的标签（如@param、@return、@throws 等）提供详细的解释和说明，具体示例如下。

```
/**
 * 入门的"HelloWorld"程序
 * @author 黑马程序员          //注释此文档代码的作者
 * @since 1.0                  //注释文档代码的起始版本信息
 */
```

2.1.3　关键字和标识符

Java 中的关键字和标识符用于在程序中标识不同的元素，可以使代码更容易理解。其中，关键字是由 Java 定义的，具有特殊的含义和功能。标识符是由程序员自己定义的，用于标识变量、方法、类等自定义元素。下面对 Java 中的关键字和标识符进行详细说明。

1. 关键字

关键字是编程语言中具有特殊含义和功能的预定单词。在 Java 中，关键字用于声明变量、定义类、控制程序流程、处理异常、实现面向对象的特性等。例如，2.1.1 小节中讲解的 class 关键字用来定义类，package 关键字用来声明包等。下面列举了 Java 中的关键字。

abstract	continue	for	new	switch
assert	default	goto	package	synchronized
boolean	do	if	private	this
break	double	implements	protected	throw
byte	else	import	public	throws
case	enum	instanceof	return	transient
catch	extends	int	short	try
char	final	interface	static	void
class	finally	long	strictfp	volatile
const	float	native	super	while

后续将逐步讲解上面列出的关键字。读者无须立即记住所有关键字，随着后续的学习会逐渐了解这些关键字的具体含义和使用方法。

对于 Java 中的关键字，有以下几点需要注意。

（1）所有关键字都是小写的。

（2）const 和 goto 是保留关键字，虽然在 Java 的当前版本中还没有任何意义，但在程序中不能用作自定义的标识符。

除了上述列举的关键字，在 Java 中还有一些非关键字同样具有特殊含义，下面对它们的使用注意事项进行说明。

（1）true、false 和 null 虽然不属于关键字，但它们具有特殊意义，也不能作为标识符使用。

（2）自 Java 10 开始，Java 中增加了局部变量类型推断功能，支持使用 var 定义变量。但是 var 不属于 Java 中的关键字，而是保留类型名，在程序中同样不能用作自定义的标识符。

2. 标识符

在 Java 中，标识符就像人们的名字，用于唯一地标识程序中的各种元素，如变量、方法和类等。Java 中的标识符在定义时，需要遵循如下规则。

（1）标识符可以由字母、数字、下划线 "_" 和美元符号 "$" 组成，但不能以数字开头。

（2）标识符是区分大小写的，也就是说 "myVariable" 和 "myvariable" 是两个不同的标识符。

（3）标识符不能是 Java 中的关键字。

Java 程序中定义的标识符必须严格遵守上面列出的规则，否则程序在编译时会报错。除了上面列出的规则，为了增强代码的可读性，建议读者在定义标识符时也要遵循以下命名约定和惯例。

（1）包名所有字母一律小写。例如，cn.itcast.test。

（2）类名和接口名每个单词的首字母都要大写。例如，Department、Major。

（3）常量名所有字母都大写，单词之间用下划线连接。例如，DAY_OF_MONTH。

（4）变量名和方法名一般使用首字母小写的驼峰命名法，即第一个单词的首字母小写，从第二个单词开始每个单词首字母大写。例如，getName、getUserId。

（5）在程序中，建议使用有意义的名称来定义标识符，以提高程序的可读性。例如，使用 userName 定义用户名，password 定义密码。

（6）标识符的长度没有限制，但不要过长。

为了帮助读者更好地理解上述规则，下面通过两个示例演示合法和不合法的标识符。

合法的标识符如下。

```
username
username123
user_name
_username
$username
```

不合法的标识符如下。

```
123username     //不能以数字开头
class           //不能是关键字
98.3            //不能以数字开头，并且只能包含 "$" 和 "_"，不能包含 "." "#" 等其他符号
Hello World     //不能包含空格
```

2.1.4 Java 的数据类型

Java 提供了一系列的数据类型用于表示和处理不同种类的数据。Java 中的数据类型可以分为两大类，分别是基本数据类型和引用数据类型。基本数据类型是由编程语言系统所定义的、不可再分的数据类型，每种基本数据类型在内存中所占的空间是固定的。而引用数据类型则包括编程人员自己定义的类型和 Java 标准库提供的类型。例如，字符串类型就是 Java 标准

库中定义好的引用数据类型之一。Java 中的基本数据类型和引用数据类型如图 2-1 所示。

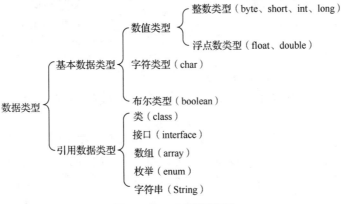

图2-1　Java中的数据类型

从图 2-1 中可以看到，基本数据类型有 8 种，引用数据类型有 5 种。关于引用数据类型的使用会在后面的内容中进行讲解，在此，先对 Java 中的基本数据类型进行说明。

（1）整数类型

整数类型是表示整数数据的类型。在 Java 中，为了给不同取值范围内的整数合理地分配存储空间，整数类型又分为 4 种不同的子类型，分别是字节型（byte）、短整型（short）、整型（int）和长整型（long），4 种类型的数据所占存储空间的大小以及取值范围如表 2-1 所示。

表 2-1　整数类型

类型	占用存储空间/字节	取值范围
byte	1	$-2^7 \sim 2^7-1$
short	2	$-2^{15} \sim 2^{15}-1$
int	4	$-2^{31} \sim 2^{31}-1$
long	8	$-2^{63} \sim 2^{63}-1$

表 2-1 列出了 4 种整数类型所占的存储空间大小和取值范围。"占用空间"指的是不同类型的数据分别占用的内存大小。例如，一个 int 类型的数据会占用 4 个字节大小的内存空间。取值范围是指变量存储的值不能超出的范围。例如，byte 类型的数据存储的值必须是 $-2^7 \sim 2^7-1$ 的整数。

Java 中整数类型的值有二进制、八进制、十进制和十六进制 4 种表示形式，具体如下。

● 二进制：由数字 0 和 1 组成的数字序列。从 JDK 7 开始，允许使用字面值表示二进制数，为了和十进制数进行区分，二进制数要以 0b 或 0B 开头，如 0b01101100、0B10110101。

● 八进制：以 0 开头并且其后由 0~7（包括 0 和 7）的整数组成的数字序列，如 0342。

● 十进制：由 0~9（包括 0 和 9）的整数组成的数字序列，如 198。

● 十六进制：以 0x 或者 0X 开头并且其后由 0~9、A~F 或 a~f（包括 0 和 9、A 和 F 或 a 和 f）组成的数字序列，如 0x25AF。

（2）浮点数类型

浮点数类型是表示小数数据的类型，包括单精度浮点数类型（float）和双精度浮点数类型（double）。double 类型所表示的浮点数比 float 类型更精确，这两种浮点数类型的数据所占存储空间的大小以及取值范围如表 2-2 所示。

表 2-2 浮点数类型

类型	占用存储空间/字节	取值范围
float	4	约-3.4E+38～3.4E+38
double	8	约-1.7E+308～1.7E+308

表 2-2 列出了 float 类型和 double 类型浮点数所占的存储空间大小和取值范围。在取值范围中，E（或者 e）表示以 10 为底数的指数，E 后面的+和-代表正指数和负指数。例如，3.4E+38 表示 $3.4×10^{38}$。

Java 中单精度浮点数和双精度浮点数的值表示形式不一样。其中，单精度浮点数后面以 F 或 f 结尾，而双精度浮点数则以 D 或 d 结尾。当然，在使用浮点数时也可以不加任何的后缀，此时默认的浮点数类型是 double 类型。浮点数常量还可以通过指数形式表示。浮点数类型的值的具体示例如下。

```
1   2.3f
2   3.6d
3   3.84
4   5.022e+23f
```

在上述示例中，第 4 行使用指数形式表示单精度浮点数，其中 e 表示以 10 为底数的指数，e 后面的+代表正指数，也就是说 5.022e+23f 表示单精度浮点数 $5.022×10^{23}$。

（3）字符类型

在 Java 中，字符类型用 char 表示，用于表示单个字符，字符需要用一对英文半角格式的单引号（"）引起来，如'a'。Java 中的字符使用 Unicode 编码，Unicode 支持当前世界上几乎所有书面语言的字符，因此 Java 程序支持各种语言的字符。

Java 中字符类型的值有 3 种表示形式，分别为使用单个字符表示、使用转义字符表示、使用 Unicode 表示。其中，常见的转义字符有\n、\t，分别表示换行符和制表符；使用 Unicode 表示字符的格式是'\uXXXX'，其中 XXXX 代表一个 4 位的十六进制整数。

字符类型值的示例如下。

```
'a'
'.'
'1'
'&'
'\n'
'\u0000'
```

实际开发中，如果希望表示一段文本，很显然使用字符类型就不合适了，因为字符类型只能表示单个字符，这种情况下通常使用 String 类型来描述文本。String 是 Java 标准类库中提供的一个类，其本质是由多个 char 类型的数据组成的一个序列，所以也称为字符串。String 类将会在后面的内容中详细讲解，这里只需要大致了解即可。

（4）布尔类型

在 Java 中，使用 boolean 表示布尔类型，布尔类型只有 true 和 false 两个值，分别表示逻辑"真"和逻辑"假"。

!!! 小提示

Java 10 引入了一项称为 var 的新功能。var 关键字允许开发人员在声明变量时省略其

类型，并通过编译器的类型推断功能自动推断变量的类型。但是，尽管 var 允许类型推断，但一旦变量被赋予初始值，它的类型就被确定，并且在后续的使用中不能改变。

2.2　变量

程序运行期间随时可能产生一些临时数据，应用程序会将这些数据保存在内存单元中，这些内存单元称为变量，每个变量通常会用一个标识符进行标识，这个标识符称为变量名，变量中存储的数据就是变量的值。下面对变量的相关知识进行讲解。

1. 变量的声明

变量的声明是指在代码中明确地指定变量的类型和名称，以便编译器识别变量并为变量分配合适的内存空间。Java 要求在使用变量前必须对该变量进行声明，声明变量的语法格式如下。

```
数据类型 变量名1 [,变量名2,...];
```

在上述语法格式中，变量名是为变量指定的标识符，用于唯一地标识变量，变量的命名要遵守标识符的命名规则。在一条语句中可以同时声明多个变量，声明多个变量时，变量名之间使用逗号分隔。

2. 变量的定义

变量的定义是指在声明的基础上为变量分配内存空间并为其赋予初始值，可以在声明变量时进行赋值操作，也可以在后续的代码中进行赋值操作。定义一个变量的语法格式如下。

```
数据类型 变量名 = 初始值;
```

在上述语法格式中，在声明变量的同时为变量赋予初始值。初始值可以是常量、表达式或者其他变量的值。定义变量的示例如下。

```
int x = 25;
int y = x;
```

在上述的代码中，第 1 行代码定义了一个整型变量 x，并为其赋初始值 25，此时，变量 x 在内存中占用了一块空间；第 2 行代码定义了一个整型变量 y，并将 x 的值赋给 y，此时编译器会为变量 y 分配一块与 x 相同类型的内存空间，并将变量 x 的值复制到变量 y 所对应的内存空间中。

下面通过一个案例演示 Java 中多种数据类型的变量定义，该案例要求输出一个商品的信息，包括编号、名称、价格等，如文件 2-1 所示。

文件 2-1　Example01.java

```
1  public class Example01 {
2      public static void main(String[] args) {
3          int productId = 1001;                //商品编号（整型）
4          String productName = "手机";          //商品名称（字符串类型）
5          double price = 2999.99;              //商品价格（双精度浮点数类型）
6          boolean isAvailable = true;          //是否可用（布尔类型）
7          char category = 'E';                 //商品分类（字符类型）
8          short inventory = 500;               //库存数量（短整型）
```

```
9        long quantity = 1234567890123L;        //已售数量（长整型）
10       float discount = 0.8f;                  //商品折扣（单精度浮点数类型）
11       byte life = 10;                         //使用寿命（字节型）
12       System.out.println("商品编号: " + productId);
13       System.out.println("商品名称: " + productName);
14       System.out.println("商品价格: " + price);
15       System.out.println("是否可用: " + isAvailable);
16       System.out.println("商品分类: " + category);
17       System.out.println("库存数量: " + inventory);
18       System.out.println("已售数量: " + quantity);
19       System.out.println("商品折扣: " + discount * 100 + "%");
20       System.out.println("使用寿命: " + life);
21   }
22 }
```

在上述代码中，第 3～11 行代码定义了一些变量，用于表示商品的不同信息，这些变量使用了不同的数据类型；第 12～20 行代码将这些商品信息输出到控制台。

文件 2-1 的运行结果如图 2-2 所示。

在图 2-2 中，控制台中输出了商品的所有信息。从输出的结果可以看出，long 类型和 float 类型的数据在定义时需要加后缀，但在输出时是没有后缀的，这是因为输出语句会根据变量的类型自动进行格式化。

3. 变量的作用域

前面提到过变量在使用之前需要进行声明，但这并不意味着一个已声明的变量可以在程序中的任何位置被使用。在 Java 程序中，变量一定是被定义在一对大括号中的，这对大括号所包含的范围为变量的可访问范围，即变量的作用域。变量的作用域示意如图 2-3 所示。

图2-2　文件2-1的运行结果

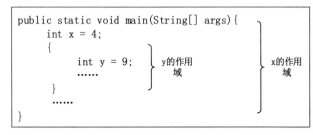

图2-3　变量的作用域示意

在图 2-3 中，外层的大括号为 x 的作用域，内层的大括号为变量 y 的作用域。通过将变量的定义限制在特定的代码块（即大括号）中，可以有效地控制变量的可见性，避免出现命名冲突和意外修改变量的情况。

下面通过一个案例详细说明变量的作用域，该案例要求在不同代码块内定义和使用变量，如文件 2-2 所示。

文件 2-2　Example02.java

```
1 public class Example02 {
2     public static void main(String[] args) {
3         int x = 12;                            //定义变量 x 并赋初始值
```

```
4        {
5            int y = 96;                         //定义变量 y 并赋初始值
6            System.out.println("x =" + x);      //访问变量 x
7            System.out.println("y =" + y);      //访问变量 y
8        }
9        x = y;                                  //将变量 y 的值赋给 x
10       System.out.println("x =" + x);          //访问变量 x
11   }
12 }
```

在上述代码中，第 3 行和 5 行代码分别定义了变量 x 和 y；第 6～7 行代码访问变量 x 和变量 y 的值并输出；第 9 行代码将变量 y 的值赋给 x；第 10 行代码再次访问变量 x 的值并输出。

运行文件 2-2，结果如图 2-4 所示。

图2-4　文件2-2的运行结果（1）

从图 2-4 中可以看到，控制台提示找不到变量 y。原因在于变量 y 的作用域为第 5～7 行代码，而第 9 行代码在变量 y 的作用域之外对其进行访问，所以编译器会报错。

将文件 2-2 中的第 9 行代码移动到第 7 行代码的下一行，再次运行，运行结果如图 2-5 所示。

从图 2-5 中可以看到，控制台输出了两次 x 的值和一次 y 的值，并且两次 x 的值不一样，说明文件 2-2 在修改之后，成功将变量 y 的值赋给变量 x，因此第二次输出的 x 值与 y 值相同。

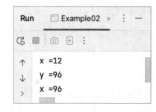

图2-5　文件2-2的运行结果（2）

2.3　数据类型转换

在实际开发中，程序中不同的组件或模块可能使用不同的数据类型来表示相同或相关的信息。为了使这些组件或模块能够相互交互和通信，需要进行数据类型转换以保证数据的有效传递和相互兼容。Java 中数据类型的转换形式分为两种，分别是自动类型转换和强制类型转换，本节将对这两种数据类型转换进行讲解。

2.3.1　自动类型转换

自动类型转换是指在不同数据类型之间进行操作或赋值时，编译器自动完成类型转换的过程，无须显式地编写类型转换代码。自动类型转换需要满足以下两个条件。

（1）两种数据类型彼此兼容，即二者在语义上或逻辑上是相关联的。

（2）目标类型的取值范围大于源类型的取值范围。

自动类型转换的示例如下。

```
byte a = 10;
int b = a;
```

在上述的代码中，变量 a 为 byte 类型，变量 b 为 int 类型。将变量 a 的值赋给变量 b 时，

Java 会自动将 a 的值转换为 int 类型。这是因为 byte 类型和 int 类型都为整数类型，并且 byte 类型的取值范围小于 int 类型的取值范围，所以在赋值的过程中会完成自动类型转换。

自动类型转换的本质就是在较小数据类型的数据前面补充若干个字节。例如，上述代码中，byte 类型转换为 int 类型的过程如图 2-6 所示。

图2-6   byte类型转换为int类型

从图 2-6 中可以看到，byte 类型的变量 a 在转换为 int 类型时，由之前的 8 位转换为 32 位，在前面补充了 3 个字节，但是数值并没有变。

当两个不同类型的数据进行运算操作时，自动类型转换也可能发生。编译器会根据运算的要求和操作数的类型自动将其中一个操作数转换为取值范围更大的数据类型，以便进行操作。下面列出常见的自动类型转换。

● 整数类型之间的转换。取值范围小的整数类型数据，其数据类型可以自动转换为取值范围大的整数类型。例如，byte 类型的变量值可以赋给 short、int、long 类型的变量，short、char 类型的变量值可以赋给 int、long 类型的变量，int 类型的变量值可以赋给 long 类型的变量。

● 整数类型转换为 float 类型。例如，byte、char、short、int、long 类型的变量值可以赋给 float 类型的变量。

● 其他类型转换为 double 类型。例如，byte、char、short、int、long、float 类型的变量值可以赋给 double 类型的变量。

下面通过一个案例演示自动类型转换，如文件 2-3 所示。

文件 2-3   Example03.java

```
1  public class Example03 {
2      public static void main(String[] args) {
3          int i=20;          //定义 int 类型变量
4          long l=i;          //将变量 i 的值赋给 l
5          float f=l;         //将变量 l 的值赋给 f
6          double d=f;        //将变量 f 的值赋给 d
7          System.out.println("long 类型变量 l:"+l);
8          System.out.println("float 类型变量 f:"+f);
9          System.out.println("double 类型变量 d:"+d);
10     }
11 }
```

在文件 2-3 中，第 3 行代码定义了一个 int 类型的变量 i，并赋予其初始值 20；第 4～6 行代码依次将变量 i 的值赋给 long 类型的变量 l，将变量 l 的值赋给 float 类型的变量 f，将变量 f 的值赋给 double 类型的变量 d；第 7～9 行代码将变量 l、变量 f 和变量 d 的值输出到控制台中。

运行文件 2-3，结果如图 2-7 所示。

从图 2-7 中可以看到，控制台正常输出了变量 l、变量 f 和变

图2-7   文件2-3的运行结果

量 d 的值，说明程序中成功将数据进行了自动类型转换。

自动类型转换还会发生在表达式中，表达式是指由操作数和运算符组成的一个式子，当表达式中操作数包含多个基本数据类型的变量时，取值范围较小的数据类型操作数会自动转换成取值范围较大的数据类型操作数，以便与取值范围较大的数据类型操作数相匹配。这就是表达式数据类型的自动提升。表达式发生类型自动提升的规则如下。

（1）操作数中的 byte 类型、short 类型和 char 类型将自动提升为 int 类型。

（2）表达式的数据类型自动提升到表达式中取值范围最大的操作数的数据类型。

2.3.2　强制类型转换

强制类型转换也称为显式类型转换，指的是两种数据类型之间的转换需要进行显式的声明。当两种数据类型彼此不兼容或者目标数据类型的取值范围小于源数据类型时，自动类型转换将无法进行，这时就需要进行强制类型转换。

下面通过一个案例演示如何转换彼此不兼容的两种数据类型，该案例中，使用 int 类型的变量为 byte 类型的变量赋值，如文件 2-4 所示。

文件 2-4　Example04.java

```
1  public class Example04 {
2      public static void main(String[] args) {
3          int a = 275;
4          byte b = a ;
5          System.out.println("a=" + a);
6          System.out.println("b=" + b);
7      }
8  }
```

编译文件 2-4，程序报错，错误信息如图 2-8 所示。

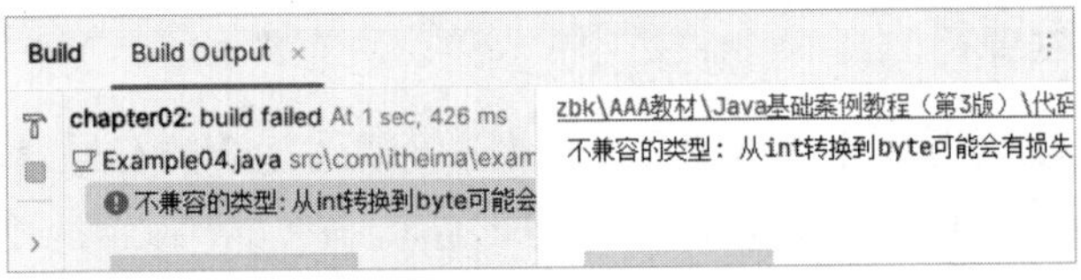

图2-8　文件2-4编译报错

从图 2-8 中可以看出，程序提示数据类型不兼容，不能将 int 类型自动转换成 byte 类型。原因是将一个 int 类型的值赋给 byte 类型的变量 b 时，由于 int 类型的取值范围大于 byte 类型的取值范围，这样的赋值会导致数值溢出，也就是说 1 个字节的变量无法存储 4 个字节的整数值。

针对上述情况，如果确认需要将变量的类型转换为不兼容的其他类型，即强制将 int 类型的值赋给 byte 类型的变量，就需要进行强制类型转换。强制类型转换的语法格式如下。

```
目标数据类型 变量名 = （目标类型）值；
```

强制类型转换时，如果将取值范围较大的数据类型强制转换为取值范围较小的数据类型，可能会导致数据的截断或精度丢失。如果转换的值超出了目标数据类型的表示范围，结果可能会不准确。因此建议读者在进行强制类型转换之前先进行判断和验证，确保转换是安全的。

根据强制类型转换的语法格式，将文件 2-4 中的第 4 行代码修改为以下代码。

```
byte b = (byte) a ;
```

修改后再次运行文件 2-4，程序运行结果如图 2-9 所示。

从图 2-9 中可以看到，控制台中输出了 a 和 b 的值，说明在强制类型转换之后，程序可以正常运行，但是强制类型转换后 b 的值和 a 的值不一样。这是因为变量 a 为 int 类型，在内存中占 4 个字节，而变量 b 为 byte 类型，在内存中占 1 个字节，当把变量 a 的类型强制转换为 byte 类型时，前面 3 个字节的数据丢失，其数值发生改变。

int 类型的变量 a 转换为 byte 类型的过程如图 2-10 所示。

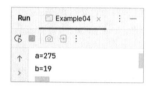

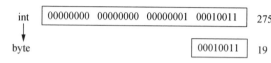

图2-9　文件2-4修改后的运行结果　　　　图2-10　int类型的变量a转换为byte类型的过程

从图 2-10 中可以看出，int 类型的数值 275 的二进制表示形式为 00000000 00000000 00000001 00010011，在内存中占据 4 个字节。将它强制转换为 byte 类型后，前面 3 个字节的数据丢失，只保留最低字节的数据 00010011，转换成十进制形式为 19。

2.4　Java 中的运算符

在程序中，经常需要进行各种数据处理和逻辑判断。为此，Java 提供了多种运算符，包括算术运算符、赋值运算符、比较运算符、逻辑运算符和三元运算符等。这些运算符在使用方式上类似于数学中的运算符，可以对数据进行相应的计算和操作。下面对 Java 中的运算符进行详细讲解。

2.4.1　算术运算符

Java 中的算术运算符是用于对数值类型数据进行算术运算的符号，包括加、减、乘、除等。通过这些运算符，可以方便地对变量进行加、减、乘、除等运算。Java 中的算术运算符及用法如表 2-3 所示。

表 2-3　Java 中的算术运算符及用法

运算符	运算	范例	结果
+	加	2+3	5
	正号	+3	3
−	减	6-4	2
	负号	b=4;-b	-4
*	乘	2*5	10
/	除	12/5	2
%	取模（求余数）	9%4	1
++	自增（前缀）	a=2;b=++a;	a=3;b=3;
	自增（后缀）	a=2; b=a++;	a=3;b=2;
−−	自减（前缀）	a=2; b=--a;	a=1; b=1;
	自减（后缀）	a=2; b=a--;	a=1; b=2;

算术运算符相对比较简单，也很容易理解，但在实际使用时还有一些问题需要注意，具体如下。

（1）在进行除运算时，如果两个操作数都是整数类型，则进行整除除法，向下取整，得到整数结果。例如，10/4 的结果为 2。然而，如果两个操作数至少有一个为浮点数类型，那么结果将是一个浮点数。例如，10/4.0 的结果为 2.5。

（2）在进行取模运算时，运算结果的正负取决于被模数（即运算符%左边的数），与模数（即运算符%右边的数）无关。例如，-9%4=-1，而 9%-4=1。

（3）自增、自减运算符在单独使用时，"++" 或 "--" 放在变量前面和后面没有区别。然而，在与其他运算符混合使用时，"++" 或 "--" 放在操作数的前面，则先进行自增或自减运算，再进行其他运算。反之，如果 "++" 或 "--" 放在操作数的后面，则先进行其他运算再进行自增或自减运算。

自增、自减运算符在使用时极容易混淆，下面通过一个案例进一步学习它们的使用方法，如文件 2-5 所示。

文件 2-5　Example05.java

```
1  public class Example05 {
2     public static void main(String[] args) {
3        int a = 1;
4        ++a;                                //对 a 进行自增运算
5        System.out.println("a = " + a);
6        int b = 1;
7        b++;                                //对 b 进行自增运算
8        System.out.println("b = " + b);
9        int c = 10;
10       int d = c++;                        //定义了一个变量 d 并为其赋值为 c++
11       int e = ++c;                        //定义了一个变量 e 并为其赋值为++c
12       System.out.println("d = " + d);
13       System.out.println("e = " + e);
14    }
15 }
```

文件 2-5 中，第 3～4 行代码定义了一个变量 a，赋值为 1，并单独使用运算符 "++" 作为前缀对变量 a 进行自增运算；第 6～7 行代码定义了一个变量 b，赋值为 1，同样单独使用运算符 "++" 作为后缀对变量 b 进行自增运算；第 9 行代码定义了一个变量 c 并赋值为 10；第 10 行代码定义了一个变量 d 并为其赋值为 c++；第 11 行代码定义了一个变量 e 并为其赋值为++c。

运行文件 2-5，运行结果如图 2-11 所示。

从图 2-11 中可以看到，运算结果中 a 和 b 的值都为 2，说明运算符 "++" 在单独使用时，无论是放在变量前面还是后面，结果都是对原变量值加 1。然而 d 和 e 的值却不同，d 的值为 10 是因为使用 "++" 作为变量 c 的后缀时，会先对变量 c 进行赋值再

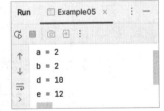

图2-11　文件2-5的运行结果

进行自增运算；而 e 的值为 12 是因为执行第 10 行代码后 c 的值自增为 11，执行第 11 行代码时先执行变量 c 的自增运算，并将 c 自增后的结果赋给变量 e。

2.4.2　赋值运算符

赋值运算符主要用于给一个变量赋值。运算时它将运算符右侧的值赋给左侧的变量。下

面来学习一下 Java 中常用的赋值运算符，Java 中的赋值运算符及用法如表 2-4 所示。

表 2-4　Java 中的赋值运算符及用法

运算符	运算	范例	结果
=	赋值	a=5	a=5
+=	加等于	a=5; b=4; a+=b;	a=9; b=4;
−=	减等于	a=5; b=4; a−= b;	a=1; b=4;
*=	乘等于	a=5; b=4; a*=b;	a=20; b=4;
/=	除等于	a=5; b=4; a/=b;	a=1; b=4;
%=	模等于	a=5; b=4; a%=b;	a=1; b=4;

在表 2-4 中，除了运算符"="，其他的运算符都属于复合赋值运算符，即在完成某种运算的同时进行赋值运算。例如，表达式 a+=2 等价于 a=a+2。在使用赋值运算符时，需要注意以下两个问题。

（1）赋值运算符的左边只能是变量，右边可以是常量、变量或表达式，表达式就是由常量、变量以及运算符组成的式子。例如，表 2-4 中的范例为表达式。

（2）赋值运算符"="与数学中的等号不同。后者强调左右相等之意，而前者强调的是将右侧的值或表达式的结果赋予左侧的变量。

2.4.3　比较运算符

比较运算符也称关系运算符，用于对两个数值或变量进行比较。通常将由比较运算符连接起来的表达式称为关系表达式，关系表达式的结果是一个布尔值，即 true 或 false。Java 中的比较运算符及用法如表 2-5 所示。

表 2-5　Java 中的比较运算符及用法

运算符	运算	范例	结果
==	等于	4 == 3	false
!=	不等于	4 != 3	true
<	小于	4 < 3	false
>	大于	4 > 3	true
<=	小于或等于	4 <= 3	false
>=	大于或等于	4 >= 3	true

需要注意的是，在比较运算中，不能将比较运算符"=="误写成赋值运算符"="。

2.4.4　逻辑运算符

逻辑运算符用于对布尔类型的数据进行操作，其结果仍是一个布尔值，常用于条件判断、循环结构，以及布尔表达式的组合逻辑中。Java 中的逻辑运算符及用法如表 2-6 所示。

表 2-6　Java 中的逻辑运算符及用法

运算符	运算	范例	结果
!	逻辑非	!true	false
		!false	true

续表

运算符	运算	范例	结果
&	逻辑与	true & true	true
		true & false	false
		false & false	false
		false & true	false
&&	短路与	true && true	true
		true && false	false
		false && false	false
		false && true	false
|	逻辑或	true | true	true
		true | false	true
		false | false	false
		false | true	true
||	短路或	true || true	true
		true || false	true
		false || false	false
		false || true	true
^	逻辑异或	true ^ true	false
		true ^ false	true
		false ^ false	false
		false ^ true	true

表 2-6 中的运算符 "^" 表示逻辑异或，当运算符两边关系表达式的运算结果或布尔值相同（都为 true 或都为 false）时，其结果为 false。当两边表达式的运算结果或布尔值不相同时，其结果为 true。运算符 "&""|" 在做逻辑运算时，与 "&&" 和 "||" 具有相似的功能，但是它们在使用上有一些关键区别，具体如下。

● 在使用 "&" 进行运算时，不论左边表达式的值为 true 还是 false，右边的表达式都会被执行。而在使用 "&&" 进行运算时，如果左边表达式的值为 false，右边的表达式将不会被执行。

● 在使用 "|" 进行运算时，不论左边的值为 true 还是 false，右边的表达式都会被执行。而在使用 "||" 进行运算时，如果左边的值为 true，右边的表达式将不会被执行。

下面通过一个案例帮助读者加深对 "&" 和 "&&" 的理解，如文件 2-6 所示。

文件 2-6 Example06.java

```
1  public class Example06 {
2      public static void main(String[] args) {
3          int x = 0;
4          int y = 0;
5          int z = 0;
6          boolean a,b;                           //定义 boolean 类型的变量 a 和 b
7          a = x > 0 & y++ > 1;                    //使用逻辑运算符 "&" 对表达式进行运算
8          System.out.println("a = " + a);
9          System.out.println("y = " + y);
10         b = x > 0 && z++ >1;                    //使用逻辑运算符 "&&" 对表达式进行运算
11         System.out.println("b = " + b);
12         System.out.println("z = " + z);
13     }
14  }
```

在文件 2-6 中，第 3～5 行代码分别定义了 3 个变量 x、y、z，并都赋值为 0；第 6 代码定义了两个 boolean 类型的变量 a 和 b；第 7 行代码使用运算符"&"对 x>0 与 y++>1 两个表达式进行运算，并将结果赋给 a；第 10 行代码使用运算符"&&"对 x>0 与 z++>1 两个表达式进行运算，并将结果赋给 b。

文件 2-6 的运行结果如图 2-12 所示。

由图 2-12 可知，a 和 b 的值相同，都为 false，而 y 和 z 的值不同，y 的值为 1，z 的值为 0。产生这种结果的原因是，在文件 2-6 中，第 7 行代码使用"&"运算符对两个表达式进行逻辑运算，左边表达式 x>0 的结果为 false，这时无论右边表达式 y++>1 的结果

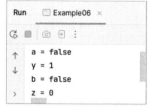

图2-12　文件2-6的运行结果

是什么，整个表达式 x > 0 & y++ > 1 的结果都会是 false，由于该表达式使用的是运算符"&"，运算符两边的表达式都会进行计算，因此变量 y 的值会进行自增，整个表达式运算结束之后，y 的值为 1；第 10 行代码使用了"&&"运算符，当运算符左边为 false 时，右边的表达式不会执行，因此变量 z 的值仍为 0。

> 📖 **多学一招：运算符"&""|""^"的按位运算**
>
> 运算符"&""|""^"在 Java 中除了可以做逻辑运算还可以做位运算，常用于两个整数的二进制按位运算。在使用"&"进行按位与运算时，如果对应的两位值均为 1，则运算结果为 1，否则为 0。在使用"|"进行按位或运算时，对两个操作数的每个对应位执行逻辑或操作，如果两个位中至少有一个为 1，则结果为 1，否则为 0。在使用"^"进行按位异或运算时，对两个操作数的每个对应位执行逻辑异或操作，如果两个位相同，则结果为 0，如果两个位不同，则结果为 1。
>
> 下面以使用"&"进行按位与运算为例进行说明，代码如下。
>
> ```
> int a = 5;
> int b = 3;
> int result = a & b;
> ```
>
> 上面的代码中，result 的结果为 1。计算过程如图 2-13 所示。
>
> 在图 2-13 中，变量 a 的值为 5，二进制表示为 0000 0101，变量 b 的值为 3，二进制表示为 0000 0011。二进制形式下两个变量的对应位只有最后一位都为 1，因此运算结果的二进制形式中只有最后一位为 1，即最终结果为 1。
>
>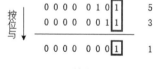
>
> 图2-13　按位与运算过程

2.4.5　三元运算符

三元运算符又称条件运算符，用于根据条件的真假来选择返回不同的值。三元运算符的语法格式如下。

条件表达式 ? 表达式 1 : 表达式 2

在上述语法格式中，当条件表达式的结果为 true 时，返回表达式 1 的值作为整个表达式的结果，否则返回表达式 2 的值作为整个表达式的结果。

使用三元运算符时，需要注意以下几个问题。

（1）三元运算符的最终结果一定要被使用，或者赋给一个变量，或者直接输出。

（2）三元运算符 "?" 和 ":" 是一对运算符, 不能分开单独使用。

（3）三元表达式可以进行嵌套, 结合方向为自右向左。例如, a>b?a:c>d?c:d 可以理解为 a>b?a:(c>d?c:d), 即三元表达式中的 c>d?c:d 又是一个三元表达式。

下面通过一个案例来学习三元运算符的使用, 要求分别输出两个数中的较大值和较小值, 如文件 2-7 所示。

文件 2-7　Example07.java

```
1  public class Example07 {
2      public static void main(String [] args) {
3          int a = 10;                    //定义变量a
4          int b = 20;                    //定义变量b
5          int max = a > b ? a : b;       //使用三元运算符计算 a 和 b 中的较大值
6          int min = a < b ? a : b;       //使用三元运算符计算 a 和 b 中的较小值
7          System.out.println("max = " + max);
8          System.out.println("min = " + min);
9      }
10 }
```

在文件 2-7 中, 第 3~4 行代码分别定义了两个变量 a 和 b, 并分别为其赋值为 10 和 20。第 5 行代码中, a > b 为判断条件, 如果 a > b 成立, 将 a 作为整个表达式的结果, 否则将 b 作为整个表达式的结果。因此, 无论 a>b 是否成立, 整个表达式的最终结果都为较大的数。第 6 行代码同理, 无论条件 a < b 是否成立, 最终结果都为较小的数。

文件 2-7 的运行结果如图 2-14 所示。

由图 2-14 可知, 两个变量中较大值为 20, 较小值为 10, 说明使用三元表达式成功获取了两个操作数中的较大值和较小值。

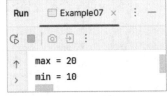

图2-14　文件2-7的运行结果

【案例 2-1】学生成绩单

请扫描二维码查看【案例 2-1: 学生成绩单】。

2.5　选择结构语句

在 Java 程序中, 选择结构语句是一种流程控制语句, 它可以根据特定的条件选择性地执行不同的语句块。Java 中常见的选择结构语句有 if 语句和 switch 语句, 下面对这两种选择结构语句进行讲解。

2.5.1　if 语句

if 语句用于根据某个条件的结果决定是否执行特定的代码块, if 语句有 3 种应用格式, 下面分别进行介绍。

1. if 语句

if 语句是指如果满足条件，就进行某种处理。if 语句的语法格式如下。

```
if(判断条件){
    执行语句
}
```

在上述语法格式中，判断条件可以为一个布尔值或者一个条件表达式。如果判断条件的结果为 true，执行 if 语句中的"执行语句"。如果判断条件的结果为 false，则跳过 if 语句中的"执行语句"，继续执行下面的代码。

使用 if 语句时，需要注意以下问题。

（1）关键字 if 与判断条件组成的行并没有构成一个完整的语句，它们只有连同其后的执行语句（或代码块）一起才构成了完整的语句。

（2）不要在判断条件的圆括号后加分号。若加了，虽然不会出现语法错误，但此时的代码逻辑完全改变，if 语句中的执行语句变为空语句，而原本的执行语句不再受 if 语句控制。

上述两个问题也适用于其他大部分流程控制语句，此后不再赘述。if 语句的执行过程如图 2-15 所示。

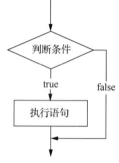

图2-15　if语句的执行过程

下面通过一个测量体温的案例学习 if 语句的具体用法，如文件 2-8 所示。

文件 2-8　Example08.java

```
1  public class Example08 {
2      public static void main(String[] args) {
3          //假设人的正常体温是36℃～37℃，该案例要求根据体温判断人是否生病
4          double maxTemp = 37.0;
5          double t = 37.5;
6          if(t > maxTemp){
7              System.out.println("温度异常！");
8          }
9      }
10 }
```

文件 2-8 中，第 4 行代码定义了一个变量 maxTemp 作为人的正常体温最大值；第 5 行代码定义了一个变量 t 作为要检测的人的体温；第 6～8 行代码使用了 if 语句判断这个人的体温是否超过正常体温的最大值，如果超过，提示体温异常。

文件 2-8 的运行结果如图 2-16 所示。

图 2-16 中，控制台输出"温度异常！"，原因是判断条件 t>maxTemp 成立，相应的 if 语句下的执行语句被执行。

图2-16　文件2-8的运行结果

2. if...else 语句

if...else 语句是指如果满足某种条件，就进行相应的处理，否则进行另一种处理。例如，要判断一个人是否成年，如果年龄大于等于 18 岁，则已成年，否则未成年。if...else 语句的语法格式如下。

```
if(判断条件) {
    执行语句1
}else{
    执行语句2
}
```

上述语法格式中判断条件的结果仍为布尔值，如果判断条件为 true，则执行 if 后面{}中的执行语句 1，否则执行 else 后面{}中的执行语句 2。

使用 if…else 语句时需要注意以下问题。

（1）执行语句 1 和执行语句 2 必须是互斥的，必须有且仅有一个被执行。

（2）else 之前必须有与其匹配的 if，否则程序会报错。

if…else 语句的执行过程如图 2-17 所示。

下面通过一个根据年龄判断用户是否成年的案例进一步学习 if…else 语句的使用，如文件 2-9 所示。

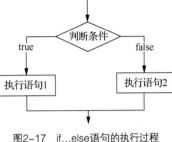

图2-17　if…else语句的执行过程

文件 2-9　Example09.java

```
1  public class Example09 {
2      public static void main(String[] args) {
3          int age = 17;
4          if(age >= 18){
5              System.out.println("该用户已成年!");
6          }else {
7              System.out.println("该用户未成年!");
8          }
9      }
10 }
```

在上述文件中，第 3 行代码定义了一个表示用户年龄的变量 age，其值为 17；第 4~8 行代码通过 if…else 语句判断 age 的值是否大于等于 18，如果满足条件，则提示用户已成年；如果不满足条件，即 age 的值小于 18，则提示用户未成年。

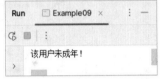

图2-18　文件2-9的运行结果

文件 2-9 的运行结果如图 2-18 所示。

在图 2-18 中，控制台输出了"该用户未成年!"，原因是 age 的值为 17，小于 18，判断条件的结果为 false，因此执行 else 后面的语句。

3. if…else if…else 语句

if…else if…else 语句可以用于根据多个条件判断选择不同的执行路径。if…else if…else 语句的语法格式如下。

```
if (判断条件1){
    执行语句1
} else if (判断条件2){
    执行语句2
}
...
else if (判断条件n) {
    执行语句n
}
else {
    执行语句n+1
}
```

在上述语法格式中有多个判断条件，程序会按照顺序逐个检查判断条件，只有判断条件的结果为 true 时，其后面{}中的执行语句才会被执行。如果所有判断条件都不为 true，则执行 else 后面{}中的执行语句 $n+1$。if…else if…else 语句的执行过程如图 2-19 所示。

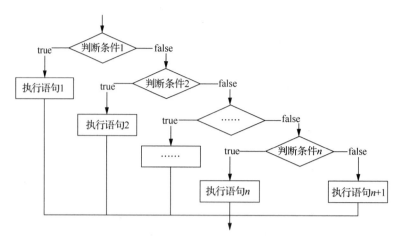

图2-19　if...else if...else语句的执行过程

下面通过一个根据月份判断季节的案例演示 if...else if...else 语句的用法，如文件 2-10 所示。

文件 2-10　Example10.java

```java
1  public class Example10 {
2      public static void main(String[] args) {
3          int month = 7;           //月份
4          String season;           //季节
5          if (month >= 3 && month <= 5) {
6              season = "春季";
7          } else if (month >= 6 && month <= 8) {
8              season = "夏季";
9          } else if (month >= 9 && month <= 11) {
10             season = "秋季";
11         } else {
12             season = "冬季";
13         }
14         System.out.println("当前是" + season + "!");
15     }
16 }
```

文件 2-10 中，第 3 行代码定义了一个用于表示月份的变量 month，初始值为 7；第 4 行代码声明了一个用于表示季节的变量 season；第 5～13 行代码使用 if...else if...else 语句依次判断了月份的所在范围，当满足某个条件时，将对应季节赋给变量 season。

文件 2-10 的运行结果如图 2-20 所示。

在图 2-20 中，控制台输出了"当前是夏季!"，原因是 month 的值为 7，if...else if...else 语句的第二个判断条件为 true，因此变量 season 被赋为"夏季"。

图2-20　文件2-10的运行结果

【案例 2-2】商场购物打折

请扫描二维码查看【案例 2-2：商场购物打折】。

2.5.2　switch 语句

虽然 if…else if…else 语句可以根据判断条件执行不同的语句，但是判断条件较多时可能导致代码冗长和可读性较差。为了解决这个问题，常见的做法是使用 switch 语句，switch 语句能够对某个表达式的结果或某个变量的值进行判断，从而决定程序执行哪一段代码。switch 语句的基本语法格式如下。

```
switch (表达式或变量){
    case 目标值1:
        语句或代码块1
        break;
    case 目标值2:
        语句或代码块2
        break;
    ...
    case 目标值n:
        语句或代码块n
        break;
    default:
        语句或代码块n+1
        break;
}
```

在上述语法格式中，switch 语句将表达式的结果或者变量的值与每个 case 后的目标值进行匹配，如果找到了匹配的值，则执行对应 case 后面的语句；如果没找到任何匹配的值，则执行 default 后的语句。switch 语句中的 break 关键字将在后续进行具体介绍，此处只需要知道 break 关键字的作用是跳出 switch 语句即可。

使用 switch 语句时，需要注意以下 3 个问题。

（1）switch 语句中的表达式支持的数据类型只有整数类型、字符类型、字符串类型，不支持浮点数类型和布尔类型。

（2）case 后面的目标值不允许重复。

（3）正常使用 switch 语句时，case 后面的语句中最后一行需要使用 break 语句，否则会发生"穿透"现象，即当匹配到某个 case 时，程序会继续执行后续的 case 语句，而不会跳出 switch 语句。

下面通过一个根据学生成绩评定其等级的案例来学习 switch 语句的使用，如文件 2-11 所示。

文件 2-11　Example11.java

```
1  public class Example11 {
2      public static void main(String[] args) {
3          int score = 84;        //学生成绩
4          String grade;          //成绩对应的等级
5          switch (score / 10) {
6              case 10:
7              case 9:
8                  grade = "优秀";
9                  break;
10             case 8:
11                 grade = "良好";
```

```
12              break;
13          case 7:
14              grade = "中等";
15              break;
16          case 6:
17              grade = "及格";
18              break;
19          default:
20              grade = "不及格";
21              break;
22      }
23      System.out.println("您的等级是" + grade);
24   }
25 }
```

在文件 2-11 中，第 3 行代码定义了一个用于表示学生成绩的变量 score；第 4 行代码定义了一个用于表示成绩对应等级的变量 grade；第 5～22 行代码使用 switch 语句实现成绩等级的划分。其中，第 5 行代码指定 switch 语句的匹配内容为表达式 score/10 的结果；第 6～9 行代码指定结果为 10 和 9 时设置 grade 为优秀；第 10～18 行代码依次指定结果为 8、7、6 时设置的对应成绩等级；第 19～21 行代码指定匹配不到结果时执行的语句。

运行文件 2-11，运行结果如图 2-21 所示。

从图 2-21 中可以看到，控制台输出"您的等级是良好"，原因是 score 的值为 84，表达式 score/10 的结果为 8，匹配到第 10 行代码的目标值，所以 grade 被赋值为"良好"。

如果将第 3 行代码修改为 int score = 100，再次运行程序，则运行结果如图 2-22 所示。

图2-21　文件2-11的运行结果

图2-22　文件2-11修改后的运行结果（1）

从图 2-22 中可以看到，控制台输出"您的等级是优秀"，原因是 score 的值为 100，表达式的结果为 10，而表达式的结果为 9 或 10 的处理方式是相同的，都会执行文件 2-11 中的第 8～9 行代码。

如果将第 3 行代码修改为 int score = 55，再次运行程序，则运行结果如图 2-23 所示。

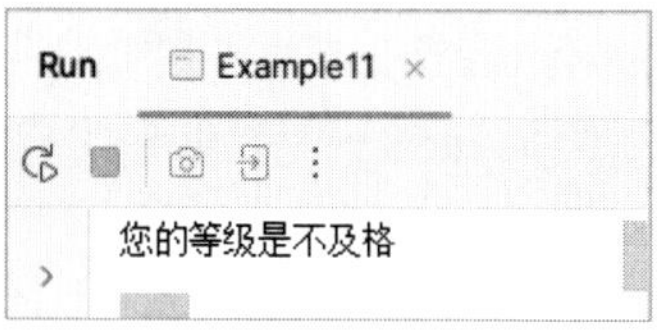

从图 2-23 中可以看到，控制台输出了"您的等级是不及格"，原因是 score 的值为 55，表达式的结果为 5，与所有 case 的目标值都不匹配，所以执行 default 后的语句，将 grade 的值赋为"不及格"。

图2-23　文件2-11修改后的运行结果（2）

【案例 2-3】积分兑换小程序

请扫描二维码查看【案例 2-3：积分兑换小程序】。

2.6　循环结构语句

循环结构语句也是 Java 程序中的一种流程控制语句，用于在程序中重复地执行某一段代码，直到满足退出条件为止。例如，在跳绳时，会重复进行跳跃和摆动绳子的动作；打乒乓球时，会重复挥拍的动作等。Java 中的循环结构语句分为 while 循环语句、do…while 循环语句和 for 循环语句，下面对这 3 种循环语句以及循环嵌套和跳转语句进行讲解。

2.6.1　while 循环语句

循环语句可以在满足循环条件的情况下反复执行某一段代码，这段被重复执行的代码被称为循环体。while 循环语句是 Java 中常用的循环语句，它需要先判断循环条件，如果循环条件为真，则执行循环体，否则跳出循环。

while 循环语句的语法结构如下。

```
while (循环条件){
    循环体
}
```

上述语法结构中，{}中的循环体是否执行取决于循环条件。当循环条件为 true 时，循环体就会执行。循环体执行完毕，程序继续判断循环条件，如果循环条件仍为 true 则继续执行循环体，直到循环条件为 false 时，整个循环才会结束。

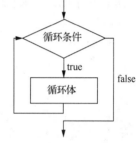

图2-24　while循环语句的执行过程

while 循环语句的执行过程如图 2-24 所示。

下面通过一个求 1～100 所有整数之和的案例演示 while 循环语句的用法，如文件 2-12 所示。

文件 2-12　Example12.java

```
1  public class Example12 {
2      public static void main(String[] args) {
3          int sum = 0;        //累加结果
4          int i = 1;          //当前整数
5          while ( i<= 100){
6              sum += i;               //将当前整数累加到 sum 中
7              i++;                    //i 自增 1
8          }
9          System.out.println("sum = " + sum);
10     }
11 }
```

在上述代码中，第 3～4 行代码定义了两个变量 sum 和 i，分别用于存储累加的结果和当前迭代的整数；第 5～8 行代码用于判断当前整数的值是否小于或等于 100，如果是则将当前整数累加到 sum 中，并将整数自增 1。

文件 2-12 的运行结果如图 2-25 所示。

从图 2-25 中可以看到，控制台输出了 sum 的值为 5050，经计算验证结果正确。说明循环体中的代码重复执行了 100 次，在第 100 次循环时，执行 i++后 i 的值变为 101，程序再次判断循环条件，发现条件不满足，循环体不再执行，sum 的值不再累加。

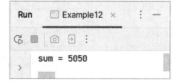

图2-25　文件2-12的运行结果

2.6.2　do…while 循环语句

do…while 循环语句与 while 循环语句的功能类似，但是在使用上有一些区别。它的语法格式如下。

```
do{
    循环体
}while(循环条件);
```

上述语法格式中将循环条件放在了循环体的后面，这也就意味着循环体会无条件执行一次，然后根据循环条件决定是否继续执行。

do…while 循环语句的执行过程如图 2-26 所示。

下面通过一个案例学习 do…while 循环语句的使用。本案例模拟银行取款的操作，当用户使用银行 ATM 取款时，需要在取款之前输入一次密码，然后 ATM 判断密码是否正确，如果密码不正确，ATM 会允许再次输入密码。具体实现代码如文件 2-13 所示。

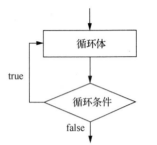

图2-26　do…while循环语句的执行过程

文件 2-13　Example13.java

```
1   import java.util.Scanner;
2   public class Example13 {
3       public static void main(String[] args) {
4           Scanner scanner = new Scanner(System.in);
5           long password = 123456;       //取款密码
6           long input;                   //用户输入的密码
7           do{
8               System.out.print("请输入您的取款密码: ");
9               input = scanner.nextInt();
10          }while(input != password);
11          System.out.println("密码正确, 你可以进行取款! ");
12      }
13  }
```

在文件 2-13 中，第 5～6 行代码定义了两个分别用于表示取款密码和用户输入的密码的变量；第 7～10 行代码的循环语句中，首先需要输入一次密码，然后判断输入的密码是否正确，如果正确，则跳出循环执行第 11 行代码，如果不正确，则继续执行循环体。

运行文件 2-13，输入错误的密码，结果如图 2-27 所示。

从图 2-27 中可以看到，在控制台中输入错误的密码后，程序又一次输出"请输入您的取款密码："。输入正确的密码，结果如图 2-28 所示。

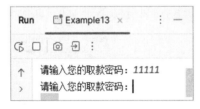

图2-27　文件2-13的运行结果（1）

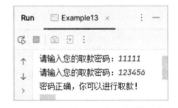

图2-28　文件2-13的运行结果（2）

从图 2-28 中可以看到，输入正确的密码后，程序输出"密码正确，你可以进行取款！"，说明当密码正确时程序跳出循环，继续向下执行。

2.6.3　for 循环语句

for 循环语句是非常常用的循环语句，一般用在循环次数已知的情况下。for 循环语句的语法格式如下。

```
for(初始化表达式；循环条件；操作表达式){
    语句或代码块
}
```

上述语法格式中，初始化表达式通常用于循环条件的初始化；循环条件用于决定循环体是否执行，必须为布尔类型的值或表达式；操作表达式用于在循环体执行后对循环条件进行修改。

使用 for 循环语句时，初始化表达式、循环条件和操作表达式三者必须用分号隔开，注意不能写成逗号。下面分别用①表示初始化表达式，②表示循环条件，③表示操作表达式，④表示循环体，通过序号分析 for 循环语句的执行过程。

```
for (① ; ② ; ③) {
    ④
}
```

第一步，执行①。

第二步，执行②，如果判断结果为 true，执行第三步，如果判断结果为 false，执行第五步。

第三步，执行④。

第四步，执行③，然后重复执行第二步。

第五步，退出循环。

下面使用 for 循环语句实现 1～100 的整数的累加计算，如文件 2-14 所示。

文件 2-14　Example14.java

```
1  public class Example14 {
2      public static void main(String[] args) {
3          int sum = 0;                        //定义变量 sum，初始值为 0
4          for (int i = 1; i <= 100; i ++){
5              sum += i;                        //sum 和 i 相加并将结果赋给 sum
6          }
7          System.out.println("sum = " + sum);
8      }
9  }
```

在上述代码中，第 3 行代码定义了一个 sum 变量用于记录 1～100 的整数累加和；第 4～6 行代码使用 for 循环语句对 1～100 的整数进行累加。

文件 2-14 的运行结果如图 2-29 所示。

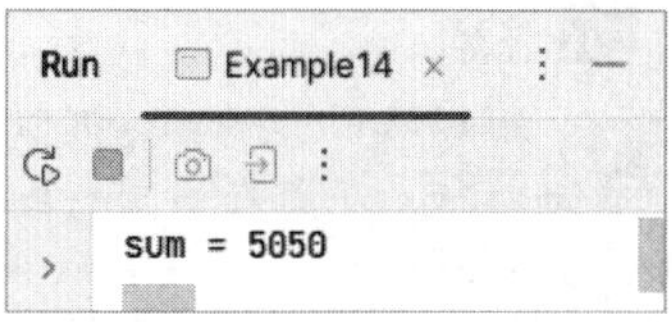

从图 2-29 中可以看到，控制台输出了 sum = 5050，与文件 2-12 的运行结果相同，说明在特定场景下，for 循环可以实现与 while 循环相同的功能。在编写代码时，根据实际情况选择合适的循环结构，可以更加清晰和灵活地控制程序逻辑。

图2-29　文件2-14的运行结果

2.6.4   循环嵌套

循环嵌套是指在一个循环语句的循环体中再定义一个循环语句的语法结构，前者称为外层循环，后者称为内层循环。while、do...while、for 循环语句都可以进行嵌套，并且它们之间也可以相互嵌套，其中，常见的是在 for 循环中嵌套 for 循环，语法格式如下。

```
for(初始化表达式; 循环条件; 操作表达式) {
    ...
    for(初始化表达式; 循环条件; 操作表达式) {
        语句或代码块
        ...
    }
    ...
}
```

下面使用 "*" 输出直角三角形，以演示 for 循环嵌套的使用，如文件 2-15 所示。

文件 2-15   Example15.java

```java
1  public class Example15 {
2      public static void main(String[] args) {
3          int i,j;                              //定义两个循环变量 i、j
4          for(i = 1; i <= 9; i++){              //外层循环
5              for(j = 1; j <= i; j++){          //内层循环
6                  System.out.print("* ");       //输出 "*"
7              }
8              System.out.println();             //换行
9          }
10     }
11 }
```

在文件 2-15 中，第 4~9 行代码是一个 for 循环嵌套结构，第 4 行代码是外层循环，使用变量 i 的值来控制行数，从 1 循环到 9；第 5 行代码是内层循环，使用变量 j 的值控制每行输出 "*" 的个数，从 1 循环到 i；第 6 行代码在每次内层循环中输出一个 "*"；第 8 行代码在外层循环中实现换行。

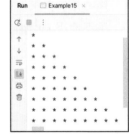

图2-30   文件2-15的运行结果

文件 2-15 的运行结果如图 2-30 所示。

从图 2-30 中可以看到，控制台输出了一个直角三角形，同样也是一个等腰三角形，即行数和列数相同。这是因为内层循环的循环条件 j<=i 控制了每行输出 "*" 的个数与当前行数相同，也就是说，当 j 小于或等于当前行数 i 时，会一直在同一行输出 "*"，从而实现每行输出 "*" 的数量与当前行数相同。

> 📓 **注意**
>
> 输出语句 System.out.print() 和 System.out.println() 有一些区别，前者在输出内容后不会自动换行，而是在当前行继续输出；后者在输出内容后会自动换行，使下一个输出从新的一行开始。

2.6.5   跳转语句

跳转语句用于实现循环执行过程中程序流程的跳转，Java 中常用的跳转语句有 break 语句和 continue 语句，下面分别进行讲解。

1. break 语句

在 switch 语句和循环语句中都可以使用 break 语句。当它出现在 switch 语句中时，作用是终止某个 case 并跳出 switch 语句。当它出现在循环语句中，作用是跳出循环语句，执行循环语句之后的代码。之前在 switch 语句中已经使用过 break 语句，下面讲解 break 语句在循环语句中的使用。

接下来通过一个查找 12 和 18 的最小公倍数的案例来演示 break 语句在循环语句中的使用，如文件 2-16 所示。

文件 2-16　Example16.java

```
1  public class Example16 {
2      public static void main(String[] args) {
3          //最小公倍数
4          int i = 1;
5          while (true){
6              if(i % 12 == 0 && i % 18 == 0){
7                  System.out.println("12 和 18 的最小公倍数为" + i);
8                  break;
9              }
10             i++;
11         }
12     }
13 }
```

在文件 2-16 中，第 4 行代码定义了一个变量 i 用于表示最小公倍数；第 5~11 行代码不断增加 i 的值，查找 12 和 18 的最小公倍数。其中，第 6~9 行代码判断 i 是否能被 12 和 18 整除，如果能则说明 i 为对应的最小公倍数，结束循环；否则 i 自增 1。

文件 2-16 的运行结果如图 2-31 所示。

从图 2-31 中可以看到，控制台输出了 12 和 18 的最小公倍数为 36，经验证，结果正确。这个案例运用了 break 语句来终止循环，从而确保输出的公倍数是最小的。

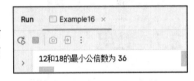

图2-31　文件2-16的运行结果

需要注意的是，在嵌套循环中使用 break 语句时，如果 break 语句放在内层循环的循环体中，则只能跳出内层循环，并回到外层循环的下一次循环。也就是说，break 语句只会影响最近的一层循环，如果想要跳出外层循环，则需要把 break 语句放在外层循环的循环体中。

2. continue 语句

continue 语句用于终止本次循环、执行下一次循环。为了更好地理解 continue 语句在循环语句中的作用，下面通过一个案例进行演示，即对 1~100 的奇数进行求和，如文件 2-17 所示。

文件 2-17　Example17.java

```
1  public class Example17 {
2      public static void main(String[] args) {
3          int sum = 0;                        //奇数累加和
4          for(int i = 1; i <= 100; i++){
5              if(i % 2 == 0){                 //如果 i 为偶数
6                  continue;                   //终止本次循环
```

```
7                  }
8              sum += i;                      //实现 sum 和 i 的累加
9          }
10         System.out.println("sum = " + sum);
11     }
12 }
```

在上述代码中，第 3 行代码定义了一个变量 sum 用于记录奇数的累加和；第 4～9 行代码循环对奇数进行累加。其中，第 5～7 行代码判断 i 是否为偶数，如果是，则终止本次循环；第 8 行代码实现 sum 和 i 的累加。

文件 2-17 的运行结果如图 2-32 所示。

从图 2-32 中可以看到，控制台输出的和是 2500，经验证结果正确，实现了 1～100 所有奇数的累加。

图2-32　文件2-17的运行结果

【案例 2-4】猜数字游戏

请扫描二维码查看【案例 2-4：猜数字游戏】。

【案例 2-5】斐波那契数列

请扫描二维码查看【案例 2-5：斐波那契数列】。

2.7　数组

变量可以用来存储和操作程序运行过程中的数据。然而，基本类型的变量只能存储单个数据，假设现在需要存储班级内 50 名学生的成绩，如果使用基本类型的变量，就需要定义 50 个变量，这显然是非常烦琐的。在这种情况下，就可以使用一个表示成绩的数组来同时存储 50 名学生的成绩。数组是一个容器，可以用来存储同种数据类型的多个值，每个值称为数组的元素。本节将对 Java 中数组的创建和常见操作进行详细讲解。

2.7.1　数组的声明和初始化

数组是引用数据类型，引用数据类型在使用之前需要进行声明和初始化，下面对数组的声明和初始化进行讲解。

1. 数组的声明

在 Java 中，可以使用两种语法格式来声明数组，具体如下。

```
type[] arrayName;
```

或者如下。

```
type arrayName[];
```

上述语法格式中，type 为数组元素的数据类型，arrayName 为数组名称，可以是任意合法的标识符。对于上述两种语法格式，Java 更推荐采用第 1 种格式，因为第 1 种格式很容易理解为定义一个变量，其中变量名是 arrayName，变量类型是 type[]，具有更好的可读性。

声明数组时，指定的数据类型既可以是基本数据类型，也可以是引用数据类型，示例如下。

```
1   int[] salary;
2   double[] price;
3   String[] name;
```

上述代码中，第 1 行代码声明了一个 int 类型的数组，名称为 salary；第 2 行代码声明了一个 double 类型的数组，名称为 price；第 3 行代码声明了一个 String 类型的数组，名称为 name。

2. 数组的初始化

所谓数组的初始化，就是为数组元素分配内存空间，并为每个数组元素赋初始值。Java 中数组的初始化有静态初始化和动态初始化两种方式，接下来对这两种初始化方式分别进行讲解。

（1）静态初始化

Java 中静态初始化是指初始化数组时显式指定每个数组元素的初始值，数组静态初始化的语法格式有 2 种，分别如下。

格式 1 如下。

```
type[] arrayName =new type[]{元素1,元素2,元素3,…,元素n};
```

格式 2 如下。

```
type[] arrayName = {元素1,元素2,元素3,…,元素n};
```

在上述语法格式中，格式 2 是格式 1 的简写形式，type 是数组元素的数据类型，new 关键字后的 type 需要和数组元素的数据类型相同或者是其子类的实例。使用{}把数组的所有元素括起来，如果数组中有多个元素，元素之间以英文逗号隔开。

下面通过示例演示数组的静态初始化。

```
1   int[] arr1=new int[]{1,3,5,7,9};
2   int[] arr2={2,4,6,8,10};
```

在上述代码中，第 1 行代码使用静态初始化的方式定义了一个 int 类型的数组，数组名称为 arr1，并指定了数组 arr1 中的元素为 1、3、5、7、9；第 2 行代码使用静态初始化的简写形式定义了一个 int 类型的数组，数组名称为 arr2，并指定了数组 arr2 中的元素为 2、4、6、8、10。

需要注意的是，如果使用格式 2 进行静态初始化，数组的声明和初始化操作要同步，即初始化的代码中不能省略数组中元素的数据类型，否则会报错。例如，以下代码为错误代码。

```
int[] arr2;
arr2={2,4,6,8,10};
```

（2）动态初始化

动态初始化是指数组初始化时只指定数组长度，即指定数组中数组元素的个数，由系统为数组元素分配初始值，具体语法格式如下。

```
type[] arrayName = new type[length];
```

上述语法格式中，type 是数组元素的数据类型，length 为数组的长度，也就是数组可以容纳的元素个数，指定数组的长度后，数组的长度就不能再修改。这里的数组长度也是必需的。

动态初始化数组时，系统会自动为数组元素分配默认的初始值，根据元素数据类型的不同，默认初始值也不一样。不同数据类型数组元素的默认初始值如表 2-7 所示。

表 2-7   不同数据类型数组元素的默认初始值

数据类型	默认初始值
byte、short、int、long	0
float、double	0.0
char	一个空字符，即'\u0000'
boolean	false
引用数据类型	null，表示变量不引用任何对象

下面通过示例演示数组的动态初始化。

```
int[] arr=new int[5];
```

上述代码中，使用动态初始化的方式定义了一个 int 类型的数组，数组的名称为 arr，并指定数组的长度为 5。

不管使用哪种方式初始化数组，初始化成功后，数组的长度就确定了。数组长度为整数类型，可以使用以下语法格式获取。

```
arrayName.length;
```

上述语法格式中，arrayName 为数组的名称，length 为固定写法，是数组的属性名。

需要注意的是，对一个数组进行初始化时，不要同时使用静态初始化和动态初始化，即不要初始化数组时既显式地指定元素的初始值，又指定数组的长度，这样代码会报错。

数组初始化后，系统会为数组分配内存空间，每块内存空间都有对应的地址进行标记。数组是引用数据类型，数组名中存储的是数组在内存中的地址。

下面通过一个示例演示数组在内存中的状态。例如，定义一个名称为 arr、长度为 3 的 int 类型数组，代码如下。

```
1   int[] arr;              // 声明一个 int[]类型的变量 arr
2   arr = new int[3];       // 为 arr 分配 3 个数组元素的空间
```

在上述代码中，第 1 行代码声明了一个变量 arr，该变量的类型为 int[]，即声明了一个 int 类型的数组。变量 arr 会占用一块内存单元，它没有被分配初始值。变量 arr 的内存状态如图 2-33 所示。

第 2 行代码创建了一个数组，并将数组的地址赋给变量 arr。在程序运行期间变量 arr 引用数组，这时变量 arr 在内存中的状态会发生变化，如图 2-34 所示。

图2-33　变量arr的内存状态

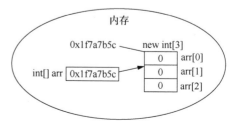

图2-34　变量arr在内存中的状态变化

图 2-34 中描述了变量 arr 引用数组的情况，其中 0x1f7a7b5c 为数组的内存地址，arr 指向的数组中有 3 个元素，初始值都为 0；[]中的值为数组元素的索引（也可称为下标），数组通过索引来区分不同的元素，索引从 0 开始，根据顺序依次递增 1，最大的索引是"数组的长度-1"。

2.7.2　数组元素的访问和赋值

数组初始化后，就可以对数组中的元素进行访问，也可以重新为数组元素赋值。下面分别对数组元素的访问和赋值进行讲解。

1. 数组元素的访问

数组中的每个元素都有对应的索引，如果想要访问数组元素，可以使用"数组名[索引]"的方式实现。

下面通过一个案例演示如何访问数组中的元素，如文件 2-18 所示。

文件 2-18　Example18.java

```
1  public class Example18{
2      public static void main(String[] args) {
3          int[] arr=new int[3];                      // 创建数组对象
4          System.out.println("arr[0]=" + arr[0]);    // 访问数组中的第 1 个元素
5          System.out.println("arr[1]=" + arr[1]);    // 访问数组中的第 2 个元素
6          System.out.println("arr[2]=" + arr[2]);    // 访问数组中的第 3 个元素
7          System.out.println("数组的长度是" + arr.length); // 输出数组长度
8      }
9  }
```

在文件 2-18 中，第 3 行代码创建了一个长度为 3 的数组，并将数组在内存中的地址赋给 int[]类型的变量 arr；第 4~6 行代码通过索引访问数组中的元素；第 7 行代码通过 length 属性获取数组的长度，即数组中元素的个数。

文件 2-18 的运行结果如图 2-35 所示。

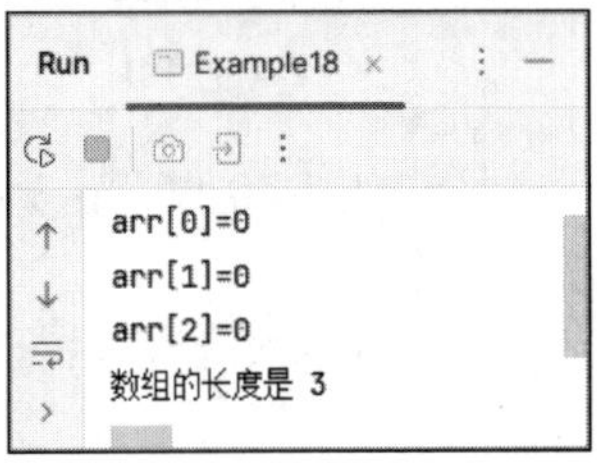

从图 2-35 中可以看出，控制台输出了所有的数组元素和数组的长度，由于并未指定数组元素的值，且数组元素的数据类型为 int，所以数组元素的默认初始值都为 0。

图2-35　文件2-18的运行结果

2. 数组元素的赋值

数组初始化后，数组中的元素就具有了初始值，可以显式指定，也可以由系统自动分配。如果需要修改数组元素的值，可以重新为数组元素赋值。

下面通过一个案例演示如何为数组元素赋值，具体如文件 2-19 所示。

文件 2-19　Example19.java

```
1  public class Example19{
2      public static void main(String[] args) {
3          int[] arr=new int[3];                      // 创建数组对象
4          arr[0]=1;                                  //为索引为 0 的数组元素赋值
5          arr[2]=3;                                  //为索引为 2 的数组元素赋值
6          System.out.println("arr[0]=" + arr[0]);// 访问数组中的第 1 个元素
7          System.out.println("arr[1]=" + arr[1]);// 访问数组中的第 2 个元素
8          System.out.println("arr[2]=" + arr[2]);// 访问数组中的第 3 个元素
```

```
9      }
10 }
```

在上述代码中，第 3 行代码通过动态初始化的方式创建了长度为 3 的数组对象；第 4～5 行代码分别为索引为 0 和索引为 2 的数组元素重新赋值；第 6～8 行代码依次访问数组中的 3 个元素，并输出到控制台。

图2-36　文件2-19的运行结果

文件 2-19 的运行结果如图 2-36 所示。

从图 2-36 中可以看到，控制台依次输出了数组 arr 中所有元素的值，其中索引为 0 和索引为 2 的数组元素的值分别为 1 和 3，说明程序成功地为数组元素重新赋值。

> ✒※ **脚下留心：数组索引越界和空指针异常**
>
> 在使用数组之前需要对数组进行有效赋值，访问数组元素时，指定的索引需要大于或等于 0，并且小于数组的长度，否则虽然程序在编译时不会出现任何错误，但在运行时可能出现异常。这种情况造成的异常有两种，分别为数组索引越界和空指针异常，接下来对这两种异常情况进行讲解。
>
> （1）数组索引越界
>
> 数组元素的索引最小值为 0，最大值为数组长度-1，在访问数组的元素时，索引不能超出这个范围，否则程序会报错。
>
> 下面通过案例演示索引超出数组范围的情况，如文件 2-20 所示。
>
> **文件 2-20　Example20.java**
>
> ```
> 1 public class Example20 {
> 2     public static void main(String[] args) {
> 3         int[] arr = new int[4];                    // 定义长度为 4 的数组
> 4         System.out.println("arr[4]=" + arr[4]);    // 通过索引 4 访问数组元素
> 5     }
> 6 }
> ```
>
> 文件 2-20 中，第 3 行代码定义了一个长度为 4 的数组，第 4 行代码访问索引为 4 的数组元素。
>
> 文件 2-20 的运行结果如图 2-37 所示。
>
>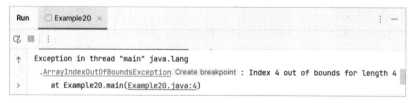
>
> 图2-37　文件2-20的运行结果
>
> 图 2-37 所示的运行结果中所提示的 ArrayIndexOutOfBoundsException 错误信息是数组索引越界异常，出现这个异常的原因是数组的长度为 4，索引的取值范围为 0～3，文件 2-20 中的第 4 行代码使用索引 4 访问元素时超出了数组的索引范围。
>
> （2）空指针异常
>
> 在使用变量引用一个数组时，变量必须指向一个有效的数组对象，如果该变量的值为 null，则意味着没有指向任何数组，此时通过该变量访问数组的元素会出现空指针异常。

下面通过案例演示这种现象，如文件 2-21 所示。

文件 2-21　Example21.java

```
1  public class Example21{
2      public static void main(String[] args) {
3          int[] arr = new int[3];                        // 定义长度为 3 的数组
4          arr[0] = 5;                                    // 为数组的第 1 个元素赋值
5          System.out.println("arr[0]=" + arr[0]);        // 访问数组的元素
6          arr = null;                                    // 将变量 arr 设置为 null
7          System.out.println("arr[0]=" + arr[0]);        // 访问数组的元素
8      }
9  }
```

文件 2-21 中，第 3 行代码定义了一个长度为 3 的数组，并将其赋给变量 arr；第 4 行代码重新为索引为 0 的数组元素赋值 5；第 5 行代码访问索引为 0 的数组元素；第 6 行代码重新为变量 arr 赋值 null；第 7 行代码再次访问索引为 0 的数组元素。

文件 2-21 的运行结果如图 2-38 所示。

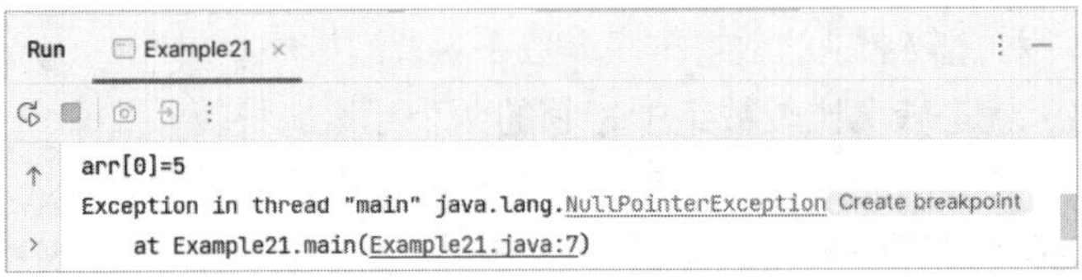

图2-38　文件2-21的运行结果

从图 2-38 中可知，文件 2-21 的第 4～5 行代码都能通过变量 arr 正常地操作数组。第 6 行代码将变量 arr 赋值为 null，第 7 行代码再次访问数组元素时就出现了空指针异常（NullPointerException）。

2.7.3　数组的常见应用

数组在程序中的应用比较广泛，下面介绍常见的 3 种，分别是数组的遍历、数组的排序、数组中最值的获取。

1. 数组的遍历

数组的遍历指的是对数组中的每个元素进行逐个访问和处理的过程。通过对数组的遍历，可以逐个读取数组中的元素，从而进行一系列的操作或者获取每个元素的值。在 Java 中，有多种方式可以遍历数组，其中，for 循环是常见的遍历数组的方式。通过设置一个变量作为索引，从 0 开始循环到数组的长度-1，可以逐个访问数组中的元素，并对其进行操作。

下面通过一个案例演示如何使用 for 循环遍历数组，根据部门内 10 个员工每个人的销售额计算部门销售总额，如文件 2-22 所示。

文件 2-22　Example22.java

```
1  public class Example22 {
2      public static void main(String[] args) {
3          //定义一个数组，存储部门内 10 个员工的销售额
4          int[] sales = new int[]{10,16,20,8,15,25,13,16,21,9};
5          //定义一个变量，存储部门销售总额
6          int sum = 0;
7          for(int i = 0; i <= sales.length-1; i ++){
```

```
8              System.out.println("第" + (i+1) + "个员工的销售额为" + sales[i]);
9              sum += sales[i];
10        }
11        System.out.println("部门销售总额为" + sum);
12    }
13 }
```

在文件 2-22 中，第 4 行代码定义了一个数组，并指定了其中的元素；第 7～10 行代码使用 for 循环遍历数组 sales。其中，变量 i 作为数组元素的索引，从 0 开始每次增加 1，循环到 sales.length-1，即索引的最大值；第 8 行代码使用索引 i 逐个访问数组 sales 的元素并输出；第 9 行代码将数组中的元素逐个相加，并将结果累加到变量 sum 中。

文件 2-22 的运行结果如图 2-39 所示。

从图 2-39 中可以看到，控制台分别输出了 10 个员工每个人的销售额，以及部门销售总额。

2. 数组的排序

在实际开发中，数组最常用的操作就是排序，数组的排序方法有很多，下面讲解一种比较常见的数组排序算法——冒泡排序。

所谓冒泡排序，就是依次比较数组中相邻的两个元素，将较小的元素向前移动，较大的元素向后移动，直到整个数组按照升序排列完成。由于排序过程中较小的元素会经交换慢慢"浮"到数组的顶端，如同水中气泡最终上升到顶端一样，故名"冒泡排序"。接下来对冒泡排序的整个过程进行说明。

第 1 轮排序时，从第一个数组元素开始，依次将相邻的两个数组元素进行比较，如果前一个数组元素的值比后一个数组元素的值大，则交换它们的位置。整个过程完成后，数组中的最后一个元素就是数组中的最大值，这样也就完成了第一轮比较。

图2-39　文件2-22的运行结果

第 2 轮排序时，除了最后一个数组元素，将剩余的数组元素继续进行两两比较，过程与第 1 轮排序相似，这样就可以将数组中第二大的元素放在倒数第二个位置。

后续排序以此类推，直到没有任何一对元素需要比较为止。

了解了冒泡排序的原理之后，下面通过一个案例实现使用冒泡排序对数组进行排序，如文件 2-23 所示。

文件 2-23　Example23.java

```
1  public class Example23 {
2      public static void main(String[] args) {
3          int[] arr = { 9, 8, 3, 5, 2 };
4          // 冒泡排序前，循环输出数组元素
5          for (int i = 0; i < arr.length; i++) {
6              System.out.print(arr[i] + " ");
7          }
8          System.out.println();
9          // 进行冒泡排序
10         // 外层循环定义需要比较的轮数（两数对比，要比较 n-1 轮）
11         for (int i= 1; i < arr.length; i++) {
12             // 内层循环定义第 i 轮需要比较的两个数
13             for (int j = 0; j < arr.length -i; j++) {
```

```
14                    if (arr[j] > arr[j + 1]) {              // 比较相邻元素
15                        // 下面的 3 行代码用于交换相邻的两个元素
16                        int temp = arr[j];
17                        arr[j] = arr[j + 1];
18                        arr[j + 1] = temp;
19                    }
20                }
21            }
22            // 完成冒泡排序后，再次循环输出数组元素
23            for (int i = 0; i < arr.length; i++) {
24                System.out.print(arr[i] + " ");
25            }
26    }
27 }
```

在上述代码中，第 3～7 行代码定义了数组，并遍历输出数组中的所有元素到控制台；第 11～21 行代码通过一个 for 循环嵌套实现了冒泡排序。其中，外层循环控制排序轮数，总循环次数为要排序数组的长度减 1，每次循环都能确定一个数组元素的最终位置；第 13～20 行代码中，内层循环的循环变量 j 用于控制每轮进行比较的相邻的两个元素，它被作为索引获取对应的数组元素进行比较，在每次比较时，如果前者大于后者，就交换两个元素的位置。

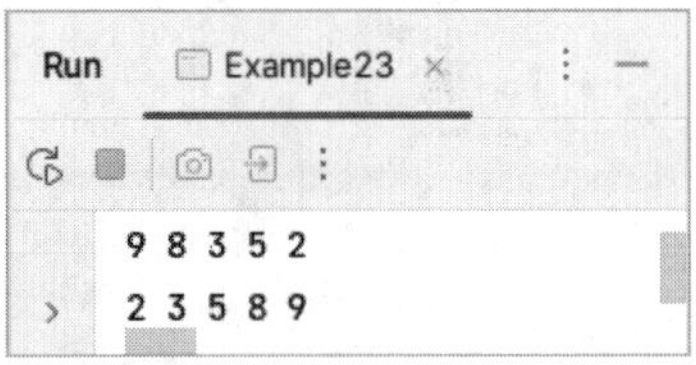

文件 2-23 的运行结果如图 2-40 所示。

图 2-40 中，控制台输出了数组排序前和排序后的元素，可以看出，排序后数组元素的值从小到大排列，说明冒泡算法成功地对数组元素进行了排序。

图2-40　文件2-23的运行结果

对第一次接触冒泡排序的读者来说，可能还是不太理解冒泡排序的过程，下面通过一张图对文件 2-23 中的冒泡排序过程进行说明，具体如图 2-41 所示。

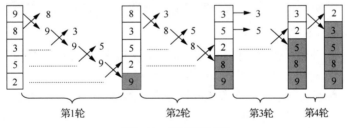

图2-41　冒泡排序过程

从图 2-41 中可以看出，在第一轮比较中，第一个元素 9 为最大值，因此它在每次比较时都会发生位置的改变，最终被放到最后一个位置；第二轮比较与第一轮过程类似，元素 8 被放到倒数第二个位置；第三轮比较中，第一次比较没有发生位置的交换，在第二次比较时才发生位置交换，元素 5 被放到倒数第三个位置；第四轮比较只针对最后两个元素，它们比较后发生了位置的改变，元素 3 被放到第二个位置。通过 4 轮比较，数组中的元素已经完成了排序。

值得一提的是，文件 2-23 中第 16～18 行代码实现了数组中两个元素交换的过程。首先定义了一个临时变量 temp 用于记录数组元素 arr[j] 的值，然后将 arr[j+1] 的值赋给 arr[j]，最后将 temp 的值赋给 arr[j+1]，这样便完成了两个元素的交换。整个交换过程如图 2-42 所示。

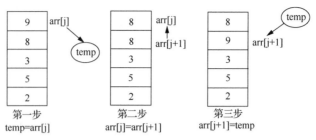

第一步
temp=arr[j]

第二步
arr[j]=arr[j+1]

第三步
arr[j+1]=temp

图2-42　交换过程

3. 数组中最值的获取

在操作数组时，经常需要获取数组中元素的最值。例如，找到数组中最大的数或者最小的数，下面通过一个案例演示如何获取数组中元素的最大值，如文件 2-24 所示。

文件 2-24　Example24.java

```java
1  public class Example24{
2      public static void main(String[] args) {
3          // 定义一个 int 类型的数组
4          int[] arr = { 4, 1, 6, 3, 9, 8 };
5          // 定义变量 max，用于存储最大值，首先假设第一个元素为最大值
6          int max = arr[0];
7          // 遍历数组，查找最大值
8          for (int i = 1; i < arr.length; i++) {
9              // 比较 arr[i]的值是否大于 max
10             if (arr[i] > max) {
11                 // 条件成立，将 arr[i]的值赋给 max
12                 max = arr[i];
13             }
14         }
15         System.out.println("数组 arr 中的最大值为" + max); // 输出最大值
16     }
17 }
```

在文件 2-24 中，第 6 行代码定义了一个临时变量 max，用于存储数组元素的最大值。在获取数组中的最大值时，首先假设数组中第一个元素 arr[0]为最大值，并将其赋给 max；然后使用 for 循环对数组进行遍历，在遍历的过程中只要遇到比 max 值还大的元素，就将该元素的值赋给 max，这样一来，变量 max 就能够在循环结束时存储数组中的最大值。

文件 2-24 的运行结果如图 2-43 所示。

从图 2-43 中可以看出，控制台输出了数组中值最大的元素，实现了最大值的获取。

图2-43　文件2-24的运行结果

2.7.4　二维数组

本节之前讲解的数组，存储数据的结构可以看作表格中的一行多列，索引为列号，通过列号可以快速访问对应单元格中的数据，通常将这种只使用一个索引访问数组元素的数组称为一维数组。如果需要存储多行多列的数据，例如存储五子棋棋盘上的棋子信息时，需要同时存储棋子在棋盘中的行和列的信息，这时就可以使用多维数组。

多维数组可以简单地理解为在数组中嵌套数组，即数组的元素是一个数组。在程序中比较常见的多维数组就是二维数组，二维数组就是指维数为 2 的数组，即数组有两个索引。二

维数组的逻辑结构按行、列排列，两个索引分别表示行和列，通过行和列可以准确标识一个元素。二维数组的定义有多种方式，下面介绍 3 种常见的二维数组定义方式。

第 1 种方式是定义一个确定行数和列数的二维数组，其语法格式如下。

```
数据类型[][] 数组名 = new 数据类型[行数][列数];
```

下面以第 1 种方式定义一个二维数组。

```
int[][] arr= new int[3][4];
```

上述代码定义了一个 3 行 4 列的二维数组，数组名为 arr。二维数组 arr 的长度为 3，每个数组元素又是一个长度为 4 的一维数组。可以通过一张图来表示二维数组 arr 中元素的存储情况，如图 2-44 所示。

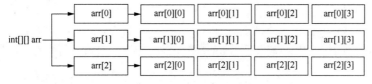

图2-44　二维数组arr中元素的存储情况（1）

第 2 种方式是定义一个确定行数但不确定列数的二维数组，其语法格式如下。

```
数据类型[][] 数组名 = new int[行数][];
```

下面以第 2 种方式定义一个二维数组。

```
int[][] arr= new int[3][];
```

第 2 种方式和第 1 种方式类似，只是数组的列数不确定，下面通过一张图表示二维数组 arr 的情况，如图 2-45 所示。

从图 2-45 中可以得出，系统会根据二维数组的长度为二维数组的每个元素开辟空间，但是二维数组的数组元素中的元素并未指定，可以在后续动态分配。

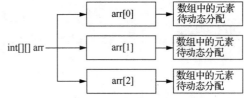

图2-45　二维数组arr的情况

第 3 种方式是定义一个确定元素值的二维数组，其语法格式如下。

```
数据类型[][] 数组名= {{第 0 行初始值},{第 1 行初始值},…,{第 n 行初始值}};
```

下面以第 3 种方式定义一个二维数组。

```
int[][] arr= {{1,2},{3,4,5,6},{7,8,9}};
```

上面的二维数组 arr 中定义了 3 个元素，这 3 个元素都是指定了数组元素的一维数组，下面通过一张图表示二维数组 arr 中元素的存储情况，如图 2-46 所示。

图2-46　二维数组arr中元素的存储情况（2）

二维数组中对元素的访问也是通过索引实现的。例如，访问二维数组 arr 中第一个数组元素的第二个元素，具体代码如下。

```
arr[0][1];
```

上述代码中，第一个索引表示行的索引，第二个索引表示列的索引。

下面通过一个整理仓库库存的案例帮助读者加深对二维数组的理解和应用，该案例中有 3 个仓库，每个仓库中有 4 种商品，管理员为每种商品添加库存信息后，计算每个仓库的总库存数，如文件 2-25 所示。

文件 2-25　Example25.java

```java
import java.util.Scanner;
public class Example25 {
    public static void main(String[] args) {
        //初始化一个动态数组来表示库存容量
        int[][] warehouse= new int[3][4];
        Scanner scanner = new Scanner(System.in);
        //管理员为每种商品添加库存信息
        for(int i = 0; i < 3; i++){             //外层循环迭代仓库信息
            System.out.println("请分别输入第" + (i+1) +
              "个仓库中四种商品的库存数");
            for(int j = 0; j < 4; j++){         //内层循环迭代每个仓库的商品数量
                warehouse[i][j] = scanner.nextInt();
            }
        }
        //输出每个仓库的总库存数
        for(int i = 0; i < 3; i++){
            int sum = 0;
            for(int j = 0; j < 4; j++){
                sum += warehouse[i][j];
            }
            System.out.print("第"+(i+1)+ "个仓库的总库存数为" + sum + "\n");
        }
    }
}
```

在上述代码中，第 5 行代码定义了一个动态数组 warehouse，用于表示仓库的库存容量，数组的行数为 3 表示有 3 个仓库，列数为 4 表示每个仓库有 4 种商品；第 8～14 行代码使用 for 循环嵌套为每种商品添加库存数，其中，第 8 行代码为外层循环，用于迭代仓库信息，第 11 行代码为内层循环，用于迭代每个仓库的商品数量，第 12 代码用于输入当前循环到的仓库的商品库存数量；第 16～22 行代码使用 for 循环嵌套访问每个仓库中每种商品的库存数量并累加到 sum 中。

图2-47　文件2-25的运行结果

文件 2-25 的运行结果如图 2-47 所示。

从图 2-47 中可以看到，输入每个仓库中每种商品的库存后，控制台输出了每个仓库的总库存数。

【案例 2-6】统计鱼儿分布情况

请扫描二维码查看【案例 2-6：统计鱼儿分布情况】。

2.8　方法

　　假设现在需要编写一个游戏程序，游戏中人物需要具备跳跃的功能，而跳跃的代码由 100 行代码组成，如果每次人物跳跃时都重复地编写这 100 行代码，程序会变得很臃肿，可读性和可维护性也非常差。解决这类问题可以使用"方法"，在 Java 中，方法是用来执行特定任务的一组可重复调用的语句集合。将会被重复执行的代码提取出来封装在一个方法内，并为其命名，开发者可以在需要执行这些代码的位置直接调用该方法，避免重复编写相同的代码。本节将对 Java 的方法进行讲解。

2.8.1　方法的定义和调用

　　在使用方法之前，需要进行方法的定义。方法的定义是指编写方法的具体格式和逻辑，以便程序能够正确地识别并执行方法。

　　Java 中定义方法的语法格式如下。

```
[修饰符] 返回值类型 方法名([参数列表]){
    //方法体，即方法要执行的代码
    return 返回值;    //用于返回方法的执行结果
}
```

　　下面对上述语法格式中各项的含义进行解释。

　　（1）修饰符：可选项，用于控制方法或类的访问权限，会在后续进行详细讲解。

　　（2）返回值类型：用于指定方法执行完毕后返回值的数据类型。如果方法不返回任何值，可以使用关键字 void 表示。

　　（3）方法名：用于指定方法的名称，需要遵守标识符的命名规则。

　　（4）参数列表：可选项，用于定义方法可以接收的参数。参数列表由 0 到多组参数组合而成，如果有多组参数，每组参数之间以英文逗号（,）分隔，每组参数由参数类型和参数名组成，参数类型和参数名之间以英文空格分隔。如果定义方法时指定了参数列表，则调用该方法时必须传入对应的参数值。

　　（5）return：用于返回方法指定类型的值，如果方法的返回值类型为 void，则不需要显式地写 return 语句。

　　（6）返回值：被 return 语句返回的值，该值会返回给方法的调用者。

　　需要注意的是，return 语句会改变程序的执行流程，属于流程控制语句。当程序遇到 return 语句时，会立即结束当前方法的执行，并将控制权返回给方法的调用者。

　　方法定义完成后，并不能直接运行，还需要使用方法的名称和对应的参数触发方法的执行，这一过程称为方法的调用。调用方法的语法格式如下。

```
方法名(参数列表);
```

　　上述语法格式中，参数列表为调用方法时为方法传递的参数，将在方法内部进行处理。在调用方法时，需要注意以下 3 个问题。

　　（1）传入的参数列表中的参数个数以及数据类型需要与定义方法时的参数列表保持一致。

　　（2）当一个方法的返回值类型不是 void 时，意味着该方法执行完成后会返回一个特定类型的值，该返回值一般会被赋给一个变量或被进行其他处理，以确保充分利用方法的执行结果。

（3）在使用变量接收返回值时，需要确保该变量的数据类型与方法返回值的类型一致，否则程序会出现错误。

下面通过一个输出两个数中较大值的案例演示方法的定义和调用，如文件 2-26 所示。

文件 2-26　Example26

```
1  public class Example26 {
2      public static void main(String[] args) {
3          //调用带参数方法（无返回值）
4          getMax(10,20);
5          //调用无参数方法（无返回值）
6          getMax1();
7          //调用带参数带返回值方法
8          int maxNum = getMax2(10,20);
9          System.out.println("两个数的较大值为" + maxNum);
10     }
11     //实现输出两个数中的较大值，带参数方法
12     public static void getMax(int a, int b){
13         if (a > b){
14             System.out.println("两个数的较大值为" + a);
15         }else {
16             System.out.println("两个数的较大值为" + b);
17         }
18     }
19     //实现输出两个数中的较大值，无参数方法
20     public static void getMax1(){
21         int a = 10;
22         int b = 20;
23         if (a > b){
24             System.out.println("两个数的较大值为" + a);
25         }else {
26             System.out.println("两个数的较大值为" + b);
27         }
28     }
29     //实现输出两个数中的较大值，带参数带返回值方法
30     public static int getMax2(int a, int b){
31         if(a > b){
32             return a;
33         }else {
34             return b;
35         }
36     }
37 }
```

在文件 2-26 中，第 12~36 行代码定义了 3 个方法，分别是 getMax(int a,int b)、getMax1()和 getMax2(int a,int b)，其中第一个是带参数无返回值的方法，第二个是无参数无返回值的方法，第三个是带参数带返回值的方法；第 4~8 行代码分别调用这 3 个方法实现输出两个数中的较大值。

文件 2-26 的运行结果如图 2-48 所示。

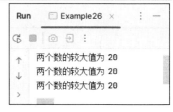

图2-48　文件2-26的运行结果

从图 2-48 中可知，调用 3 种方法都实现了输出两个数中的较大值。

2.8.2 方法的重载

方法的重载是指在同一个类中可以定义多个同名但参数列表不同的方法。重载方法的参数列表可以通过参数数量、参数类型或参数顺序来区分。

下面通过一个案例演示方法的重载，要求定义 3 个同名方法，分别计算两个浮点数的和、3 个整数的和，以及一个整数和一个浮点数的和，如文件 2-27 所示。

文件 2-27 Example27.java

```java
1  public class Example27 {
2      public static void main(String[] args) {
3          // 调用重载方法1
4          double result2 = add(3.14, 2.46);
5          System.out.println("Result 1: " + result2);
6          // 调用重载方法2
7          int result3 = add(4, 6, 8);
8          System.out.println("Result 2: " + result3);
9          // 调用重载方法3
10         double result4 = add(7, 4.5);
11         System.out.println("Result 3: " + result4);
12     }
13     // 重载方法1：用于两个浮点数相加
14     public static double add(double a, double b) {
15         return a + b;
16     }
17     // 重载方法2：用于3个整数相加
18     public static int add(int a, int b, int c) {
19         return a + b + c;
20     }
21     // 重载方法3：用于一个整数和一个浮点数相加
22     public static double add(int a, double b) {
23         return a + b;
24     }
25 }
```

在文件 2-27 中，第 14～24 行代码定义了 3 个 add()方法，方法中通过指定不同的参数类型实现了方法的重载；在第 4～10 行代码调用 add()方法时，程序会根据传入参数的类型和数量来确定调用哪个重载方法，例如，add(3.14,2.46)调用的是重载方法 1，计算两个浮点数的和。

文件 2-27 的运行结果如图 2-49 所示。

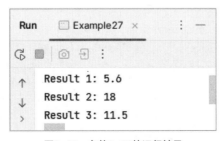

图2-49 文件2-27的运行结果

从图 2-49 中可以看到，控制台输出了不同类型和不同数量的数据之和，说明成功实现了方法的重载。

【案例 2-7】计算图形面积

请扫描二维码查看【案例 2-7：计算图形面积】。

项目实践：电影院售票系统

请扫描二维码查看【项目实践：电影院售票系统】。

本章小结

本章主要对 Java 编程基础进行了讲解。首先讲解了 Java 的基本语法；其次讲解了 Java 中的变量、数据类型转换以及 Java 中的运算符；接着讲解了 Java 中的选择结构语句和循环结构语句；最后讲解了 Java 中的数组和方法。通过本章的学习，读者可以掌握 Java 编程的基础知识，为后面的学习做好铺垫。

本章习题

请扫描二维码查看本章习题。

第3章

拓展阅读

面向对象（上）

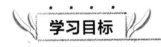

知识目标	1. 了解面向对象的相关概念，能够简述面向对象、对象和类的概念以及它们之间的关系 2. 熟悉面向对象的特性，能够简述面向对象的三大特性 3. 掌握对象的引用传递，能够简述对象引用传递的概念和机制 4. 了解为什么要封装，能够简述封装的概念和没有进行封装可能出现的问题 5. 掌握访问控制，能够简述 4 种访问修饰符的访问权限
技能目标	1. 掌握类的定义，能够自定义 Java 类 2. 掌握对象的创建与使用，能够创建对象、访问对象的属性和方法 3. 掌握封装的实现，能够正确设置属性的访问权限，并能使用 getter 方法和 setter 方法为属性提供公共访问接口 4. 掌握构造方法的使用，能够定义构造方法，并简述构造方法重载的机制 5. 掌握 this 关键字的应用，能够简述 this 关键字的作用，并能使用 this 关键字访问成员变量、成员方法和构造方法 6. 掌握 static 关键字的应用，能够简述 static 关键字的作用，并能够定义和使用静态变量、静态方法和静态代码块

在软件开发领域中，面向对象程序设计（Object-Oriented Programming，OOP）一直占据着重要的地位，Java 被广泛认可为一种完全意义上的面向对象编程语言。因此，了解面向对象的编程思想对于学习 Java 开发至关重要。本章将对面向对象的相关知识进行讲解。

3.1 面向对象概述

常见的程序设计模型分为面向过程和面向对象两种。面向过程关注的是解决问题的步骤和流程，将问题拆解为一系列的函数或模块进行处理，强调编程的逻辑流程和函数的调用。

面向对象则是把构成问题的事物按照一定规则划分为多个独立的对象，通过对象之间的交互和协作来解决问题。相比于面向过程，面向对象降低了代码的耦合性，使程序易于维护和重复使用。本节将对面向对象的相关概念和特性进行讲解。

3.1.1　面向对象相关概念

为了帮助读者更好地学习面向对象编程，下面对面向对象的相关概念进行简要的介绍。

1. 面向对象的思想

面向对象是一种编程范式，它将现实世界中的事物抽象为对象，每个对象都有自己的特征和行为。面向对象的思想强调将问题拆分成多个相互合作的对象，而不是处理整个问题的单一部分，通过定义对象的特征和行为，以及不同对象之间的交互来完成复杂的任务。面向对象编程提供了更强的模块化能力，并提高了程序可维护性和扩展性，使得程序的设计和实现更加符合人类的思维方式。

2. 对象

对象是具体而实际的，是具有特征和行为的实体，在现实世界中万物皆可为对象。例如，将一架飞机看作一个对象，它的特征可以是型号、机身颜色、最大航程等，它的行为可以是起飞、降落、改变航向等。对象通过封装将特征和行为捆绑在一起，并对外隐藏实现细节。对象之间可以相互通信，通过发送消息来执行特定的操作。

3. 类

类是描述对象的特征和行为的模板，它可以看作为对象的抽象，对象是类的具体化。例如，将动物定义为一个类，它的具体化对象有猫、狗、鸟等。这些对象共同具有的特征是年龄、体重等，共同具有的行为是移动、进食等。而类为这些对象的特征和行为提供了统一的定义和结构，使得它们可以按照相同的方式进行操作和交互。

3.1.2　面向对象的特性

在软件设计过程中，随着需求的不断变化和程序复杂度的不断提高，面向对象为了更有效地组织和管理代码，引入了三大关键特性——封装、继承和多态。

1. 封装

封装是指将对象的特征和行为封装起来，形成一个独立的对象，并向用户暴露操作对象的方法，而不要求用户知道对象内部的具体实现。这种方式避免了外部对对象直接进行修改，从而提高了程序的安全性和可维护性。

例如，将一辆汽车看作一个对象。司机在开车时只需要知道如何启动、加速、刹车等，不需要了解汽车的内部是如何实现这些功能的。这样可以防止司机随意调整汽车内部的零件，从而保证了汽车的安全性。

2. 继承

继承是描述类之间关系的一个重要概念，它允许一个类不需要写任何属性和方法就可以拥有另一个类的属性和方法，这种类关系中，前者称为子类，后者称为父类。子类除了可以直接使用继承自父类的属性和方法，还可以根据需要添加新的属性和方法，或者重写父类已有的方法来实现自己的功能。

继承关系可以形成类的层次结构，其中子类和父类之间是一种"is-a"的关系。例如，如果有一个交通工具类作为父类，可以派生出汽车类和轮船类等子类。这意味着汽车和轮船都是交通工具，它们继承了交通工具类的共同特征和行为，同时还拥有自己特有的特征和行为。

3. 多态

多态是指同一操作作用于不同的对象，可以产生不同的行为。多态主要基于继承和重写实现，当父类拥有的属性和方法被多个子类继承后，子类根据自身的情况对继承自父类的方法进行重写，可以表现出不同的行为。

例如，同为人类的理发师和演员，当需要执行 cut 操作时，理发师的行为是剪发，演员的行为是停止表演。不同的对象，所表现的行为是不一样的。多态的特性提高了代码的灵活性和可替换性，使得编程人员可以更加方便地进行代码的优化和扩展。

3.2　类与对象

通过 3.1 节的学习，相信读者已经初步了解了面向对象编程的核心概念——类与对象，它们在 Java 程序中扮演着至关重要的角色。本节将详细讲解 Java 中的类与对象。

3.2.1　类的定义

类是对具有共同特征和行为的一组对象的抽象定义。因此，想要创建对象，需要先定义对应的类。类的成员主要包括成员变量和成员方法，其中通常将成员变量称为属性，用于描述类的特性，成员方法用于描述类的行为。在类中可以根据实际需求定义任意数量（包括 0个）的成员变量和成员方法。定义类的语法格式如下。

```
[修饰符] class 类名{
    //成员变量
    [修饰符] 数据类型 变量名;
    //成员方法
    [修饰符] 返回类型 方法名([参数列表]){
    }
}
```

上述语法格式中，[]表示可选项，其中修饰符是用来修饰类、变量及方法的访问限定或类型限定，例如之前接触过的 public。Java 中的修饰符比较多，后续将进行详细讲解。

下面根据上述语法格式定义一个学生类，如文件 3-1 所示。

文件 3-1　Student.java

```
1  public class Student {
2      String name;     //姓名
3      int classId;     //班级
4      int studentId;   //学号
5      String address;  //地址
6      //自我介绍
7      public void introduce(){
8          System.out.println("大家好，我是" + classId +"班的" + name +
9              "，我的学号是" + studentId + "，我来自" + address + "。");
10     }
```

```
11        //输出学习的提示信息
12        public void study(){
13            System.out.println("我要开始学习了!");
14        }
15 }
```

在文件 3-1 中，第 1~15 行代码定义了一个名为 Student 的类。其中，第 2~5 行代码定义了名称为 name、classId、studentId、address 的 4 个成员变量，分别用于表示学生的姓名、班级、学号和地址；第 7~10 行代码定义了成员方法 introduce()，用于输出学生的自我介绍信息；第 12~14 行代码定义了成员方法 study()，用于输出学生学习的提示信息。

3.2.2　对象的创建与使用

在 Java 中，创建类的对象就是实例化该类的过程，通过对象可以访问并调用类的成员变量和成员方法，从而完成特定的任务。创建对象的过程主要包括两个步骤：声明对象和实例化类。

（1）声明对象

声明对象是指通过类的名称和合适的变量名称来定义对象的类型和名称，其语法格式如下。

```
类名 对象名;
```

上述语法格式中，对象名使用符合 Java 标识符的命名规范的名称定义即可，一般根据对象所代表的实际含义和功能来命名。

（2）实例化类

实例化类是指使用关键字 new 来创建类的实例，并为该实例分配内存空间，最后将该实例的引用赋给之前声明的对象名。实例的引用是指实例所在内存空间的地址值。实例化类的语法格式如下。

```
对象名 = new 类名();
```

除了声明对象和实例化类的方式，还可以在声明对象的同时对类进行实例化。例如，创建文件 3-1 中的 Student 类的对象，具体代码如下。

```
Student student = new Student();
```

上述代码的原理解析如下。

① Student student 表示在栈内存中创建一个 Student 对象，名称为 student。

② new Student()会在堆内存中创建一个对象，该对象包含学生的多个属性，如果没有手动为这些属性赋初始值，系统则会根据属性类型为其赋予默认值，同时系统会为这个 Student 对象分配一个地址值。

③ 把对象的地址赋给栈内存中的变量 student，通过 student 记录的地址就可以找到相应的对象。

Student 对象在内存中的存储形式如图 3-1

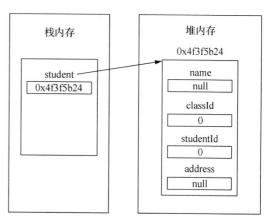

图3-1　Student对象在内存中的存储形式

所示。

从图 3-1 中可以看到，堆内存中存储了 Student 对象的所有属性，并为其赋予了初始值。栈内存中 student 变量记录了 Student 对象在堆内存中的地址值。

创建对象后，可以通过以下语法格式来访问对象的属性和方法。

```
对象名.属性              //访问属性
对象名.方法名(参数列表)    //访问成员方法
```

如果想要手动为对象的属性赋值，可以使用以下语法格式实现。

```
对象名.属性 = 属性值;
```

为了帮助读者更好地理解对象的创建与使用，下面通过一个案例创建文件 3-1 中的 Student 类的对象，并为对象的属性赋值，然后调用对象的方法，如文件 3-2 所示。

文件 3-2　Example01.java

```
1   public class Example01{
2       public static void main(String[] args) {
3           //创建 student1 对象
4           Student student1 = new Student();
5           //为对象的属性赋值
6           student1.name = "小明";
7           student1.classId = 12;
8           student1.studentId = 1205;
9           student1.address = "北京";
10          //调用对象的方法
11          student1.introduce();
12          student1.study();
13          //创建 student2
14          Student student2 = new Student();
15          //为对象的属性赋值
16          student2.name = "张三";
17          student2.classId = 13;
18          student2.studentId = 1301;
19          student2.address = "山西";
20          //调用对象的方法
21          student2.introduce();
22          student2.study();
23      }
24  }
```

在文件 3-2 中，第 4 行代码创建了一个名称为 "student1" 的 Student 类的对象；第 6～9 行代码用于为 student1 对象的属性赋值；第 11～12 行代码用于调用 student1 对象的方法；第 14～22 行代码以相同的方式创建了另一个对象 student2，并为该对象的属性赋值，然后调用该对象的方法。

文件 3-2 的运行结果如图 3-2 所示。

从图 3-2 中可以看到，控制台中输出的两名学生的自我介绍信息内容不相同，说明每个对象在内存中都有不同的存储地址。

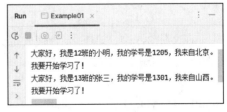

图3-2　文件3-1的运行结果

3.2.3　对象的引用传递

在前面关于方法的学习中，传入的参数都是基本数据类型，实际上传递的是参数的副本或者参数的值，因此在方法内部修改参数的值，并不会影响到原始的值，这种传递方式被称为值传递。

类是引用数据类型，意味着类的实例对象在内存中的存储空间能被多个栈内存地址所引用。在方法调用时，若将对象作为参数传递，实际上传递的是对象的引用，即对象在栈内存中存储的地址值，这种方式被称为对象的引用传递。在方法内部对引用对象进行修改，会影响到原始对象，因为它们都指向同一内存地址。这种机制有效减少了内存消耗，因为无需复制整个对象，仅需传递其引用。

为了帮助读者更好地理解对象的引用传递，下面通过一个给员工加薪的案例演示值传递和对象的引用传递的区别，如文件 3-3 所示。

文件 3-3　Example02.java

```
1   class Staff {
2       String name;    //员工姓名
3       int salary;     //员工薪水
4   }
5   public class Example02 {
6       //传递基本类型的参数，进行加薪操作
7       public static void modifySalary(int salary){
8           salary += 1000;
9       }
10      //传递 Staff 对象类型的参数，进行加薪操作
11      public static void modifySalary(Staff staff){
12          staff.salary += 1000;
13      }
14      public static void main(String[] args) {
15          Staff staff = new Staff();
16          staff.name = "小王";
17          staff.salary = 5000;
18          System.out.println(staff.name + "的原本薪水: " + staff.salary +
19              "元/月");
20          modifySalary(staff.salary);
21          System.out.println("值传递加薪: " + staff.name + "加薪后薪水为" +
22              staff.salary +"元/月");
23          modifySalary(staff);
24          System.out.println("引用传递加薪: "+ staff.name + "加薪后薪水为" +
25              staff.salary +"元/月");
26      }
27  }
```

在文件 3-3 中，第 1~4 行代码定义了一个员工类 Staff，该类中定义了两个属性 name 和 salary，分别用于表示员工的姓名和薪水；第 7~9 行代码定义了一个用于给员工加薪的方法 modifySalary()，该方法传入 int 类型的值 salary 作为参数；第 11~13 行代码重载了 modifySalary()方法，传入 Staff 类的对象作为参数；第 15 行代码创建了一个 Staff 类的对象 staff；第 16~19 行代码对 staff 对象的属性进行赋值并输出；第 20~25 行代码分别调用 2 次重载的 modifySalary()方法给员工加薪，并分别访问 staff 对象的 salary 属性，输出加薪后

的薪水。

文件 3-3 的运行结果如图 3-3 所示。

从图 3-3 中可以看到，使用值传递加薪后薪水未改变，使用引用传递加薪后薪水发生了改变。说明加薪方法中传入基本数据类型的参数后，对参数值的改变不会影响 salary 的原始值；而传入对象类型的参数后，对参数值的改变影响了原始

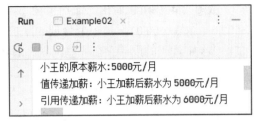

图3-3　文件3-3的运行结果

salary 的值，这是因为对象作为参数传递时，实际上传递的是对象的引用，方法内部可以通过引用访问和修改对象的属性。

3.3　封装

封装是面向对象的三大特性之一，它是保护数据并提供安全操作的关键，深刻理解封装的思想是构建高质量 Java 程序的基础，本节将详细讲解 Java 面向对象的封装。

3.3.1　为什么要封装

封装是指隐藏对象的属性和内部操作的实现细节，只对外公开接口，以控制对程序中属性的读取和修改的访问级别。这种通过接口访问数据的方式，可以在不破坏数据完整性的情况下对其进行修改。下面通过一个修改银行账户余额的案例来演示类在没有进行封装的情况下，直接修改属性的值会带来的问题，如文件 3-4 所示。

文件 3-4　Example03.java

```
1  class BankAccount {
2      String accountNumber;        //账户
3      double balance;              //余额
4      public void broadcast(String accountNumber,double balance){
5          System.out.println("账户" + accountNumber + "的余额为" + balance +
6          "元");
7      }
8  }
9  public class Example03 {
10     public static void main(String[] args) {
11         BankAccount account = new BankAccount();
12         account.accountNumber = "123456";
13         account.balance = -500;    //直接修改账户余额
14         account.broadcast(account.accountNumber,account.balance);
15     }
16 }
```

在文件 3-4 中，第 1～8 行代码定义了一个银行账户类 BankAccount，该类中定义了两个属性 accountNumber 和 balance，分别用于表示账户和余额；第 4～7 行代码定义了一个 broadcast() 方法，用于输出账户和余额信息；第 11 行代码创建了一个 BankAccount 类的对象 account；第 12～13 行代码对 account 对象的属性赋初始值，accountNumber 的值为"123456"，balance 的值为-500；第 14 行代码调用 broadcast() 方法输出账户余额。

文件 3-4 的运行结果如图 3-4 所示。

从图 3-4 中可以看出，账户余额 balance 的值显示为
-500.0。显然-500.0 不是一个合理的账户余额数值，说明
文件 3-3 中代码的设计存在一些问题，具体如下。

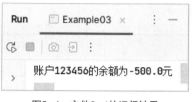

图3-4　文件3-4的运行结果

（1）缺乏访问控制导致安全风险。account 对象的属性
没有显式地添加任何访问控制权限，此时 Java 会默认为属
性设置 default 访问权限，表示该属性可以被同一个包内的
其他类访问，而包外的任何类都不能访问。这种情况下，外部可以直接访问和修改 account
对象的属性，存在安全风险。

（2）缺乏验证逻辑。balance 属性允许外部直接修改账户余额，这样的设计使得外部可以
任意篡改账户余额，而且不经过相应的验证和控制。

为了解决上述问题，在设计 BankAccount 类时，应该对成员变量的访问进行一些限定，不
允许外界随意访问，只提供公共的方法来控制外部对这些属性的访问，并在方法中引入验证和
控制逻辑来确保账户余额的修改是符合要求的。这就需要合理地使用访问控制，实现类的封装。

3.3.2　访问控制

在 Java 中，访问控制是一种通过访问修饰符来控制类、方法、变量和构造函数的可见性
的机制。Java 中的访问修饰符有以下 4 种。

● public：公共访问修饰符，具有最大的访问权限。用 public 修饰的类、方法和变量，
包内和包外的任何类均可以访问。需要注意的是，一个.java 源文件中有且只有一个 public 类，
且该类的名称必须与它所在的源文件名称相同。

● protected：受保护访问修饰符，用于保护子类。用 protected 修饰的类、方法和变量，
包内的任何类以及包外继承了该类的子类可以访问。

● private：私有访问修饰符。用 private 修饰的类、方法和变量，只有本类可以访问，
而包内和包外的其他类均不能对其进行访问。

● default：默认访问修饰符。如果一个类、方法和变量没有显式地使用任何访问修饰符，
即没有用 public、protected 及 private 中任何一种修饰符修饰，则其访问权限为 default。默认访
问权限的类、方法和变量，可以被包内的其他类访问，而包外的任何类都不能对其进行访问。

下面通过表格的形式总结这 4 种访问修饰符的访问范围，如表 3-1 所示。

表 3-1　访问修饰符的访问范围

访问修饰符	同一类中	同一包中	子类中	不同包不同类
public	√	√	√	√
protected	√	√	√	—
default	√	√	—	—
private	√	—	—	—

在表 3-1 中，√表示可以访问，—表示不能访问。

3.3.3　封装的实现

类的封装是指将对象的状态信息隐藏在对象内部，不允许外部程序直接访问对象的内部

信息，而是通过类提供的指定方法实现对内部信息的操作和访问。实现类的封装需要进行以下几个操作。

（1）成员变量私有化。将类的成员变量声明为私有，即使用 private 修饰，以限制外部对类中成员的直接访问。

（2）提供公共访问方法。为私有成员变量提供公共的访问方法，通常包括获取成员变量值的 getter 方法和设置成员变量值的 setter 方法。getter 方法和 setter 方法的定义格式如下。

```
// getter 方法
public 返回类型 get 变量名() {
    return 变量名;
}
// setter 方法
public void set 变量名(参数类型 参数名) {
    this.变量名 = 参数名;
}
```

上述语法格式中，getter 方法和 setter 方法的名称写法为，以 get 或 set 开头，后面跟着成员变量的名称，并遵循驼峰命名法。例如，一个成员变量为 name，则它的 getter 方法为 getName()。setter 方法中，"this.变量名"用于指定当前类的成员变量，防止和方法参数或局部变量产生命名冲突。this 关键字的具体用法会在后续详细讲解。

下面修改文件 3-4，使用 private 修饰符修饰 accountNumber 属性和 balance 属性，并为其提供公共访问方法 setter 和 getter，以实现类的封装，如文件 3-5 所示。

文件 3-5　Example04.java

```
1  class BankAccount {
2      private String accountNumber;    //账户
3      private double balance;          //余额
4      public void setAccountNumber(String accountNumber){
5          this.accountNumber = accountNumber;
6      }
7      public String getAccountNumber(){
8          return accountNumber;
9      }
10     public void setBalance(double balance){
11         if(balance < 0){
12             System.out.println("输入金额有误! ");
13         }else {
14             this.balance = balance;
15         }
16     }
17     public double getBalance(){
18         return balance;
19     }
20     public void broadcast(String accountNumber,double balance){
21         System.out.println("账户" + accountNumber + "的余额为" + balance +
22             "元");
23     }
24 }
25 public class Example04 {
26     public static void main(String[] args) {
```

```
27          BankAccount account = new BankAccount();
28          account.setAccountNumber("123456");
29          account.setBalance(-500);
30          account.broadcast(account.getAccountNumber(),
31          account.getBalance());
32      }
33  }
```

在文件 3-5 中，第 2～3 行代码使用 private 关键字将属性 accountNumber 和 balance 声明为私有属性；第 4～19 行代码定义了 4 个公共方法，其中 setAccountNumber()方法和 setBalance()方法用于设置 accountNumber 属性和 balance 属性的值，getAccountNumber()方法和 getBalance()方法用于获取 accountNumber 属性和 balance 属性的值，在

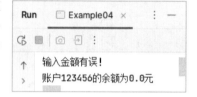

setBalance()方法中，通过 if 语句对传入的 balance 值的合法性进行了判断；第 28～31 行代码分别调用了两个属性的 getter 和 setter 方法，对其进行赋值和获取操作。

图3-5　文件3-5的运行结果

文件 3-5 的运行结果如图 3-5 所示。

从图 3-5 中可以看到，控制台中输出了"输入金额有误!"，并且余额显示为 0.0 元，说明当设置的 balance 值不合法时，程序没有成功为该属性赋值，因此该属性被赋予了默认值。

> 📖 **多学一招：实体 JavaBean**
>
> 在面向对象编程中，经常需要定义一种用来表示实体对象的 Java 类，这种类被称为实体 JavaBean，它是数据封装的一个体现。实体 JavaBean 的主要目的是封装和操作数据，通常与数据库中的表或者其他数据源中的记录相对应。
>
> 实体 JavaBean 是一种特殊的类，它通常具有以下特点。
> ● 类中的成员变量都为私有，并且要对外提供相应的 getter 方法和 setter 方法。
> ● 类中必须有一个公共的无参构造方法。
> ● 类中可以提供带有参数的构造方法，便于创建对象和初始化属性值。
> ● 根据具体需求，类中可以添加其他方法，例如重写 toString()方法等。
>
> 在实际开发中，实体 JavaBean 仅用来封装数据，只提供对数据进行存和取的方法，对数据的其他处理操作则交给其他类来完成，以实现数据和数据业务处理的分离。

【案例 3-1】打印购物小票

请扫描二维码查看【案例 3-1：打印购物小票】。

3.4　构造方法

在 Java 中，每个类都有一种特殊的方法，用于创建和初始化对象，这种方法被称为构造方法，也叫构造器。下面将对 Java 中的构造方法及相关知识进行讲解。

3.4.1　定义构造方法

从前面学的知识可以发现，实例化一个对象后，如果想要为这个对象的属性赋值，必须通过访问对象的属性或调用 setter 方法才可以；如果想要在实例化对象时为这个对象的属性赋值，则可以通过构造方法实现。

构造方法可以直接传递参数，以进行必要的初始化操作。构造方法的定义格式如下。

```
[访问修饰符] 构造方法名（[参数列表]）{
//构造方法体
}
```

在定义构造方法时，需要注意以下几个问题。

● 访问修饰符：上述语法格式中，访问修饰符可以为 Java 的 4 种访问修饰符的任意一种。

● 构造方法名：构造方法的方法名必须与类名相同。

● 参数列表：可选项，参数列表指定了构造方法接收的参数类型和参数名称。它可以包含 0 个或任意整数个参数。当参数列表为空时，称为无参构造方法；当参数列表包含一个或多个参数时，称为有参构造方法。有参构造方法可以在创建对象的同时初始化对象的属性。

下面通过一个案例演示 Java 中构造方法的使用，如文件 3-6 所示。

文件 3-6　Example05.java

```
1   class Car {
2       private String brand;      //汽车品牌
3       private String model;      //汽车型号
4       private String engine;     //发动机
5       //无参构造方法
6       public Car(){
7           System.out.println("调用无参构造方法，无法为属性赋初始值");
8       }
9       //有参构造方法
10      public Car(String brand,String model,String engine){
11          System.out.println("调用有参构造方法，成功为属性赋初始值");
12          this.brand = brand;
13          this.model = model;
14          this.engine = engine;
15      }
16      public void print(){
17          System.out.println("该汽车的品牌为" + brand);
18          System.out.println("该汽车的型号为" + model);
19          System.out.println("该汽车的发动机为" + engine);
20      }
21  }
22  public class Example05 {
23      public static void main(String[] args) {
24          //调用无参构造方法
25          Car car1 = new Car();
26          car1.print();
27          //调用有参构造方法
28          Car car2 = new Car("奥迪","A6","V6 涡轮增压发动机");
```

```
29          car2.print();
30      }
31  }
```

在文件 3-6 中，第 1～21 行代码定义了一个汽车类 Car，其中，第 2～4 行代码定义了 3 个私有属性 brand、model 和 engine，分别表示汽车的品牌、型号和发动机类型；第 6～8 行代码定义了一个无参构造方法，方法体内输出了提示语；第 10～15 行代码定义了一个有参构造方法，它接收 3 个参数，用于给 Car 类对象的属性赋值；第 16～20 行代码定义了一个 print() 方法，用于输出汽车的属性。第 25 行代码调用了无参构造方法，创建了一个汽车对象 car1，第 26 行代码输出了 car1 的属性值；第 28 行代码调用了有参构造方法，创建了一个汽车对象 car2，并传入参数为其属性赋初始值，第 29 行代码输出了 car2 的属性值。

文件 3-6 的运行结果如图 3-6 所示。

从图 3-6 中可以看到，当调用无参构造方法时，没有手动为属性赋初始值，系统会将属性设置为相应的默认值；而调用有参构造方法时，在实例化对象的同时成功为属性赋予初始值。

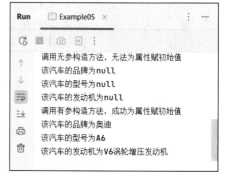

图3-6　文件3-6的运行结果

需要注意的是，如果在类中没有显式地定义构造方法，Java 编译器会自动提供一个默认的无参构造方法。然而，如果在类中定义了一个有参构造方法，无参构造方法将不再被自动提供。

3.4.2　构造方法的重载

与普通方法一样，构造方法也可以重载。在同一个类中可以定义多个构造方法，它们具有相同的名称但参数列表不同。通过重载构造方法，可以实现在创建对象时使用不同的参数进行初始化。

下面通过一个创建不同角色的案例演示构造方法的重载，如文件 3-7 所示。

文件 3-7　Examle06.java

```
1   class Person {
2       private String name;      //姓名
3       private String role;      //身份
4       private String subject;   //教学科目
5       //构造方法一
6       public Person(String name,String role){
7           this.name = name;
8           this.role = role;
9       }
10      //构造方法二
11      public Person(String name,String role,String subject){
12          this.name = name;
13          this.role = role;
14          this.subject = subject;
15      }
16      public void print(){
17          System.out.print("姓名: " + name + "  ");
```

```
18          System.out.print("身份: " + role + " ");
19          System.out.println("教学科目: " + subject);
20      }
21  }
22  public class Example06 {
23      public static void main(String[] args) {
24          //创建一个学生对象
25          Person student = new Person("小明","学生");
26          student.print();
27          //创建一个教师对象
28          Person teacher = new Person("张伟","教师","数学");
29          teacher.print();
30      }
31  }
```

在文件 3-7 中，第 1~21 行代码定义了一个类 Person，其中，第 6~15 行代码定义了两个重载的构造方法。第 25 行代码调用构造方法一创建了一个 Person 类的对象 student，表示学生，第 26 行代码输出了学生对象的属性值；第 28 行代码调用构造方法二创建了一个 Person 类的对象 teacher，表示教师，第 29 行代码输出了教师对象的属性值。

文件 3-7 的运行结果如图 3-7 所示。

从图 3-7 中可以看到，控制台中分别输出了两个 Person 类对象的属性。其中，学生对象小明的教学科目为 null。这是因为对学生而言，不需要教学科目 subject 属性，所以在创建学生对象时调用了构造方法一，没有传入参数来为 subject 属性赋值。这种构造方法的重载机制使得对象的创建更加灵活，能更好地满足不同的需求。

图3-7　文件3-7的运行结果

3.4.3　this 关键字

在前面的学习中多次使用到 this 关键字。例如，使用 setter 方法设置属性值时就用到了 this 关键字。this 关键字代表当前对象的引用，可以用来访问当前对象的成员变量、成员方法和构造方法。下面详细介绍 this 关键字在以上 3 种场景中的使用。

1.　使用 this 关键字访问成员变量

如果方法中存在与成员变量同名的局部变量，局部变量的作用域会覆盖成员变量，使得无法直接访问成员变量。使用 this 关键字可以显式地指示访问成员变量，避免歧义。通过在变量名前加上 this 关键字，可以明确表示访问的是成员变量而不是局部变量。下面通过一个案例演示如何使用 this 关键字访问成员变量，如文件 3-8 所示。

文件 3-8　Example07.java

```
1  class User {
2      private String name;        //成员变量 name
3      private int age;            //成员变量 age
4      public void setName(String name){
5          this.name = name;
6      }
7      public void setAge(int age){
8          this.age = age;
9      }
```

```
10      public void print(){
11          String name = "李四";        //局部变量 name
12          int age = 20;               //局部变量 age
13          System.out.println("访问成员变量 name 和 age: name = " + this.name +
14              ", age = " + this.age);
15          System.out.println("访问局部变量 name 和 age: name = " + name + ",
16              age = " + age);
17      }
18  }
19  public class Example07 {
20      public static void main(String[] args) {
21          User user = new User();
22          user.setName("张三");
23          user.setAge(18);
24          user.print();
25      }
26  }
```

在文件 3-8 中，定义了一个 User 类，该类中定义了两个成员变量 name 和 age，并且定义了两个 setter 方法用于设置对象的属性值。第 10～17 行代码定义了一个 print()方法，其中，第 11～12 行代码定义了两个局部变量并为它们赋初始值，变量名与成员变量相同；第 13～

图3-8　文件3-8的运行结果

16 行分别输出成员变量和局部变量的值。第 21 行代码创建了一个 User 对象；第 22～23 行代码 User 对象调用了 setter 方法来设置属性值；第 24 行代码调用 print()方法输出结果。

文件 3-8 的运行结果如图 3-8 所示。

从图 3-8 中可以看到，输出的成员变量的 name 和 age 与局部变量的 name 和 age 的值不同，说明使用 this 关键字可以区分成员变量和局部变量。

2. 使用 this 关键字调用成员方法

使用 this 关键字可以在类的成员方法中调用其他成员方法，以实现一些特定的功能。下面通过一个输出图书信息的案例演示如何使用 this 关键字调用成员方法，如文件 3-9 所示。

文件 3-9　Example08.java

```
1   class Book {
2       private String title;
3       private String author;
4       private int pageCount;
5       public Book(String title, String author, int pageCount) {
6           this.title = title;
7           this.author = author;
8           this.pageCount = pageCount;
9       }
10      public void displayBookDetails(){
11          System.out.println("书名: " + title);
12          System.out.println("作者: " + author);
13          this.displayPageCount(); // 使用 this 关键字调用其他成员方法
14      }
15      private void displayPageCount() {
16          System.out.println("页数: " + pageCount);
17      }
```

```
18  }
19  public class Example08 {
20      public static void main(String[] args) {
21          Book book = new Book("Java基础入门","张三",400);
22          book.displayBookDetails();
23      }
24  }
```

文件 3-9 中定义了一个 Book 类，该类中定义了 3 个属性 title、author 和 pageCount；第 10～14 行代码定义了一个 displayBookDetails()方法，用于显示图书的名称和作者，其中，第 13 行代码使用 this 关键字调用了 displayPageCount()方法，用于显示图书的页数；第 21 行代码初始化了一个 Book 对象；第 22 行代码调用 Book 对象的 displayBookDetails()方法。

文件 3-9 的运行结果如图 3-9 所示。

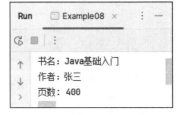

从图 3-9 中可以看到，图书的页数被输出到控制台，说明在调用 displayBookDetails()方法时，displayPageCount()方法也被调用，程序成功使用 this 关键字调用其他成员方法。

图3-9　文件3-9的运行结果

3. 使用 this 关键字调用构造方法

当一个类中有多个构造方法时，可以在一个构造方法中使用 this 关键字调用类中的另一个构造方法，从而避免代码重复。下面通过一个案例演示如何使用 this 关键字调用构造方法，如文件 3-10 所示。

文件 3-10　Example09.java

```
1   class Student1{
2       private String name;
3       private int age;
4       public Student1(){
5           System.out.println("实例化了一个新的 Student 对象");
6       }
7       public Student1(String name,int age){
8           this();           //调用无参构造方法
9           this.name = name;
10          this.age = age;
11      }
12      public void print(){
13          System.out.println("我是" + name + ",年龄" + age); ;
14      }
15  }
16  public class Example09 {
17      public static void main(String[] args) {
18          Student1 student = new Student1("张三",18);
19          student.print();
20      }
21  }
```

文件 3-10 中，Student 类提供了两个构造方法，一个是无参构造方法，另一个是有参构造方法。其中，第 8 行代码，有参构造方法使用 this 关键字调用了无参构造方法。

文件 3-10 的运行结果如图 3-10 所示。

由图 3-10 可知，有参构造方法中使用 this 关键字成功调用了无参构造方法。

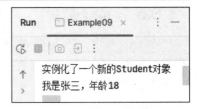

图3-10　文件3-10的运行结果

使用 this 关键字调用构造方法时，需要注意以下几点。

（1）语法格式。使用 this 关键字调用构造方法的语法格式为 "this(参数)"，不能写成 "this.类名(参数)"。

（2）调用位置。使用 this 关键字只能在构造方法中调用其他构造方法，而不能在其他成员方法中调用构造方法。

（3）this()语句的出现位置。在构造方法中，this()语句必须放在第一行，且只能出现一次。

（4）互相调用。同一个类的两个构造方法不能使用 this 关键字进行互相调用，例如，以下程序的写法是错误的。

```java
class Student{
    String name;
        String age;
    public Student(){
        this("张三",18);
        System.out.println("实例化了一个新的 Student 对象");
    }
    public Student(String name,int age){
        this();              //调用无参构造方法
        this.name = name;
        this.age = age;
    }
}
```

【案例 3-2】打怪小游戏

请扫描二维码查看【案例 3-2：打怪小游戏】。

3.5　static 关键字

在 Java 中，static 关键字的含义是"静态"，它可以修饰类的成员和代码块，被 static 修饰的成员被称为静态成员，它与非静态成员的不同在于，静态成员属于类本身而不属于类的实例。这意味着无论创建多少个类的实例，静态成员都只有一份，可以被类的所有实例共享。静态成员在程序启动时加载并存储于内存中，且在整个程序的运行期间都存在。被 static 修饰的代码块被称为静态代码块，它在类的初始化时执行，且只会执行一次。下面对静态成员和静态代码块进行详细讲解。

3.5.1　静态变量

在 Java 类中，被 static 关键字修饰的成员变量称为静态变量，也称为类变量。由于静态变量属于类本身，因此可以直接通过类名来访问，而无须创建对象实例。访问类的静态变量的语法格式如下。

类名.静态变量

下面通过一个统计用户创建数量的案例演示静态变量的使用，如文件 3-11 所示。

文件 3-11　Example10.java

```
1  class UserManager{
2      static int userNum;          //定义静态变量 userNum
3      public UserManager(){
4          userNum ++;
5      }
6  }
7  public class Example10 {
8      public static void main(String[] args) {
9          UserManager userManager = new UserManager();
10         UserManager userManager1 = new UserManager();
11         UserManager userManager2 = new UserManager();
12         System.out.println("目前已创建的用户数量为" + UserManager.userNum);
13     }
14 }
```

在文件 3-11 中，第 1~6 行代码定义了一个 UserManager 类，该类中定义了一个静态变量 userNum，用于记录已创建的用户数量；第 3~5 行代码定义了一个构造方法 UserManager()，在方法体中，每次创建一个新的 UserManager 对象时，将 userNum 的值加 1；第 9~11 行代码创建了 3 个 UserManager 对象；第 12 行代码使用类名直接访问静态变量 userNum，并输出当前已创建的用户数量。

文件 3-11 的运行结果如图 3-11 所示。

由图 3-11 可知，静态变量 userNum 的值为 3。这是因为静态变量 userNum 属于类本身，而不是每个 UserManager 对象的实例变量。无论创建多少个 UserManager 对象实例，它们都共享同一个 userNum，所以 userNum 的值会实现累加。

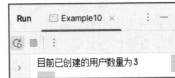

图3-11　文件3-11的运行结果

在使用静态变量时，需要注意以下几个问题。

（1）静态变量访问方式要规范。虽然语法上允许通过"对象.静态变量"的方式来访问静态变量，但出于代码的清晰度和规范性考虑，不建议这样做。

（2）访问修饰符对静态变量可见性的限制。如果想在其他类中直接使用类名调用类的静态变量，那么该变量不能使用 private 或 protected 修饰符修饰。

（3）使用 static 关键字修饰变量的限制。static 关键字只能修饰类的成员变量而不能修饰局部变量，否则编译器会报错，例如，以下代码是错误的。

```
public class Student{
    public void study(){
        static int num = 10;          //这行代码是错误的
    }
}
```

3.5.2　静态方法

在 Java 类中，被 static 关键字修饰的方法称为静态方法，也称为类方法，同样属于类本身。通过类名直接调用静态方法的语法格式如下。

类名.方法名(参数列表)

下面通过一个汽车工厂生产汽车的案例演示静态方法的使用，如文件 3-12 所示。

文件 3-12　Example11.java

```
1  class CarFactory{
2      private static int totalCars = 0;
3      public static void produceCar(){
4          totalCars ++;
5          System.out.println("生产了一辆汽车，当前生产线上汽车数量："+
6              totalCars);
7      }
8      public static int getTotalCars(){
9          return totalCars;
10     }
11 }
12 public class Example11 {
13     public static void main(String[] args) {
14         CarFactory.produceCar();
15         CarFactory.produceCar();
16         CarFactory.produceCar();
17         System.out.println("当前生产线上汽车的总数量为" +
18             CarFactory.getTotalCars());
19     }
20 }
```

文件 3-12 中定义了一个 CarFactory 类，该类中定义了一个静态变量 totalCars，用于记录生产线上汽车的总数量，第 3～7 行代码定义了一个静态方法 produceCar()，用于生产一辆汽车，并输出当前生产线上汽车的数量；第 8～10 行代码定义了静态方法 getTotalCars()，用于返回当前生产线上汽车的总数量；第 14～16 行代码使用类名直接调用静态方法 produceCar()，每次调用都会生产一辆汽车；第 17～18 行代码通过调用 getTotalCars()方法获取当前生产线上汽车的总数量并将其输出。

文件 3-12 的运行结果如图 3-12 所示。

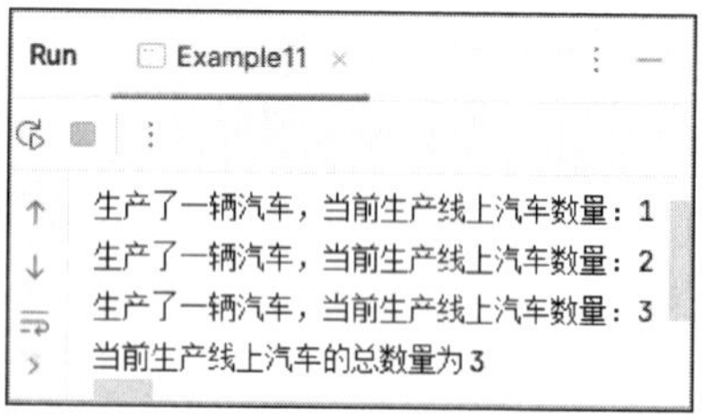

图 3-12 中，控制台中依次输出了 3 次调用 produceCar()方法后的汽车数量，以及最后的汽车总数量。说明静态方法随着类的加载而加载，不依赖于对象的实例化。

在使用静态方法时，需要注意以下几点。

（1）静态方法的成员访问限制。静态方法中只能访问静态成员，而不能访问实例成员；实例方法中既可以访问静态成员，也可以访问实例成员。

图3-12　文件3-12的运行结果

（2）静态方法的关键字使用限制。静态方法中不能使用 this 关键字和 super 关键字，super 关键字会在后面的内容中进行讲解。

（3）静态方法的重写和继承。静态方法不能被重写，但可以被继承。

3.5.3　静态代码块

代码块是一组被包围在一对大括号"{}"中的代码语句。根据有无 static 关键字修饰，代码块可以分为静态代码块和实例代码块。实例代码块的作用与构造方法类似，可以用于对实例变量进行初始化。静态代码块在类加载时自动执行，可以用于初始化静态变量，由于类只会加载一次，所以静态代码块也只会执行一次。

下面通过一个案例演示静态代码块和实例代码块的使用，如文件 3-13 所示。

文件 3-13　Example12.java

```
1   class Student2{
2       static String name;    //静态变量
3       int age;               //实例变量
4       public Student2() {
5           System.out.println("执行构造方法");
6       }
7       {
8           System.out.println("执行实例代码块");
9           age = 18;
10      }
11      static {
12          System.out.println("执行静态代码块");
13          name = "张三";
14      }
15  }
16  public class Example12 {
17      public static void main(String[] args) {
18          Student2 s1= new Student2();
19          System.out.println("name = " + Student2.name+ ",age = " +
20              s1.age);
21          Student2 s2 = new Student2();
22          System.out.println("name = " + Student2.name+ ",age = " +
23              s2.age);
24          Student2 s3 = new Student2();
25          System.out.println("name = " + Student2.name+ ",age = " +
26              s3.age);
27      }
28  }
```

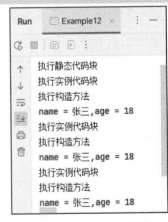

在文件 3-13 中，第 1～15 行代码定义了一个 Student2 类，其中，第 2 行代码定义了一个静态变量 name；第 3 行代码定义了一个实例变量 age；第 4～6 行代码定义了一个无参构造方法；第 7～10 行代码定义了一个实例代码块，初始化了实例变量 age 的值；第 11～14 行代码定义了一个静态代码块，初始化了静态变量 name 的值。第 18～26 行代码创建了 3 个 Student2 对象，并分别输出静态变量 name 和对象的实例变量 age 的值。

文件 3-13 的运行结果如图 3-13 所示。

从图 3-13 中可以看出，在创建每个对象之前，先执行静态代码块，然后执行实例代码块，最后执行构造方法。静态代码块只执行一次，实例代码块和构造方法在每次创建对象时都会执行。

图3-13　文件3-13的运行结果

【**案例 3-3**】几何图形工具类

请扫描二维码查看【案例 3-3：几何图形工具类】。

项目实践：自助借阅系统

请扫描二维码查看【项目实践：自助借阅系统】。

本章小结

本章主要讲解了面向对象的基础知识。首先讲解了面向对象的概念以及相关特性；其次讲解了类与对象，包括类的定义、对象的创建与使用、对象的引用传递；然后讲解了面向对象的三大特性之一——封装；接着讲解了构造方法，最后讲解了 Java 中 static 关键字的使用。通过本章的学习，读者可以对 Java 中的面向对象的思想有初步的认识，为下一章内容的学习做好铺垫。

本章习题

请扫描二维码查看本章习题。

第 **4** 章

面向对象（下）

拓展阅读

学习目标

知识目标	1. 掌握继承的概念，能够简述继承的概念与特点
	2. 掌握抽象类和接口的比较，能够简述抽象类和接口的相同点与不同点
	3. 熟悉多态，能够简述多态的概念和实现基础
	4. 熟悉内部类，能够简述成员内部类、局部内部类、匿名内部类、静态内部类的特点
技能目标	1. 掌握方法的重写，能够在子类中重写父类方法
	2. 掌握 super 关键字的使用方法，能够在类中使用 super 关键字访问父类成员和构造方法
	3. 掌握 final 关键字的使用方法，能够灵活使用 final 关键字修饰类、方法和变量
	4. 掌握抽象类的使用方法，能够定义和使用抽象类
	5. 掌握接口的使用方法，能够定义和使用接口
	6. 掌握对象类型转换，能够灵活对对象进行向上转型和向下转型
	7. 熟悉 instanceof 关键字的应用，能够使用 instanceof 关键字判断一个对象是否为某个类或其子类的实例
	8. 掌握 Java 中异常的处理，能够使用 try...catch 和 finally 语句、throw、throws 处理异常，并且能够自定义异常类

在第 3 章介绍了面向对象的基础知识，并对面向对象的三大特性中的封装进行了详细讲解。本章将进一步讲解面向对象的高级特性，如继承、多态等。

4.1　继承

4.1.1　继承的概念

现实生活中，说到继承，通常会想到子女继承父辈的财产、事业等。在 Java 中，继承描述的是事物之间的所属关系，通过继承可以使多种事物之间形成一种关系体系。为了更好地理解继承在面向对象编程中的作用，下面来看一个例子，假如现在需要定义以下两个类。

（1）学生类

学生类用于封装学生的信息，其属性有姓名和年龄，其方法有吃饭、睡觉和学习。

（2）教师类

教师类用于封装教师的信息，其属性有姓名、年龄和薪资，其方法有吃饭、睡觉和教书。

如果不使用继承，在一个系统中定义上述两个类，它们之间会存在大量的重复信息。这会导致代码大量重复从而显得臃肿而冗杂，可复用性也较低。为了解决这个问题，我们可以利用继承关系将多个类的相同内容抽取到单独的一个类中，抽取出的类称为父类，而基于父类构建出来的新类称为子类。通过继承，子类会自动拥有父类的所有非私有属性和方法。

在 Java 中，使用关键字 extends 来实现继承，语法格式如下。

```
class 父类{
    ……
}
class 子类 extends 父类{
    ……
}
```

为了让读者更好地理解继承的使用，下面通过案例演示 Java 中如何实现类的继承，如文件 4-1 所示。

文件 4-1　Example01.java

```
1  class Person{
2      String name;                         //共有属性: 姓名
3      int age;                             //共有属性: 年龄
4      public void eat(){                   //共有方法: 吃饭
5          System.out.println("吃饭");
6      }
7      public void sleep(){                 //共有方法: 睡觉
8          System.out.println("睡觉");
9      }
10 }
11 class Student extends Person{
12     public void study(){                 //学生特有方法: 学习
13         System.out.println("学习");
14     }
15 }
16 class Teacher extends Person{
17     int salary;                          //教师特有属性: 薪资
18     public void teach(){                 //教师特有方法: 教书
19         System.out.println("教书");
20     }
21 }
22 public class Example01{
23     public static void main(String[] args) {
24         Student student = new Student();
25         student.name = "张三";
26         student.age = 16;
27         System.out.print("我叫" + student.name + ",我今年" + student.age +
28 "岁。");
```

```
29          System.out.println("我可执行如下方法: ");
30          student.eat();
31          student.sleep();
32          student.study();
33          Teacher teacher = new Teacher();
34          teacher.name = "李四";
35          teacher.age =30;
36          teacher.salary=5000;
37          System.out.print("我叫" + teacher.name + ", 我今年" + teacher.age +
38  "岁, " + "我的薪资是" + teacher.salary + "元/月。");
39          System.out.println("我可执行如下方法: ");
40          teacher.eat();
41          teacher.sleep();
42          teacher.teach();
43      }
44 }
```

在文件 4-1 中定义了 4 个类，其中，第 1～10 行代码定义 Person 类，该类提供了 name、age 属性和 eat()、sleep()方法；第 11～15 行代码定义 Student 类，它通过 extends 关键字继承了 Person 类，并在类中定义学习方法 study()；第 16～21 行代码定义 Teacher 类，它同样继承了 Person 类，并在类中定义 salary 属性和 teach()方法。第 22～44 行代码定义测试类，在测试类的主方法中，第 24～32 行代码创建了一个 Student 类的对象，并通过该对象访问继承自父类的属性和方法，以及它自己特有的方法；第 33～42 行代码创建了一个 Teacher 类的对象，并通过该对象访问继承自父类的属性和方法，以及它自己特有的属性和方法。

文件 4-1 的运行结果如图 4-1 所示。

由图 4-1 可知，子类除了可以访问自己特有的属性和方法，还可以访问子类没有父类才有的属性和方法，说明子类通过继承父类可以拥有父类的属性和方法。

在类的继承中，需要注意以下几个问题。

（1）在 Java 中，类只支持单继承，不支持多继承。也就是说，一个类只能有一个直接父类。

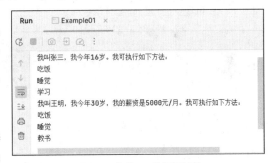

图4-1　文件4-1的运行结果

（2）子类可以继承父类的公共成员和受保护的成员，但不能继承私有成员。

（3）Java 支持多层继承，即类的父类可以继承其他类。例如，C 类继承 B 类，而 B 类可以继承 A 类，具体示例如下。

```
class A{}
class B extends A{}        //B 类继承 A 类，B 类是 A 类的子类
class C extends B{}        //C 类继承 B 类，C 类是 B 类的子类
```

（4）在 Java 中，子类和父类是一种相对的概念，一个类既可以是某个类的父类，也可以是另一个类的子类。

4.1.2　方法的重写

方法的重写是指子类重新定义继承自父类的方法，并提供自己的实现逻辑。例如，猫类和狗类都继承自动物类，动物类中提供了一个 speak()方法，用于输出动物的叫声，但是猫和

狗的叫声不同，因此子类在继承父类的 speak()方法时需要对其做一定的修改，这时，子类就需要重写 speak()方法。

方法重写又称为方法覆盖，重写方法需要在子类中定义一个与父类方法名称、参数列表和返回类型完全相同的方法。为了提高代码的可读性，可以使用@Override 注解来标识重写的方法。

下面通过一个案例实现方法的重写，如文件 4-2 所示。

文件 4-2　Example02.java

```
1  //动物类
2  class Animal{
3      public void speak(){
4          System.out.println("动物发出叫声");
5      }
6  }
7  //狗类
8  class Dog extends Animal{
9      @Override
10     public void speak(){
11         System.out.println("狗发出汪汪的叫声");
12     }
13 }
14 //猫类
15 class Cat extends Animal{
16     @Override
17     public void speak(){
18         System.out.println("猫发出喵喵的叫声");
19     }
20 }
21 public class Example02 {
22     public static void main(String[] args) {
23         Animal animal = new Animal();
24         animal.speak();
25         Dog dog = new Dog();
26         dog.speak();
27         Cat cat = new Cat();
28         cat.speak();
29     }
30 }
```

在文件 4-2 中，第 2～6 行代码定义了一个 Animal 类，该类中提供了方法 speak()，用于表示动物发出的叫声；第 8～13 行代码定义了一个类 Dog，它继承自 Animal 类，其中第 10～12 行代码重写了父类的 speak()方法，它实现了不同于父类的叫声逻辑；第 15～20 行代码定义了 Cat 类，它与 Dog 类的实现逻辑类似；第 17～19 行代码重写了 speak()方法，用于输出了猫发出的叫声；最后，在测试类中分别创建了以上 3 个类的对象，并调用了它们的 speak()方法，以输出不同动物发出的叫声。

文件 4-2 的运行结果如图 4-2 所示。

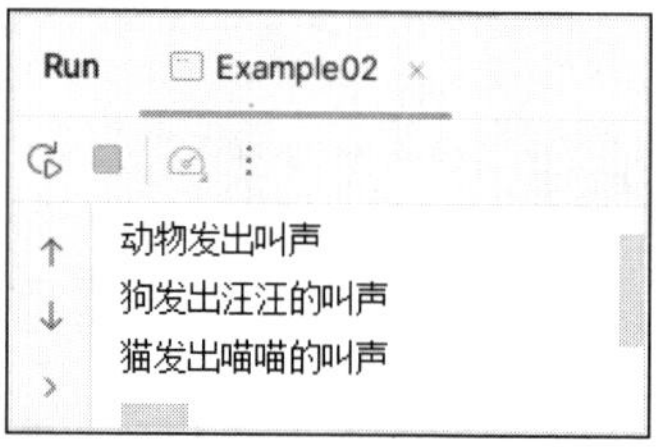

图4-2　文件4-2的运行结果

从图 4-2 中可以看到，控制台中依次输出了动物发出叫声、狗发出汪汪的叫声、猫发出喵喵的叫声，说明 Dog 对象和 Cat 对象调用的 speak()方法为重写之后的 speak()方法。

子类在重写父类方法时，有以下几点需要注意。

（1）静态方法不能被重写。静态方法属于类而不属于类的实例，因此不能被子类重写。

（2）重写方法的访问权限应比父类中被重写方法的访问权限大或者一致。例如，父类方法的访问权限为 protected，子类重写该方法时，只能将其访问权限保持为 protected 或者放宽为 public，而不能设置为 private。

（3）由于父类的私有方法不能被子类继承，因此其也无法被子类重写。

4.1.3　super 关键字

继承是一种类与类之间的关系，它涉及多个类，每个类都有各自的属性和方法，很有可能出现父类和子类中具有相同成员的情况。因此，当在子类中访问子类或父类的相同成员时，可能会引起混淆。为了解决这个问题，可以在子类中使用 super 关键字调用父类的成员。

使用 super 关键字可以在子类中访问父类的成员，还可以在子类的构造方法中调用父类的构造方法，下面对 super 关键字的使用进行讲解。

1. 使用 super 关键字访问父类成员

使用 super 关键字访问父类成员的具体语法格式如下。

```
super.父类成员变量
super.父类成员方法(参数列表)
```

下面通过一个案例演示如何使用 super 关键字访问父类成员，如文件 4-3 所示。

文件 4-3　Example03.java

```java
1  //家电类
2  class ElectricalApp{
3      String type;              //父类属性：家电类型
4      public void turnOn(){     //父类方法：开启家电
5          System.out.println("家电已经开启");
6      }
7  }
8  //电视机类
9  class TV extends ElectricalApp{
10     String type;                 //子类属性：电视机类型
11     public void turnOn(){        //子类方法：打开电视机
12         System.out.println("电视机已经打开");
13     }
14     public void print(){
15         super.type = "电视机";
16         type = "液晶电视";
17         System.out.println("家电的类型为" + super.type);
18         System.out.println("电视机的类型为" + type);
19         super.turnOn();
20         turnOn();
21     }
22 }
23 public class Example03 {
24     public static void main(String[] args) {
25         TV tv = new TV();
26         tv.print();
27     }
28 }
```

　　在文件 4-3 中，定义了一个父类 ElectricalApp 和它的子类 TV，并在父类和子类中分别定义了一个相同的属性 type，表示家电类型，以及一个相同的方法 turnOn()，用于开启家电；在子类中还定义了一个 print()方法。第 15 行代码在子类中使用 super 关键字访问父类的 type 属性，并为其赋值为"电视机"；第 16 行代码访问子类的 type 属性，并为其赋值为"液晶电视"；第 17～18 行代码分别输出父类与子类的 type 属性值；第 19 行代码使用 super 关键字调用父类的 turnOn()方法；第 20 行代码调用子类的 turnOn()方法；第 25～26 行代码创建一个 TV 类的对象，并调用该对象的 print()方法。

　　文件 4-3 的运行结果如图 4-3 所示。

　　由图 4-3 可知，子类通过关键字 super 成功地访问了父类的属性和方法。

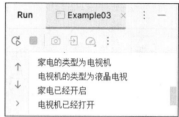

图4-3　文件4-3的运行结果

2. 使用 super 关键字调用父类的构造方法

　　子类无法继承父类的构造方法，这是因为构造方法是用于创建对象并初始化其状态的特殊方法，它与类是同名的。但是子类可以在构造方法中使用 super 关键字调用父类的构造方法，其语法格式与使用 this 关键字调用同类构造方法的语法格式类似，具体如下。

```
super(参数列表);
```

　　下面修改文件 4-3，演示如何使用 super 关键字调用父类的构造方法，如文件 4-4 所示。

文件 4-4　Example04.java

```
1   //家电类
2   class ElectricalApp{
3       private String type;                    //父类属性：家电类型
4       public ElectricalApp(String type) {     //父类有参构造方法
5           this.type = type;
6           System.out.println("父类有参构造方法被调用");
7       }
8       public String getType() {
9           return type;
10      }
11  }
12  //电视机类
13  class TV extends ElectricalApp {
14      private String brand;               //子类属性：品牌
15      public TV(String type, String brand) {
16          super(type);                    // 使用 super 关键字调用父类构造方法
17          this.brand = brand;
18          System.out.println("子类有参构造方法被调用");
19      }
20      public String getBrand() {
21          return brand;
22      }
23  }
24  public class Example04 {
25      public static void main(String[] args) {
26          TV tv = new TV("电视机","黑马");
27          System.out.println("此家电是一个" + tv.getType() + ",它的品牌为：" +
28  tv.getBrand());
```

```
29      }
30  }
```

在文件 4-4 中，父类 ElectricalApp 中定义了一个有参构造方法；子类 TV 中也定义了一个有参构造方法，该方法传入了参数 type 和 brand，并在第 16 行代码中使用 super 关键字调用了父类的构造方法；第 26 行代码通过子类的有参构造方法创建了 TV 类的对象；第 27～28 行代码调用了 getType()和 getBrand()输出当前对象的类型和品牌。

文件 4-4 的运行结果如图 4-4 所示。

由图 4-4 可知，子类可以使用 super 关键字调用父类的有参构造方法，并对其进行初始化。

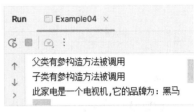

图4-4　文件4-4的运行结果

在 Java 中，每个类的构造方法中都必须调用其直接父类的一个构造方法，确保父类的初始化工作得到执行。如果没有进行显式调用，程序会隐式调用父类的无参构造方法。如果父类没有无参构造方法，则子类必须显式调用父类的其他构造方法，否则编译器会报错；而且子类在构造方法中调用父类构造方法的代码应该放在子类构造方法的第一行。

下面修改文件 4-4，演示程序隐式调用父类的无参构造方法，如文件 4-5 所示。

文件 4-5　Example05.java

```
1   class ElectricalApp{
2       private String type;
3       //无参构造方法
4       public ElectricalApp(){
5           System.out.println("父类无参构造方法被调用");
6       }
7   }
8   class TV extends ElectricalApp {
9       private String brand;
10      //无参构造方法
11      public TV() {
12      }
13  }
14  public class Example05 {
15      public static void main(String[] args) {
16          TV tv = new TV();
17      }
18  }
```

在文件 4-5 中，第 1～7 行代码定义了 ElectricalApp 类，并提供了无参构造方法；第 8～13 行代码定义了 TV 类继承 ElectricalApp 类，同时也提供了无参构造方法；第 16 行代码使用 TV 类的无参构造方法创建 TV 对象。

运行文件 4-5，运行结果如图 4-5 所示。

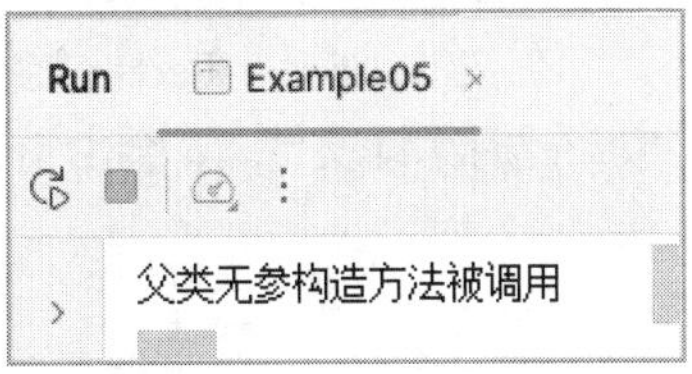

从图 4-5 中可以看到，控制台中输出"父类无参构造方法被调用"，说明 TV 类没有显式调用父类的构造方法，此时程序会隐式调用父类的无参构造方法。

图4-5　文件4-5的运行结果

this 关键字与 super 关键字在用法和功能上有很多相似之处，都可以调用构造方法、普通方法和属性，但是两者之间还是有区别的，super 与 this 的共同点和不同点如表 4-1 所示。

表 4-1　this 和 super 的不同点与共同点

比较内容		this	super
不同点	属性访问	访问本类中的属性，如果本类中没有该属性，则从父类中查找	直接访问父类中的属性
	方法	调用本类中的方法，如果本类中没有该方法，则从父类中查找	直接调用父类中的方法
	构造方法	调用本类的构造方法	调用父类的构造方法
共同点		在调用构造方法时，都必须位于构造方法的第一行，并且只能出现一次	

4.1.4　final 关键字

在默认情况下，所有的成员变量和成员方法都可以被子类重写，如果父类的成员不希望被子类重写，可以在声明父类中的成员时使用 final 关键字修饰。final 关键字在 Java 中的含义是不可改变的，final 关键字可以修饰变量、方法和类，当程序中某个实体不需要被修改、继承或重写时，可以使用 final 关键字来加以限制。下面对 final 关键字进行讲解。

1. 使用 final 关键字修饰类

使用 final 关键字修饰的类不能被继承，这样的类称为最终类，即没有子类，具体语法格式如下。

```
final class 类名{
}
```

下面通过一个案例演示 final 修饰类时的特点，如文件 4-6 所示。

文件 4-6　Example06.java

```
1  final class Parent{
2      private String name;
3      public Parent(){
4          System.out.println("无参构造函数");
5      }
6  }
7  class Son extends Parent{
8      public Son(){
9      }
10 }
11 public class Example06{
12     public static void main(String[] args) {
13         Son son = new Son();
14     }
15 }
```

在文件 4-6 中，Parent 类使用 final 关键字修饰，Son 继承 Parent 类。在主方法中创建子类对象，此时编译文件 4-6 会出错，运行程序能看到具体的错误信息，如图 4-6 所示。

图4-6　文件4-6运行报错

由图 4-6 可知，当 Son 类继承被 final 关键字修饰的 Parent 类时，编译器提示"无法从最终 Parent 进行继承"的错误，说明被 final 关键字修饰的类为最终类，无法被其他类继承。

2. 使用 final 关键字修饰方法

使用 final 关键字修饰的方法不能被重写。在父类中使用 final 关键字修饰的方法，在子类中不能被重写或覆盖，其语法格式如下。

```
访问修饰符 final  返回类型 方法名（）{
}
```

上述语法格式中，各种修饰符的书写顺序可以随意改变，但是为了增强可读性，一般会将访问修饰符放在最前面。

下面通过一个案例演示 final 关键字修饰方法时的特点，如文件 4-7 所示。

文件 4-7　Example07.java

```java
1  class Parent{
2      public final void print(){
3          System.out.println("父类输出方法");
4      }
5  }
6  class Son extends Parent{
7      @Override
8      public void print(){
9          System.out.println("子类重写父类的方法");
10     }
11 }
12 public class Example07{
13     public static void main(String[] args) {
14         Son son = new Son();
15     }
16 }
```

在文件 4-7 中，Parent 类中定义了一个 print() 方法，该方法用 final 关键字修饰。Son 类继承了 Parent 类，并重写了 print() 方法。此时编译文件 4-7 会出错，运行程序能看到具体的错误信息，如图 4-7 所示。

图4-7　文件4-7运行报错

由图 4-7 可知，子类重写父类被 final 修饰的方法之后，编译器会提示"Son 中的 print() 无法覆盖 Parent 中的 print()"的错误，说明被 final 关键字修饰的方法无法被重写。使用 final 关键字修饰方法可以阻止子类通过重写方法引入低效算法，从而保证代码的稳定性。

3. 使用 final 关键字修饰变量

使用 final 关键字修饰的变量称为常量，一旦初始化后，其值就不能再改变。下面通过一个案例进行验证，如文件 4-8 所示。

文件 4-8　Example08.java

```java
1  public class Example08 {
2      public static void main(String[] args) {
```

```
3          final int MAXVALUE = 5;
4          MAXVALUE = 10;
5          System.out.println(MAXVALUE);
6      }
7  }
```

在文件 4-8 中，第 3 行代码定义了一个 int 类型的变量 MAXVALUE，并使用 final 关键字修饰，为其赋初始值 5；第 4 行代码将 MAXVALUE 重新赋值为 10；第 5 行代码输出 MAXVALUE 的值。此时编译文件 4-8 会出现错误，运行程序能看到具体的错误提示，如图 4-8 所示。

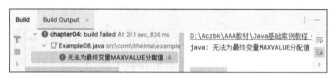

图4-8　文件4-8运行报错

由图 4-8 可知，为 final 修饰的变量重新赋值时，编译器会提示"无法为最终变量 MAXVALUE 分配值"的错误，说明被 final 修饰的变量只能被赋值一次。final 修饰变量通常用于定义配置参数、物理常量或错误码等，以提高代码的可读性和可维护性。

【案例 4-1】交通工具运行模拟

请扫描二维码查看【案例 4-1：交通工具运行模拟】。

4.2　抽象类和接口

在 Java 编程中，经常需要描述一些抽象的概念，如形状、车辆等，它们有一些共同的特征和行为，但又有不同的具体实现方式。为了更好地描述和扩展这些抽象概念，Java 中提供了两种机制：抽象类和接口。抽象类和接口都允许定义抽象方法，具体的实现则由不同的子类或实现类来完成。这样，程序可以通过抽象类和接口来定义通用的行为规范，以实现灵活性和代码重用。下面对抽象类和接口进行讲解。

4.2.1　抽象类

在 Java 中，使用关键字 abstract 表示抽象，它可以用来修饰方法和类，分别表示抽象方法和抽象类。抽象方法只包含一个方法名，没有方法体。使用 abstract 关键字定义抽象方法的语法格式如下。

```
访问修饰符 abstract 返回值类型 方法名(参数列表);
```

如果一个类包含抽象方法，该类就是抽象类。抽象类和抽象方法一样，必须使用 abstract 关键字进行修饰。抽象类的语法格式如下。

```
abstract class 抽象类名称{
    属性;
```

```
访问修饰符 返回值类型 方法名称(参数){              //普通方法
    return [返回值];
}
访问修饰符 abstract 返回值类型 抽象方法名称(参数)；    //抽象方法，无方法体
}
```

与非抽象类相比，抽象类除了可以包含抽象方法，还有一些其他的特别之处，具体如下。

（1）抽象类中不一定包含抽象方法，但包含抽象方法的类一定是抽象类。

（2）抽象类中可以包含 0 个至多个普通方法。

（3）抽象类不能直接创建对象，如果创建，编译器则会报错。

（4）继承抽象类的子类必须重写父类中所有的抽象方法，否则该子类也必须声明为抽象类。

（5）抽象类不能用 final 关键字和 private 关键字修饰，因为抽象类存在的意义就是被子类继承。

（6）抽象类中可以包含构造方法，但它不能被显式地调用。当抽象类的子类实例化时，会自动调用父类的构造方法。

下面通过一个案例演示抽象类的使用，如文件 4-9 所示。

文件 4-9　Example09.java

```java
1  //部门类
2  abstract class Department{
3      String name;          //部门名称
4      int numOfMembers;     //部门人数
5      public abstract void work();
6  }
7  //技术部门类
8  class TechDepartment extends Department{
9      public TechDepartment(String name,int numOfMembers){
10         super.name = name;
11         super.numOfMembers = numOfMembers;
12     }
13     @Override
14     public void work() {
15         System.out.println(super.name +"负责技术研发、软件开发和系统维护等，" +
16                 "部门有" + super.numOfMembers +"人。");
17     }
18 }
19 //销售部门类
20 class SaleDepartment extends Department{
21     public SaleDepartment(String name,int numOfMembers){
22         super.name = name;
23         super.numOfMembers = numOfMembers;
24     }
25     @Override
26     public void work() {
27         System.out.println(super.name + "负责销售业务拓展、市场营销策划等，" +
28                 "部门有" + super.numOfMembers +"人。");
29     }
30 }
31 public class Example09 {
32     public static void main(String[] args) {
```

```
33          TechDepartment t = new TechDepartment("技术部门",50);
34          t.work();
35          SaleDepartment s = new SaleDepartment("销售部门",30);
36          s.work();
37      }
38  }
```

在文件 4-9 中，第 2～6 行代码定义了一个抽象类 Department，表示部门，该类中提供了一个抽象方法 work()，表示不同部门的具体工作；第 8～18 行代码定义了一个 TechDepartment 类，其继承了抽象类 Department，表示技术部门，该类中重写了父类的 work()方法；第 20～30 行代码定义了一个 SaleDepartment 类，其继承了抽象类 Department，表示销售部门，该类实现逻辑与 TechDepartment 类类似；第 33～36 代码创建了 TechDepartment 类和 SaleDepartment 类的对象，并分别调用了对应的 work()方法。

文件 4-9 的运行结果如图 4-9 所示。

由图 4-9 可知，虽然抽象类中的抽象方法没有实现方法体，但子类继承抽象类之后，可以重写它的抽象方法并实现自己的逻辑。

图4-9　文件4-9的运行结果

4.2.2　接口

接口可以被看作一种特殊的抽象类。在 JDK 的发展过程中，接口的特性也不断得以更新和优化，下面对接口的更新情况和接口特性进行说明。

（1）接口中不支持私有变量，变量会被隐式地指定为 public static final，即常量。

（2）在 JDK 8 之前，接口可以被看作一个彻底抽象的抽象类，也就是说，接口中的方法全部为抽象方法。从 JDK 8 开始，接口中定义的方法可以有方法体，但是需要被关键字 static 或 default 修饰。需要注意的是，这里的关键字 default 不是访问修饰符，而是 JDK 8 引入的默认方法的概念，用于在接口中提供默认实现的方法，而无须修改已有的实现类。

（3）在 JDK 9 之前，接口中的方法默认为隐式抽象，即修饰符被隐式地指定为 public abstract，使用其他访问修饰符会报错。从 JDK 9 开始，接口中引入了私有方法，允许使用 private 修饰符来声明，通常用于在接口的默认方法或静态方法中复用代码。

本书基于 JDK 17，所以在讲解接口时，将以 JDK 17 的接口特性为准。Java 中提供了关键字 interface 来定义接口，具体语法格式如下。

```
[public] interface 接口名 [extends 接口1,接口2,…] {
[public] [static] [final] 数据类型 常量名 = 常量;
[public] [abstract] 返回值的数据类型 方法名([参数列表]);
[public|private] static 返回值的数据类型 方法名([参数列表]){方法体}
[public] default 返回值的数据类型 方法名([参数列表]){方法体}
private [static] 返回值的数据类型 方法名([参数列表]){方法体}
}
```

上述语法格式中，与抽象类不同的是，接口的存在是为了被类实现，而不是被继承。因此称接口与类的关系为实现关系，实现接口的类称为实现类。

上述语法格式中，[]表示可选项，接口内部包含的方法和常量也是可选的。其中"extends 接口1,接口2,…"表示一个接口可以继承多个父接口，父接口之间使用英文逗号分隔。

接口本身不能直接实例化，接口中的抽象方法和默认方法只能通过其实现类的对象进行调用。Java 中提供了一个关键字 implements，用来实现接口。通过 implements 关键字实现接口的类称为实现类，实现类必须实现接口所有的抽象方法。通过类实现接口的语法格式如下。

```
修饰符 class 类名 implements 接口1,接口2,…{
    ……
}
```

上述语法格式中，implements 表示实现接口，一个类可以同时实现多个接口，多个接口之间使用英文逗号分隔。

下面通过一个描述月度工作流程的案例演示接口的使用，如文件 4-10 所示。

文件 4-10　Example10.java

```
1  //部门接口
2  interface Department{
3      void work();                              //抽象方法:工作内容
4      private void AcceptRemark(){              //私有方法: 接受任务
5          System.out.println("接受本月任务");
6      }
7      private void ReportWork(){                //私有方法: 汇报工作
8          System.out.println("汇报本月工作");
9      }
10     default void workFlow(){                  //默认方法: 工作流程
11         AcceptRemark();
12         work();
13         ReportWork();
14     }
15 }
16 //技术部门类
17 class TechDepartment implements Department{
18     @Override
19     public void work() {
20         System.out.println("技术部门本月的工作内容是完成购物平台的开发");
21     }
22 }
23 public class Example10{
24     public static void main(String[] args) {
25         TechDepartment t = new TechDepartment();
26         t.workFlow();
27     }
28 }
```

在文件 4-10 中，第 2～15 行代码定义了一个接口 Department，表示部门，其中第 3 行代码定义了一个抽象方法 work()，用于描述工作内容；第 4～9 行代码定义了两个私有方法 AcceptRemark() 和 ReportWork()，分别用来描述工作流程的开始和结束部分；第 10～14 行代码定义了一个默认方法，依次调用了当前接口中的 AcceptRemark() 方法、work() 方法、ReportWork() 方法。第 17～22 行代码定义了一个 TechDepartment 类并实现了 Department 接口，重写了接口的抽象方法 work()；第 25～26 行代码创建了 TechDepartment 类的对象，并调用该对象的 workFlow() 方法输出技术部门的工作流程。

文件 4-10 的运行结果如图 4-10 所示。

由图 4-10 可知，接口实现类会自动继承接口中的默认方法，可以直接使用。如果接口中的抽象方法被实现类重写，那么调用该方法时会执行实现类的重写方法。

前面已经提到，一个类可以实现多个接口。下面通过一个音乐播放器的案例演示这种情况，如文件 4-11 所示。

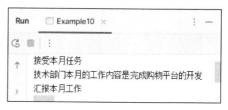

图4-10　文件4-10的运行结果

文件 4-11　Example11.java

```java
 1    // 定义接口 Playable，表示播放音乐
 2   interface Playable {
 3       void play();          //定义播放功能的抽象方法
 4   }
 5   // 定义接口 Recordable，表示录制音乐
 6   interface Recordable {
 7       void record();        //定义录制功能的抽象方法
 8   }
 9   // 定义类 AudioPlayer 来实现接口 Playable 和接口 Recordable
10   class AudioPlayer implements Playable, Recordable {
11       @Override
12       public void play() {
13           System.out.println("音频播放器具有播放音乐的功能");
14       }
15       @Override
16       public void record() {
17           System.out.println("音频播放器具有录制音乐的功能");
18       }
19   }
20   public class Example11 {
21       public static void main(String[] args) {
22           AudioPlayer audioPlayer = new AudioPlayer();
23           audioPlayer.play();
24           audioPlayer.record();
25       }
26   }
```

在文件 4-11 中，第 2～4 行代码定义了一个 Playable 接口，该接口中提供了 play()方法，表示播放功能；第 6～8 行代码定义了一个 Recordable 接口，该接口中提供了 record ()方法，表示录制功能；第 10～19 行代码定义了一个 AudioPlayer 类，实现了接口 Playable 和接口 Recordable，用于表示音频播放器具有的播放功能和录制功能；第 22～24 行代码创建了 AudioPlayer 类的对象，并调用该对象的 play()方法和 record()方法。

文件 4-11 的运行结果如图 4-11 所示。

图 4-11 中，控制台中输出了音频播放器具有播放功能和录制功能，说明一个类可以继承多个接口，并实现它们的所有抽象方法。

当一个类既需要实现接口、又需要继承另一个类时，对应的语法格式如下。

图4-11　文件4-11的运行结果

```java
class 类名 extends 父类名 implents 接口{
}
```

下面修改文件 4-11 来演示上述情况，具体内容如文件 4-12 所示。

文件 4-12　Example12.java

```
1   // 定义接口 Playable，表示播放音乐
2   interface Playable {
3       void play();                        //定义播放功能的抽象方法
4   }
5   // 定义类 Recordable，表示录制音乐
6   class Recordable {
7       void record(){
8           System.out.println("具有录制功能");  //定义录制功能的抽象方法
9       }
10  }
11  // 定义类 AudioPlayer 来实现接口 Playable，并继承 Recordable 类
12  class AudioPlayer extends Recordable implements Playable {
13      @Override
14      public void play() {
15          System.out.println("音频播放器具有播放音乐的功能");
16      }
17      @Override
18      public void record() {
19          System.out.println("音频播放器具有录制音乐的功能");
20      }
21  }
22  public class Example12 {
23      public static void main(String[] args) {
24          AudioPlayer audioPlayer = new AudioPlayer();
25          audioPlayer.play();
26          audioPlayer.record();
27      }
28  }
```

在文件 4-12 中，将文件 4-11 中的 Recordable 接口改为类，并实现了 record()方法；在第 12 行代码处做了修改，将实现 Recordable 接口改为继承 Recordable 类，并重写了 record()方法。

文件 4-12 的运行结果如图 4-12 所示。

由图 4-12 可知，一个类可以在实现接口的同时继承另一个类，并重写父类中的方法。

需要注意的是，一个接口可以通过 extends 关键字继承另一个接口，这样的接口称为子接口，它会继承父接口的方法声明。接口之间的继承与类之间的继承逻辑类似，此处不再通过案例进行演示，读者可以自行练习。

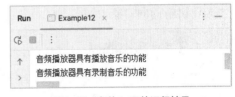

图4-12　文件4-12的运行结果

> **⚠ 注意**
>
> 当一个类实现两个接口且两个接口中存在相同的抽象方法时，该类中只需要重写一次这个方法，既表示重写接口 1 的，也表示重写接口 2 的。

4.2.3　抽象类和接口的比较

接口和抽象类在某些方面比较相似，但是它们之间也有较多不同之处，理解它们之间的不同之处可以避免编程中的许多错误。下面对抽象类和接口之间的相同之处与不同之处进行

说明，具体如表 4-2 所示。

表 4-2　抽象类与接口的不同之处与相同之处

比较内容		抽象类	接口
不同之处	关键字	abstract	interface
	属性	无限制	必须被 public static final 修饰
	抽象方法	可以定义抽象方法，也可以定义普通方法	可以定义抽象方法，也可以定义普通方法，但普通方法有限制，例如需要使用关键字 static 或 default 修饰
	构造方法	可以有构造方法	不能有构造方法
	类的关系	类只能继承一个抽象类	类可以实现多个接口
	继承/实现	只能被类或抽象类继承	既可以被接口继承，也能被类或抽象类实现
	多重继承	不支持	可以继承多个父接口
相同之处		（1）JDK 9 以后，都可以包含具体的方法实现 （2）都不能实例化对象，需要子类或实现类实例化对象	

【案例 4-2】输出不同图形

请扫描二维码查看【案例 4-2：输出不同图形】。

4.3　多态

多态是继封装、继承之后，面向对象的第三大特性。之前讲解了封装和继承的核心思想，本节将讲解面向对象中的多态。

4.3.1　多态概述

多态本来是生物学里的概念，表示地球上的生物在形态和状态方面的多样性。在 Java 的面向对象中，多态通常指的是运行时多态，即当一个子类继承一个父类并重写父类中的方法，或者一个子类实现一个接口及其方法时，同一个行为可以有多种表现形式。

运行时多态可以表现为对象多态和行为多态，对象多态和行为多态的说明如下。

● 对象多态：对象多态是指同一个引用变量可以引用不同类型的对象，一般表现为一个父类的引用可以指向不同的子类对象。例如，父类 Animal 包含两个子类 Cat 和 Dog，创建一个 Animal 对象，它可以指向一个 Dog 对象或者一个 Cat 对象。

● 行为多态：行为多态也称方法多态，当用父类引用变量调用被子类重写的方法时，程序会根据对象的实际类型来确定调用哪个方法，以实现不同对象调用相同方法时的不同响应，也就是说不同对象调用相同方法，可能会表现出不同的行为。

下面通过一个子类重写父类的方法的案例演示 Java 的运行时多态，如文件 4-13 所示。

文件 4-13　Example13.java

```
1   //动物类
2   class Animal{
3       //定义父类的speak()方法
4       public void speak(){
5           System.out.println("动物发出叫声");
6       }
7   }
8   //猫类
9   class Cat extends Animal{
10      //重写父类的speak()方法
11      @Override
12      public void speak(){
13          System.out.println("小猫：喵喵……");
14      }
15  }
16  //狗类
17  class Dog extends Animal{
18      //重写父类的speak()方法
19      @Override
20      public void speak(){
21          System.out.println("小狗：汪汪……");
22      }
23  }
24  public class Example13 {
25      public static void main(String[] args) {
26          Animal animal1 = new Cat();
27          Animal animal2 = new Dog();
28          animal1.speak();
29          animal2.speak();
30      }
31  }
```

在文件 4-13 中，第 2～7 行代码定义了一个 Animal 类，该类中定义了一个 speak()方法；第 9～23 行代码依次定义了 Cat 类和 Dog 类，它们都继承了 Animal 类，并分别重写了 speak()方法；第 26～27 行代码创建了两个 Animal 类的对象变量 animal1 和 animal2，分别指向 Cat 类和 Dog 类的实例对象；第 28～29 行代码分别调用 animal1 和 animal2 的 speak()方法。

文件 4-13 的运行结果如图 4-13 所示。

由图 4-13 和文件 4-13 可知，Java 的运行时多态允许使用 Animal 类型的变量引用不同子类的对象。此外，子类 Cat 和 Dog 重写了父类 Animal 的 speak()方法，虽然 animal1 和 animal2 都是 Animal 类型的引用变量，但由于它们实际引用了不同的对象，当分别访问它们的 speak()方法时，程序会动态地选择并调用相应子类重写的 speak()方法，从而表现出不同的行为，即行为多态。

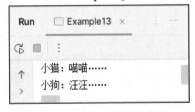

图4-13　文件4-13的运行结果

4.3.2　对象类型转换

在多态形式下，虽然使用父类的引用变量来引用不同子类的对象提高了代码的灵活性和可扩展性，但是编译器只知道引用变量的类型是父类，而不知道它所引用的具体对象的类型。因此，编译器在编译时只能根据引用变量的类型来确定可以访问的方法和属性，而无法直接调用子类特有的方法和属性。

　　如果想要通过父类的引用变量调用子类特有的方法和属性，就需要进行类型转换。将父类的引用变量转换为子类的引用变量，从而获得对子类的特有方法和属性的访问权限，这种类型转换称为向下转型。

　　Java 的对象类型转换除了向下转型，还有一种称为向上转型。实际上，在文件 4-13 中，父类 Animal 类型的引用变量指向子类 Cat 和 Dog 类型的对象就是向上转型。

　　向上转型和向下转型的具体语法格式如下。

```
父类类型 变量名 = new 子类对象；              //向上转型
子类类型 变量名 = （子类类型）父类变量名；  //向下转型
```

　　向上转型即将子类对象赋值给父类引用变量，该转换过程由程序自动完成。而向下转型是父类对象转换为子类对象，该转换过程需要显式地编写类型转换代码，并且需要指明转型后的子类类型。

　　下面修改文件 4-13 来演示对象类型的转换，在子类中添加特有方法，并在主方法中调用它，具体内容如文件 4-14 所示。

文件 4-14　Example14.java

```java
1   //动物类
2   class Animal{
3       public void speak(){
4           System.out.println("动物发出叫声");
5       }
6   }
7   //猫类
8   class Cat extends Animal{
9       @Override
10      public void speak(){
11          System.out.println("小猫：喵喵……");
12      }
13  }
14  //狗类
15  class Dog extends Animal{
16      @Override
17      public void speak(){
18          System.out.println("小狗：汪汪……");
19      }
20      //添加特有方法 houseKeep()
21      public void houseKeep(){
22          System.out.println("狗狗会看家");
23      }
24  }
25  public class Example14 {
26      public static void main(String[] args) {
27          Animal animal = new Dog();
28          animal.speak();
29          Dog dog = (Dog) animal;
30          dog.houseKeep();
31      }
32  }
```

在文件 4-14 中，第 21～23 行代码定义了 Dog 类特有的方法 houseKeep()；第 27 行代码创建了一个 Animal 类型的引用变量 animal，并将其指向 Dog 类的实例，这一步将 Dog 对象向上转型为了 Animal 类型；第 28 行代码调用 animal 的 speak()方法；第 29 行代码将引用变量 animal 向下转型为 Dog 类型，并赋值给变量 dog；第 30 行代码调用 dog 的 houseKeep()方法。

文件 4-14 的运行结果如图 4-14 所示。

由图 4-14 可知，将引用变量 animal 向下转型为 Dog 类型的对象后，该对象可以调用子类 Dog 的特有方法。

需要注意的是，在向下转型之前，需要进行对应的向上转型，即将子类对象赋值给父类引用变量。这样可以确保引用变量所引用的对象属于子类。不能直接将父类实例强制转换为子类实例，否则程序会报错。例如，将文件 4-14 中的第 29 行代码修改为以下代码，程序运行时会报错。

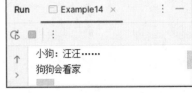

图4-14　文件4-14的运行结果

```
Dog dog = (Dog) new Animal();
```

再次运行文件 4-14，运行结果如图 4-15 所示。

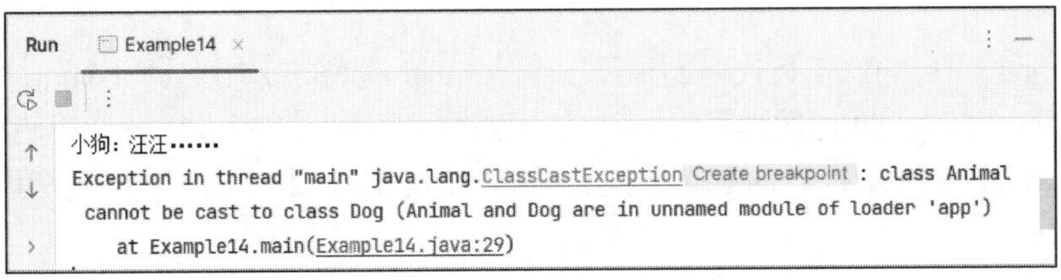

图4-15　修改文件4-14后的运行结果

4.3.3　instanceof 关键字

4.3.2 小节中提到，对象类型向下转换时，需要确保父类变量引用的对象是子类对象，否则会导致类型转换异常。为了避免出现这种情况，Java 提供了 instanceof 关键字，用于检查对象是否是特定类型的实例，其语法格式如下。

```
object instanceof type
```

上述语法格式中，object 是要检查的对象，type 是要检查的类型。上述格式的语句会返回一个布尔值，如果 object 是 type 的实例或 type 子类的实例，则返回 true；否则返回 false。

下面再次修改文件 4-14，使用 instanceof 关键字判断变量的数据类型后再进行类型转换，如文件 4-15 所示。

文件 4-15　Example15.java

```
1  class Animal{
2      public void speak(){
3          System.out.println("动物发出叫声");
4      }
5  }
6  class Cat extends Animal{
7      @Override
8      public void speak(){
9          System.out.println("小猫：喵喵……");
10     }
11 }
```

```
12  class Dog extends Animal{
13      @Override
14      public void speak(){
15          System.out.println("小狗：汪汪……");
16      }
17      //添加特有方法 houseKeep()
18      public void houseKeep(){
19          System.out.println("狗狗会看家");
20      }
21  }
22  public class Example15 {
23      public static void main(String[] args) {
24          Animal animal = new Cat();
25          if(animal instanceof Dog){
26              Dog dog = (Dog) animal;
27              dog.houseKeep();
28          }else{
29              System.out.println("对象类型向下转换不合法");
30          }
31      }
32  }
```

在文件 4-15 中，第 24 行代码创建了一个 Animal 类型的引用变量 animal，并将其指向 Cat 类的实例；第 25～30 行代码对 animal 的类型进行判断，其中第 25 行代码使用 instanceof 关键字判断 animal 是否属于 Dog 类或其子类的实例。如果是，则进行向下类型转换，否则输出错误提示。

运行文件 4-15，运行结果如图 4-16 所示。

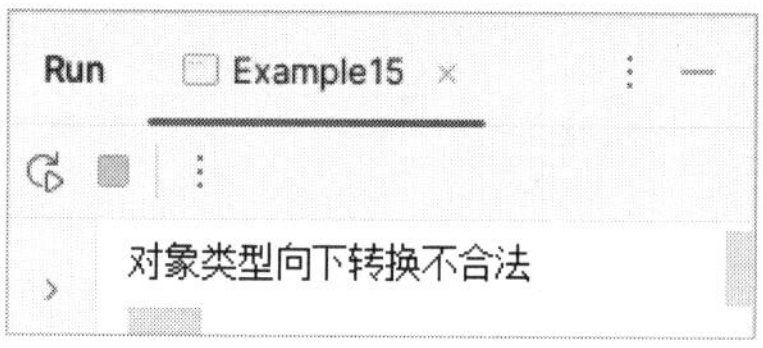

从图 4-16 中可以看到，控制台中输出"对象类型向下转换不合法"，说明 animal instanceof Dog 的返回结果为 false，animal 不是 Dog 类的实例。

图4-16　文件4-15的运行结果

【案例 4-3】餐厅外卖配送

请扫描二维码查看【案例 4-3：餐厅外卖配送】。

4.4　内部类

在 Java 中有一种特殊的类，它被定义在其他类的内部，这样的类称为内部类，内部类所在的类称为外部类。根据定义位置、访问权限和定义方式的不同，Java 中的内部类主要分为成员内部类、局部内部类、匿名内部类和静态内部类。本节将对这 4 种内部类进行讲解。

4.4.1　成员内部类

成员内部类是定义在一个类的成员位置的类，它可以访问外部类的所有成员变量和方法，并可以有自己的成员变量和方法。要访问成员内部类，需要先创建外部类的对象，再通过外部类的对象创建内部类对象。内部类与普通类一样可以被实例化，创建成员内部类的语法格式如下。

> 外部类名.成员内部类名 变量名 = 外部类对象.new 成员内部类名();

下面通过一个控制设备开关机的案例演示成员内部类的定义和使用，如文件 4-16 所示。

文件 4-16　Example16.java

```
1   //设备控制器类
2   class DeviceController{
3       private String controllerName;              //设备控制器名称
4       public DeviceController(String controllerName) {
5           this.controllerName = controllerName;
6       }
7       //设备控制器连接设备的方法
8       public void connectToDevice(){
9           System.out.println("设备控制器成功连接到设备");
10      }
11      //设备成员内部类
12      class Device{
13          private String deviceName;              //定义设备名称
14          public Device(String deviceName) {
15              this.deviceName = deviceName;
16          }
17          //设备开机方法
18          public void powerOn(){
19              System.out.println(controllerName + "控制" + deviceName + "开
20                  机! ");
21          }
22          //设备关机方法
23          public void powerOff(){
24              System.out.println(controllerName + "控制" + deviceName + "关
25                  机! ");
26          }
27      }
28  }
29  public class Example16 {
30      public static void main(String[] args) {
31          DeviceController controller = new DeviceController("设备控制器");
32          controller.connectToDevice();
33          DeviceController.Device device = controller.new Device("设备 1");
34          device.powerOn();
35          device.powerOff();
36      }
37  }
```

在文件 4-16 中，第 2～28 行代码定义了一个设备控制器类 DeviceController，该类中提供了一个成员变量和一个构造方法，用于初始化设备控制器的名称，还提供了一个方法 connectToDevice()，用于连接设备。第 12～27 行代码在 DeviceController 类中定义了一个成员内部类 Device，表示设备；该内部类中提供了一个成员变量和一个构造方法，用于初始化设备的名称，还提供了两个方法 powerOn()和 powerOff()，用于进行设备的开机和关机，方法内部访问了内部类的成员变量和外部类的成员变量。

　　第 31 行代码创建并初始化了一个外部类对象 controller；第 32 行代码调用了外部类的方法 connectToDevice()；第 33 行代码通过外部类对象 controller 创建了内部类对象 device；第 34～35 行代码调用了内部类的方法。

　　文件 4-16 的运行结果如图 4-17 所示。

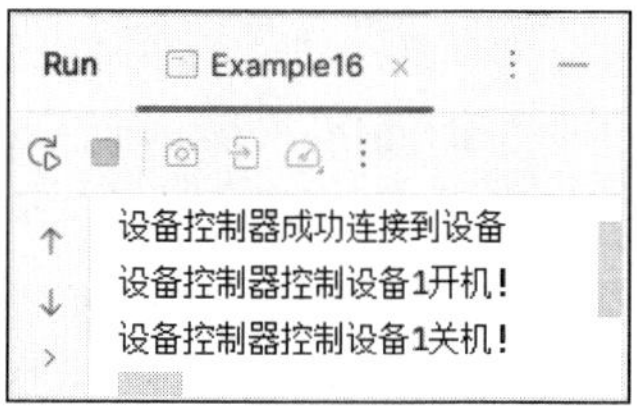

　　从图 4-17 中可以看到，外部类的方法和内部类的方法都成功被调用，并且在内部类的方法中可以访问外部类的成员。

图4-17　文件4-16的运行结果

4.4.2　局部内部类

　　局部内部类是定义在方法中的类，它和局部变量一样，只在定义它的方法中有效。局部内部类可以访问外部类的所有成员变量和方法，而局部内部类中变量和方法只能在局部内部类所在的方法中被访问。

　　局部内部类只能在方法内部或作用域内部被实例化，创建局部内部类的语法格式与创建普通类相同。下面通过一个计算器案例演示局部内部类的使用，如文件 4-17 所示。

文件 4-17　Example17.java

```
1   //外部类
2   class Calculator {
3       //对操作数进行加减法计算
4       public void performCalculation(int num1, int num2, char operation)
5       {
6           //局部内部类，用于表示计算器
7           class OperationCalculator {
8               public int add() {
9                   return num1 + num2;
10              }
11              public int subtract() {
12                  return num1 - num2;
13              }
14          }
15          //创建局部内部类的对象
16          OperationCalculator calculator = new OperationCalculator();
17          if (operation=='+') {
18              //在方法内部访问局部内部类的成员
19              System.out.println("计算结果: " + calculator.add());
20          } else if (operation=='-') {
21              System.out.println("计算结果: " + calculator.subtract());
22          } else {
23              System.out.println("发生错误! ");
24          }
25      }
26  }
27  public class Example17 {
28      public static void main(String[] args) {
29          Calculator calculator = new Calculator();
30          calculator.performCalculation(5, 3, '+');
31      }
32  }
```

　　在文件 4-17 中，第 2～26 行代码定义了一个计算类 Calculator，其中，第 4～25 行代码定义了 performCalculation()方法，用于执行计算；第 7～24 行代码定义了一个局部内部类

OperationCalculator，用于表示计算器；第 8～13 行代码定义了两个方法 add()和 subtract()，用于对操作数进行加法和减法计算；第 16 行代码创建了一个局部内部类的对象 calculator；第 17～24 行代码调用 calculator 对象的 add()方法和 substract()方法来获取计算结果。

第 29～30 行代码定义了一个外部类对象 Calculator，并调用该对象的 performCalculation()方法，计算 5 和 3 的和。

文件 4-17 的运行结果如图 4-18 所示。

从图 4-18 中可以看到，控制台输出了正确的计算结果。说明在方法内部可以通过局部内部类的对象访问它的方法。

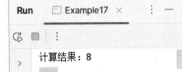

图4-18 文件4-17的运行结果

4.4.3 匿名内部类

匿名内部类是一种没有名字的内部类，它通常用于一次性地定义一个类并创建其对象。与局部内部类不同，匿名内部类不需要显式地定义一个类，而是在创建对象的同时定义这个类。匿名内部类通常作为方法的参数、返回值或变量的值。

创建匿名内部类的语法格式如下。

```
new 继承的父类名或实现的接口名() {
    // 匿名内部类的成员变量、方法等
};
```

上述语法格式创建了一个匿名内部类，同时创建了该类的对象。这个匿名内部类继承了指定父类或实现了指定接口。

下面使用匿名内部类创建接口的实现类，以此演示匿名内部类的使用，如文件 4-18 所示。

文件 4-18　Example18.java

```
1   //游泳接口
2   interface Swim{
3       void swimming();
4   }
5   public class Example18 {
6       public static void main(String[] args) {
7           String name = "小明";
8           //使用匿名内部类1
9           new Swim() {
10              @Override
11              public void swimming() {
12                  System.out.println(name + "学会了自由泳……");
13              }
14          }.swimming();
15          //使用匿名内部类2
16          new Swim(){
17              @Override
18              public void swimming(){
19                  System.out.println(name + "学会了蛙泳……");
20              }
21          }.swimming();
22      }
23  }
```

在文件 4-18 中，第 2～4 行代码定义了一个游泳接口 Swim，该接口中提供了一个抽象

方法 swimming()；第 9～21 行代码使用匿名内部类的方式创建了两个匿名的 Swim 接口实现
类对象，在匿名内部类中重写了接口的 swimming()方法，
并调用重写后的 swimming()方法。

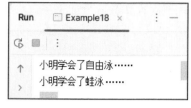

文件 4-18 的运行结果如图 4-19 所示。

从图 4-19 中可以看到，控制台中输出了"小明学会了
自由泳……"和"小明学会了蛙泳……"。说明匿名内部类
可以完成类实现接口的功能。

图4-19   文件4-18的运行结果

通常当方法的形参为接口或者抽象类时，也可以将匿名内部类作为参数传递。例如，还
可以将文件 4-18 修改为以下形式。

```java
1   //游泳接口
2   interface Swim{
3       void swimming();
4   }
5   public class Example19 {
6       public static void learnSwim(Swim swim){
7           swim.swimming();
8       }
9       public static void main(String[] args) {
10          String name = "小明";
11          //调用 learnSwim()方法，将匿名内部类对象作为参数传入
12          learnSwim(new Swim() {
13              @Override
14              public void swimming() {
15                  System.out.println(name + "学会了自由泳……");
16              }
17          });
18          //调用 learnSwim()方法，将匿名内部类对象作为参数传入
19          learnSwim(new Swim(){
20              @Override
21              public void swimming(){
22                  System.out.println(name + "学会了蛙泳……");
23              }
24          });
25      }
26  }
```

在上述代码中，第 6～8 行代码定义了一个 learnSwim()方法，它的参数为 Swim 类型，
方法内调用传入参数的 swimming()方法；第 12～24 行代码调用 learnSwim()方法，将实现 Swim
接口的匿名内部类作为该方法的参数传入。上述代码的运行结果与文件 4-18 的相同。

4.4.4　静态内部类

静态内部类是一种特殊的成员内部类，它使用 static 关键字修饰，与类的静态成员类似，
都属于外部类本身，而不属于外部类的实例。静态内部类与成员内部类相比，在形式上，在
类前多加了一个 static 关键字，而在功能上，静态内部类只能访问外部类的静态成员，通过
外部类访问静态内部类的成员时，可以跳过外部类直接访问。

创建静态内部类对象的语法格式如下。

外部类名.静态内部类名 变量名 = new 外部类名.静态内部类名();

从上述语法格式中可以看到，静态内部类对象直接通过外部类进行实例化，不需要依赖外部类的实例。

下面通过一个输出系统日志的案例演示静态内部类的使用，如文件 4-19 所示。

文件 4-19　Example20.java

```
1   //系统类
2   class ManageSystem{
3       static String systemLog = "进入管理系统";      //系统日志
4       //静态内部类，表示数据存储模块
5       static class DataSave{
6           //定义输出数据日志的方法
7           void printDataLog(){
8               System.out.println(systemLog);
9               System.out.println("输出数据日志");
10          }
11      }
12  }
13  public class Example20 {
14      public static void main(String[] args) {
15          ManageSystem.DataSave dataSave = new ManageSystem.DataSave();
16          dataSave.printDataLog();
17      }
18  }
```

在文件 4-19 中，第 2～12 行代码定义了一个系统类 ManageSystem，该类中定义了一个静态变量 systemLog，用于表示系统日志。第 5～11 行代码在 ManageSystem 类中定义了一个内部类 DataSave，其中，第 7～10 行代码定义了一个输出数据日志的方法 printDataLog()，并在方法内部访问了外部类的成员变量。第 15 行代码创建了一个静态内部类对象 dataSave；第 16 行代码调用 dataSave 对象的 printDataLog() 方法。

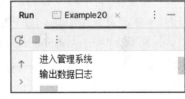

文件 4-19 的运行结果如图 4-20 所示。

从图 4-20 中可以看到，控制台中输出了"进入管理系统"和"输出数据日志"，说明静态内部类成功访问了外部类的成员。

图4-20　文件4-19的运行结果

【案例 4-4】多媒体播放器

请扫描二维码查看【案例 4-4：多媒体播放器】。

4.5　异常

4.5.1　什么是异常

生活中，难免会遇到各种意外情况和突发状况。例如，烧水时由于疏忽导致水烧开后溢出热水，可能会进一步导致短路，甚至引发触电等事故。这时应立即采取措施，处理突发情况。

同样，在 Java 编程中也可能会遇到各种异常情况。例如，程序运行时磁盘空间不足、网络连接中断、访问的文件不存在等。这些情况会导致程序出现错误，并影响其他正常代码的执行。为此，Java 提供了异常处理机制来帮助程序员检查和处理可能出现的错误，以保证程序的可读性和可维护性。

下面通过一个案例来认识一下异常，如文件 4-20 所示。

文件 4-20   Example21.java

```
1   public class Example21 {
2       public static void main(String[] args) {
3           int num1 = 10;
4           int num2 = 0;
5           int result = num1 / num2;
6           System.out.println("10 除以 0 的结果是" + result);
7       }
8   }
```

在文件 4-20 中，计算了 10 除以 0 的结果。文件 4-20 的运行结果如图 4-21 所示。

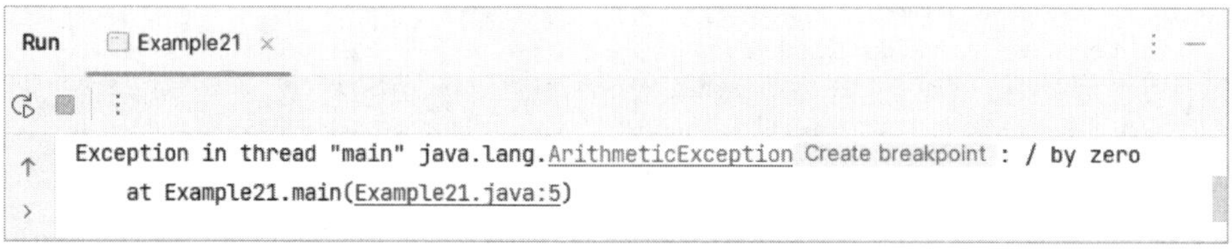

图4-21   文件4-20的运行结果

从图 4-21 中可以看到，控制台中输出了 "java.lang.ArithmeticException" 的异常提示，表示算术异常，由于 0 不能作为除数出现在除法表达式中，所以该程序在运行时会发生异常。

图 4-21 中的 ArithmeticException 异常是 Java 异常类中的一种，Java 中提供了大量内置的异常类，这些类都继承自 java.lang.Throwable 类。下面通过一张图展示 Throwable 类的继承体系，如图 4-22 所示。

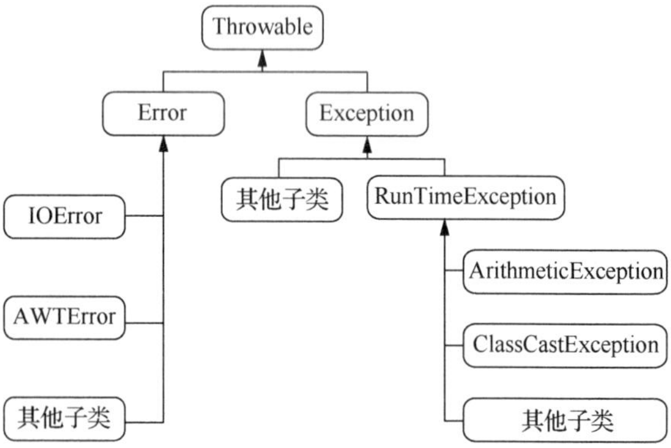

从图 4-22 中可以看出，Throwable 类有两个直接子类 Error 和 Exception。下面分别对这两个类进行介绍。

（1）Error

Error 称为错误类，表示 Java 运行时产生的系统内部错误或资源耗尽错误，这类错误比较严重，仅靠修改程序代码本身无法恢复。

（2）Exception

Exception 称为异常类，表示可以被程序处理和捕获的异常。通常情况下，Java 程序中处理的异常类型大多是 Exception 类及其子类。

图4-22   Throwable类的继承体系

异常分为编译时异常和运行时异常。编译时异常是指在编译过程中检测到的异常；而运行时异常是指程序运行时发生的异常，编译时检测不到这种异常。Exception 类中，所有的 RunTimeException 类及其子类的实例为运行时异常，其他类为编译时异常。

Throwable 类提供了一系列方法来处理程序运行时的各种异常情况，Throwable 类的子类可以通过重写这些方法实现本类异常的处理。Throwable 类常用的方法如表 4-3 所示。

表 4-3　Throwable 类常用的方法

方法名称	功能描述
getMessage()	返回异常的详细描述信息，通常用于获取异常产生的原因或错误的描述
getStackTrace()	以数组形式返回异常的跟踪栈信息
printStackTrace()	将异常的跟踪栈信息输出到控制台，并显示异常的类型、消息及其在代码中的位置

4.5.2　try...catch 和 finally 语句

在程序运行时，JVM 会创建一个异常对象来表示异常，并将相应的异常信息封装在该异常对象中。捕获到异常后，JVM 会将异常对象传递给相应的异常处理器，如果异常处理器并没有对该异常进行任何处理，那么会会将该异常的相关信息输出，并终止程序的运行。对此，可以对程序可能出现异常的代码进行监控，当出现异常时，对异常进行捕获，并进行相应的处理，保证程序有效地执行。

Java 提供了 try...catch 语句来捕获并处理异常，try...catch 语句捕获并处理异常的语法格式如下。

```
try {
    //可能会出现异常的代码
}catch(异常类型 异常对象){
    //处理异常的代码
}
```

上述语法格式中，在 try 代码块中编写可能会引发异常的代码，并在 catch 代码块中编写处理异常的代码。catch 语句需要指明一个参数来表示它能够处理的异常类型，该参数必须是 Exception 类或其子类。

try...catch 语句处理异常时，catch 代码块可以有多个，用来匹配多个异常，但捕获父类异常的 catch 代码块必须放在捕获子类异常的 catch 代码块之后。try...catch 语句的异常处理过程如图 4-23 所示。

由图 4-23 可知，如果执行 try 代码块中的语句没有发生异常，则直接跳出 try...catch 语句，继续执行 try...catch 语句后面的代码。如果 try 代码块中的语句执行时发生异常，则程序会自动跳转到 catch 代码块中匹配对应的异常类型。如果 catch 代码块中匹配到对应的异常，则执行 catch 代码块中的代码，执行后程序继续往下执行；如果在 catch 代码块中匹配不到对应的异常，则程序中断执行。

下面修改文件 4-20，使用 try...catch 语句对文件 4-20 中出现的异常进行捕获，如文件 4-21 所示。

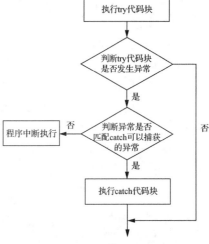

图4-23　try...catch语句的异常处理过程

文件 4-21   Example22.java

```
1   public class Example22 {
2       public static void main(String[] args) {
3           int num1 = 10;
4           int num2 = 0;
5           try {
6               int result = num1 / num2;
7               System.out.println("10 除以 0 的结果是" + result);
8           }catch (Exception e){
9               System.out.println("计算过程出现异常，异常信息为
10                  "+e.getMessage());
11          }
12          System.out.println("执行 try...catch 语句后的代码！ ");
13      }
14  }
```

在文件 4-21 中，第 6~7 行代码被 try 语句包裹，表示当前代码执行时可能出现异常；第 8 行代码指定当前 catch 语句可以捕获 Exception 类型的异常，捕获到异常后，执行第 9 行代码，获取异常信息并输出提示。

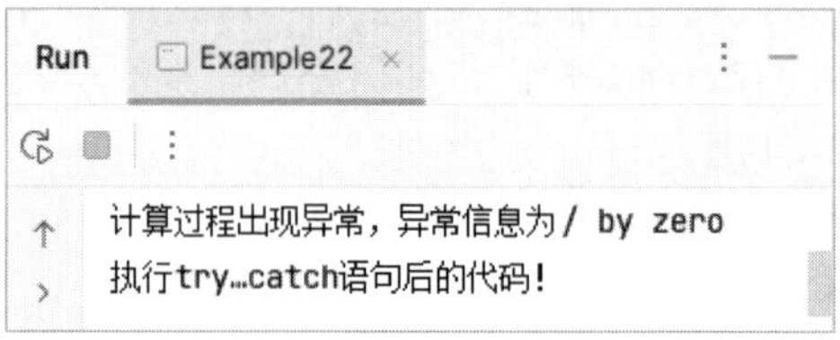

文件 4-21 的运行结果如图 4-24 所示。

从图 4-24 中可以看到，控制台中输出了捕获到的异常信息。说明使用 try…catch 语句成功捕获到了异常对象。

需注意的是，在 try 代码块中，发生异常的语句后面的代码是不会被执行的，如文件 4-21 中第 7 行代码的输出语句就没有被执行。然而，在程序中有一些特定的代码无论异常是否发生都需要执行。为了解决这个问题，可以在 try…catch 语句后加一个 finally 代码块，finally 代码块中存放的代码一定会被执行。try…catch…finally 语句的异常处理过程如图 4-25 所示。

由图 4-25 可知，在 try…catch…finally 语句中，无论 try 代码块中是否发生异常，或者是否执行了 catch 代码块中的代码，finally 代码块中的代码都会执行。如果程序发生异常，但是异常没有被捕获，在执行完 finally 代码块中的代码之后，程序会中断执行。

下面修改文件 4-21，演示 try…catch…finally 语句的使用，如文件 4-22 所示。

图4-24   文件4-21的运行结果

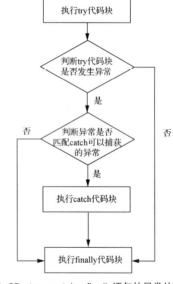

图4-25   try...catch...finally语句的异常处理过程

文件 4-22   Example23.java

```
1   public class Example23 {
2       //两个整数相除
3       public static int divide(int x, int y) {
4           int result = x / y;          //记录两个数相除的结果
```

```
5          return result;                    //将结果返回
6      }
7      public static void main(String[] args) {
8          try {
9              int result = divide(4, 0);        //调用 divide()方法
10             System.out.println(result);
11         } catch (Exception e) {            //对捕获到的异常进行处理
12             System.out.println("捕获的异常信息为" + e.getMessage());
13             return;                        //用于结束当前语句
14         } finally {
15             System.out.println("进入 finally 代码块");
16         }
17         System.out.println("程序继续向下执行……");
18     }
19 }
```

在文件 4-22 中，第 13 行代码在 catch 代码块中增加了一个 return 语句，用于结束当前方法；第 14~16 行代码使用 finally 代码块输出一些提示信息；第 17 行代码在 finally 代码块以外输出了一些提示信息。

文件 4-22 的运行结果如图 4-26 所示。

从图 4-26 中可以看到，控制台输出了 finally 代码块中的提示信息，说明 finally 代码块中的语句被执行，也就是说，无论程序是发生异常还是使用 return 语句结束，finally 代码块中的语句都会执行。因此，在设计程序时，通常会使用 finally 代码块处理必须要做的事情，如释放系统资源。

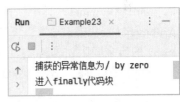

图4-26　文件4-22的运行结果

4.5.3　异常的抛出和声明

当程序中存在潜在的错误操作时，如果这些错误得不到妥善处理，程序就可能会崩溃。为了提高程序的稳定性和便于开发人员定位问题，可以通过抛出异常或声明异常的方式将方法可能出现的问题上报给方法的调用者。这样，调用者可以针对异常情况进行相应的处理，避免程序出现错误和异常情况。

Java 提供了 throw 语句和 throws 语句分别用于抛出异常和声明异常，下面对这两种处理异常的语句进行讲解。

1. throw 语句

在实际开发中，大多数情况下是调用别人编写好的方法，并不知道该方法是否会发生异常。针对这种情况，Java 允许在方法或代码块中使用 throw 关键字抛出该方法或代码块可能发生的异常，这样调用者在调用时，可以明确地知道该方法有异常，并且必须在程序中对异常进行处理，否则编译无法通过。

使用 throw 关键字抛出异常的语法格式如下。

```
throw 异常对象;
```

上述语法格式中，异常对象可以是 Java 内置异常类的实例对象，也可以是自定义异常类的实例对象。

下面通过一个案例演示 throw 关键字的使用，如文件 4-23 所示。

文件 4-23   Example24.java

```java
1  public class Example24 {
2      //定义整数相除的方法
3      public static int divide(int num1,int num2){
4          if(num2 == 0){
5              //如果除数为 0，就执行抛出异常的语句，方法停止执行。
6              throw new ArithmeticException("除数不能为 0");
7          }
8          return num1/num2;
9      }
10     public static void main(String[] args) {
11         int num1 = 10;
12         int num2 = 0;
13         int result = divide(num1,num2);
14         System.out.println("10 除以 0 的结果为" + result);
15     }
16 }
```

在文件 4-23 中，第 3～9 行代码定义了一个整数相除的方法 divide()，该方法传入两个参数 num1 和 num2，其中，第 4～7 行代码判断 num2 的值是否为 0，如果为 0 则抛出 ArithmeticException 异常，否则返回 num1 和 num2 相除的结果；第 13 行代码传入 num1 和 num2 的值来调用 divide()方法。

文件 4-23 的运行结果如图 4-27 所示。

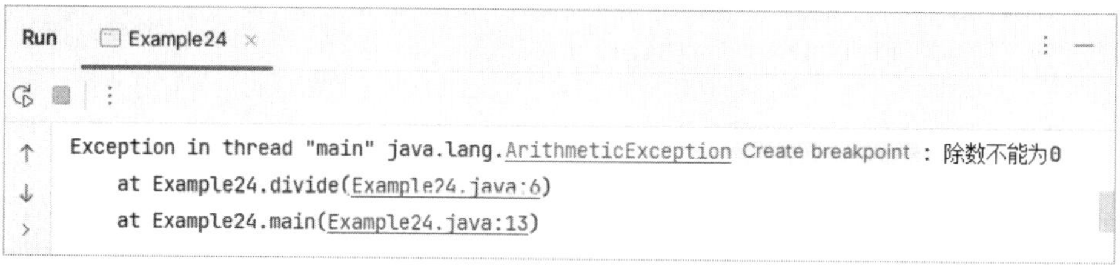

图4-27   文件4-23的运行结果

从图 4-27 中可以看到，控制台输出了异常信息"除数不能为 0"。说明使用 throw 关键字成功抛出了异常，这样方法调用者就可以明确异常的原因并进行修改了。

2. throws 语句

throws 关键字用于在方法声明中指定方法可能抛出的异常类型。使用 throws 关键字，调用者在调用声明了 throws 的方法时，可以明确知道该方法可能引发的异常情况。如果声明抛出的异常类型不是运行时异常，那么在程序中必须对这些异常进行处理，否则编译将无法通过。使用 throws 关键字声明异常的语法格式如下。

```
[修饰符] 返回值类型 方法名（参数列表）throws 异常类1[,异常类2,...]{
    //方法体……
}
```

上述语法格式中，throws 关键字后可以跟 1 个或多个异常类，多个异常类之间使用逗号进行分隔，表示使用该方法可能会出现多种异常。

下面通过一个案例演示 throws 关键字的使用，在方法中声明可能出现的异常类型并抛出，如文件 4-24 所示。

文件 4-24　Example25.java

```
1   public class Example25 {
2       //定义整数相除的方法
3       public static int divide(int num1,int num2) throws Exception{
4           return num1/num2;
5       }
6       public static void main(String[] args) {
7           int num1 = 10;
8           int num2 = 0;
9           int result = 0;
10          try {
11              result = divide(num1,num2);
12          } catch (Exception e) {
13              throw new RuntimeException("除数不能为 0");
14          }
15          System.out.println("10 除以 0 的结果为" + result);
16      }
17  }
```

在文件 4-24 中，第 3 行代码使用 throws 关键字在 divide()方法中声明了 Exception 异常，表示 divide()方法可能会抛出该异常，并将异常传递给方法调用者处理。第 10～14 行代码调用 divide()方法，并使用 try…catch 语句进行异常处理，捕获到异常后抛出对应的异常。此时除数还是 0，计算时会发生异常，文件 4-24 的运行结果与文件 4-23 相同。

4.5.4　自定义异常类

Java 中提供了多种预定义的异常类型，以覆盖编程中可能遇到的大多数异常情况。然而，在某些特定情况下，需要使用自定义异常类来表示异常。自定义异常类是通过继承 Exception 类或其子类来创建的，开发者可以根据特定的需求定义自己的异常类。

下面通过一个判断年龄是否合法的案例演示如何自定义异常类，如文件 4-25 所示。

文件 4-25　Example26.java

```
1   //定义一个异常类AgeIllegalException, 继承自 Exception 类
2   class AgeIllegalException extends Exception{
3       public AgeIllegalException(String message){
4           super(message);
5       }
6   }
7   public class Example26 {
8       //定义一个保存年龄的方法 saveAge()
9       public static void saveAge(int age) throws AgeIllegalException{
10          if(age > 0 && age < 150){
11              System.out.println("年龄被成功保存: " + age);
12          }else{
13              //抛出 AgeIllegalException 类型的异常
14              throw new AgeIllegalException("您输入的年龄不合法! ");
15          }
16      }
17      public static void main(String[] args) {
18          try {
19              saveAge(225);  //调用 saveAge()方法
20          }catch (AgeIllegalException e){
```

```
21              System.out.println(e.getMessage());
22          }
23      }
24 }
```

在文件 4-25 中，第 2～6 行代码定义了一个异常类 AgeIllegalException，它继承了 Exception 类，并在构造方法中调用了父类的构造方法；第 9～16 行代码定义了一个保存年龄的方法 save()，用于保存合法的年龄，当传入的年龄不合法时抛出 AgeIllegalException 类型的异常；第 18～22 行代码调用 save() 方法，并使用 try…catch 语句捕获可能发生的异常。

文件 4-25 的运行结果如图 4-28 所示。

从图 4-28 中可以看到，控制台中输出了异常信息，说明成功实现自定义异常类。

图4-28　文件4-25的运行结果

【案例 4-5】用户登录验证

请扫描二维码查看【案例 4-5：用户登录验证】。

项目实践：公司薪酬系统

请扫描二维码查看【项目实践：公司薪酬系统】。

本章小结

本章主要讲解了面向对象的进阶知识。首先介绍了继承；其次详细讲解了抽象类和接口；接着讲解了多态，与前面的继承和封装构成了面向对象的三大特性；最后讲解了内部类和异常。通过本章的学习，读者能够对 Java 中的面向对象编程拥有更深刻的理解，为掌握 Java 编程打下坚实的基础。

本章习题

请扫描二维码查看本章习题。

第5章

Java API

拓展阅读

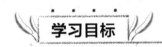

学习目标

知识目标	1. 熟悉 Object 类，能够简述 Object 类的常用方法及其作用
	2. 了解 StringBuffer 类和 StringBuilder 类，能够简述它们的特点和区别
	3. 熟悉 System 类，能够简述 System 类的常用方法及其作用
技能目标	1. 掌握 String 类的初始化，能够创建并初始化 String 对象
	2. 熟悉 String 类的常用方法，能够使用 String 类的常用方法对字符串进行查找、替换、分割、截取等操作
	3. 熟悉包装类，能够进行基本数据类型、对应包装类、字符串类之间的转换
	4. 掌握 LocalDate 类和 LocalTime 类，能够使用 LocalDate 类和 LocalTime 类操作日期和时间
	5. 掌握 LocalDateTime 类，能够使用 LocalDateTime 类操作日期和时间
	6. 掌握 DateTimeFormatter 类，能够对日期和时间进行格式化和解析
	7. 熟悉 Duration 类和 Period 类，能够使用 Duration 类和 Period 类处理时间差
	8. 掌握 Math 类和 Random 类，能够使用 Math 类进行基本的数学运算，能够使用 Random 类生成随机数
	9. 熟悉 Lambda 表达式，能够使用 Lambda 表达式代替匿名内部类的编写
	10. 掌握正则表达式，能够简述正则表达式常用元素的作用，并能够使用 Patter 类和 Matcher 类进行字符串与正则表达式的匹配

　　Java API 是指 Java 中所提供的一系列类库、接口文件和相关工具。Java API 中包含许多已实现并经过测试的常用功能，开发人员可以直接调用 API 中提供的类和接口快速地完成应用程序的开发，避免"重复造轮子"，从而提高软件开发和维护的效率。本章将对 Java 提供的常用 API 进行讲解。

5.1　Object 类

Object 类是 Java 中所有类的父类，也就是说，每个 Java 类都会直接或者间接地继承 Object 类。Object 类提供了所有 Java 对象都具有的通用方法，其中常用的方法如表 5-1 所示。

表 5-1　Object 类的常用方法

方法名称	方法说明
equals(Object obj)	判断当前对象与参数对象 obj 是否相等，即判断两个对象是否引用同一个内存地址
hashCode()	获取对象的哈希值
getClass()	获取当前对象实例所属的类
toString()	获取对象的字符串表示形式

为了帮助读者对表 5-1 中的方法有更深刻的理解，下面对 Object 类的这些方法进行说明。

● equals()方法：默认情况下，equals()方法使用的是对象的引用比较，即比较内存地址。然而，在实际开发中，往往需要根据对象的内容或特定字段来判断两个对象是否相等，而不仅是比较内存地址。对此开发者可以在自定义类中重写 equals()方法，在重写的方法中自定义比较的标准。需要注意的是，Java 官方规定重写 equals()方法来定义对象相等的规则时，也必须重写与之相对应的 hashCode()方法，以便在哈希表中存储对象时，能够恰好确定对象在哈希表中的存储位置。

● hashCode()方法：hashCode()方法获取到的对象的哈希值是一个 int 类型的整数，用于快速定位对象在哈希表中的存储位置的索引。不同的对象可能会有相同的哈希值，因此在使用哈希值比较对象时，应该结合 equals()方法进行判断，以充分确认两个对象是否相等。

● getClass()方法：getClass()方法可以获取对象所属类的信息、创建类的实例对象、调用类的方法等，在后续学习反射时会经常用到，这里不做详细介绍。

● toString()方法：toString()方法返回的是对象的字符串表示形式，该字符串由该对象对应的类名、符号 "@" 和该对象的哈希值组成。开发者可以在自定义类中根据具体的需求重写 toString()方法，返回更有意义或包含更多具体信息的字符串，以便在调试、日志记录、输出等场景下更好地获取对象的内容。

为了让读者更好地理解 equals()方法和 toString()方法，下面通过一个案例演示它们的使用，如文件 5-1 所示。

文件 5-1　Example01.java

```
1   //定义一个 Shape 类，表示图形
2   class Shape {
3       private String type;   //形状
4       private String color;  //颜色
5       public Shape(String type, String color) {
6           this.type = type;
7           this.color = color;
8       }
9       // 重写 equals()方法
10      @Override
```

```
11      public boolean equals(Object obj) {
12          if (this == obj) {
13              return true;
14          }
15          if (obj == null || !(obj instanceof Shape)) {
16              return false;
17          }
18          Shape shape = (Shape) obj;
19          return type.equals(shape.type) && color.equals(shape.color);
20      }
21      // 重写 toString()方法
22      @Override
23      public String toString() {
24          return "Shape{" + "type='" + type + ", color='" + color + '}';
25      }
26  }
27  public class Example01 {
28      public static void main(String[] args) {
29          Shape shape1 = new Shape("Circle", "Red");
30          Shape shape2 = new Shape("Circle", "Red");
31          System.out.println("两个形状是否相等: " + shape1.equals(shape2));
32          System.out.println(shape1);   //输出 shape1 的信息
33          System.out.println(shape2);   //输出 shape2 的信息
34      }
35  }
```

在文件 5-1 中，第 2～26 行代码定义了一个类 Shape，用于表示图形。其中，第 10～20 行代码重写了 Object 类的 equals()方法，用于判断当前对象和方法传入的对象是否相等；第 12～14 行代码判断传入的对象和当前对象是否为同一个对象，若是则直接返回 true；否则在第 15～17 行代码检查传入的对象是否为空，并且判断其与当前对象是否为同一个类的实例，若不是则直接返回 false；第 18 行代码对该对象进行向下类型转换，然后比较传入对象与当前对象的属性值是否相等，如果全部相等，则返回 true，否则返回 false。

第 23～25 行代码重写了 Object 类的 toString()方法，返回一个包含属性信息的字符串，用于表示一个图形的信息。第 29～30 行代码创建了两个 Shape 类型的对象；第 31～33 行代码调用 equals()方法判断两个对象是否相等，并调用 toString()方法输出两个对象的信息。

文件 5-1 的运行结果如图 5-1 所示。

从图 5-1 中可以看到，控制台中输出了两个图形的比较结果为 true，并且输出了两个图形的属性等信息。说明重写 equals()方法后对象会根据属性的值进行比较，对象的字符串表示形式成功通过重写的 toString()方法进行指定。

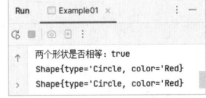

图5-1　文件5-1的运行结果

5.2　字符串类

字符串是编写程序时使用最为频繁的数据类型之一，为了更好地封装和处理字符串数据，Java 提供了 3 种主要的字符串类，分别是 String、StringBuffer 和 StringBuilder，它们位于 java.lang 包中，可以直接使用而不需要导入包。下面对 String 类、StringBuffer 类和

StringBuilder 类分别进行讲解。

5.2.1　String 类的初始化

String 类是 Java 提供的用于表示字符串的类之一，使用该类可以创建和操作字符串对象。使用 String 类进行字符串操作之前，需要初始化 String 对象，初始化的方式有使用字符串常量和使用构造方法两种。下面介绍如何使用这两种方式来初始化 String 对象。

（1）使用字符串常量

使用字符串常量初始化 String 对象的语法格式如下。

```
String 变量名 = 字符串;
```

String 为引用数据类型，使用上述语法格式初始化 String 对象时，既可以将 String 对象的初始值设为一个具体的字符串，也可以设置为 null，示例代码如下。

```
String str1 = null;        //将字符串 str1 设置为 null
String str2 = "";          //将字符串 str2 设置为空字符串
String str3 = "hello";     //将字符串 str3 设置为 hello
```

在 Java 中，String 类代表一个不可变的字符序列。这意味着只要一个 String 对象被创建，它的值就不能被修改。例如，创建并初始化一个字符串对象 s，具体如下。

```
String s = "hello";
s = "hello world";
```

上述代码定义了 1 个类型为 String 的变量 s，并将字符串"hello"赋给变量 s，接着将变量 s 重新赋值为"hello world"，这期间改变的是变量 s 的值，字符串"hello"和"hello world"本身的值并未发生改变。

上述代码中的字符串 s 在内存中的变化如图 5-2 所示。

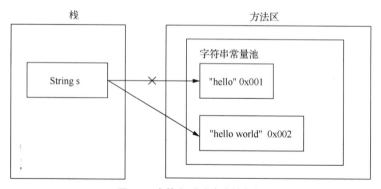

图5-2　字符串s在内存中的变化

在图 5-2 中，s 在初始化时，其内存地址指向的是字符串常量池的"hello"字符串的地址 0x001。当将 s 重新赋值为"hello world"时，程序会在常量池重新分配一块内存空间，用来存储"hello world"字符串，然后将 s 指向它。由此可知，s 的值发生了变化，是指 s 的指向发生了变化，而字符串"hello"并没有被修改。

（2）使用构造方法

String 类提供了多个构造方法来初始化字符串对象，其中常用的构造方法如表 5-2 所示。

表 5-2　String 类的常用构造方法

方法声明	功能描述
String()	创建一个内容为空的字符串
String(String value)	根据指定的字符串 value 创建对象
String(char[] value)	根据指定的字符数组 value 创建对象
String(byte[] bytes)	根据指定的字节数组 bytes 创建对象

读者可以根据实际情况选择合适的构造方法进行字符串对象的初始化。下面通过一个案例演示如何使用构造方法创建 String 类的对象，如文件 5-2 所示。

文件 5-2　Example02.java

```java
public class Example02 {
    public static void main(String[] args) {
        //创建一个内容为空的字符串
        String s1 = new String();
        System.out.println("s1= " + s1);
        //创建一个内容为 abc 的字符串
        String s2 = new String("abc");
        System.out.println("s2= " + s2);
        //创建一个内容为字符数组的字符串
        char[] chars = {'h', 'e', 'l','l','o'};
        String s3 = new String(chars);
        System.out.println("s3= " +s3);
        //创建一个内容为字节数组的字符串
        byte[] bytes = {97, 98, 99};
        String s4 = new String(bytes);
        System.out.println("s4= " + s4);
    }
}
```

在文件 5-2 中，分别使用 String 类的不同构造方法创建了内容为空、指定字符串、字符数组和字节数组的字符串，并输出了对应字符串的值。

文件 5-2 的运行结果如图 5-3 所示。

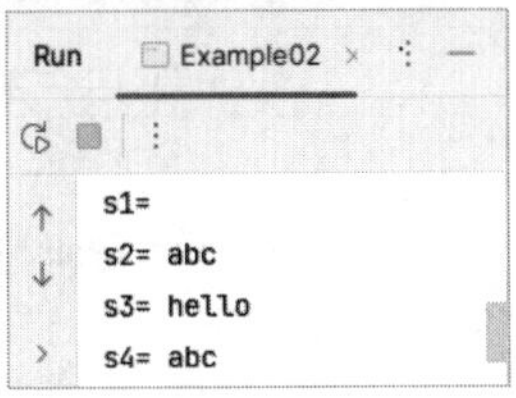

图5-3　文件5-2的运行结果

> !!! 小提示：字符串连接运算符
>
> 　　Java 中的运算符"+"可以用来连接字符串。例如文件 5-2 中，"s1= " + s1 的作用就是将 s1=和字符串 s1 的值拼接成一个新的字符串。在 Java 程序中，如果符号"+"两边的操作数中有一个为 String 类型，那么"+"就表示字符串连接运算符。

5.2.2　String 类的常用方法

String 类是 Java 程序中应用广泛的一个重要数据类型。为了方便操作和处理字符串，String 类提供了一系列常用的方法，用于进行查找、替换、比较和截取等操作，这些方法使字符串的处理更加简便和高效。String 类的常用方法如表 5-3 所示。

表 5-3　String 类的常用方法

方法声明	功能描述
int length()	返回当前字符串的长度，即字符串中字符的个数
int indexOf(int ch)	返回指定字符 ch 在字符串中第一次出现的位置（索引）
int lastIndexOf(int ch)	返回指定字符 ch 在字符串中最后一次出现的位置
int indexOf(String str)	返回指定子字符串 str 在字符串第一次出现的位置
int lastIndexOf(String str)	返回指定子字符串 str 在字符串中最后一次出现的位置
char charAt(int index)	返回字符串中 index 位置上的字符，其中 index 的取值范围是 0～（字符串长度-1）
boolean startsWith(String prefix)	判断字符串是否以指定的字符串 prefix 开始
boolean endsWith(String suffix)	判断字符串是否以指定的字符串 suffix 结尾
boolean isEmpty()	判断字符串长度是否为 0，如果为 0 则返回 true，否则返回 false
boolean equals(Object obj)	比较 obj 与当前字符串对象的内容是否相同
boolean equalsIgnoreCase(String str)	以忽略大小写的方式比较 str 与当前字符串对象的内容是否相同
int compareTo(String str)	按对应字符的 Unicode 比较 str 与当前字符串的大小。若当前字符串比 str 大，则返回正整数；若当前字符串比 str 小，则返回负整数；若相等，则返回 0
int compareToIgnoreCase(String str)	按对应字符的 Unicode 以忽略大小写的方式比较 str 与当前字符串的大小。若当前字符串比 str 大，则返回正整数；若当前字符串比 str 小，则返回负整数；若相等，则返回 0
boolean contains(CharSequence cs)	判断字符串中是否包含指定的字符序列 cs
String toLowerCase()	使用默认语言环境的规则将 String 中的所有字符都转换为小写
String toUpperCase()	使用默认语言环境的规则将 String 中的所有字符都转换为大写
static String valueOf(int i)	将 int 类型的变量 i 转换成字符串
char[] toCharArray()	将字符串转换为一个字符数组
String replace(CharSequence oldstr, CharSequence newstr)	使用 newstr 替换字符串中的 oldstr，返回一个新的字符串
String trim()	去除原字符串首尾的空格
String concat(String str)	将指定的字符串 str 连接到当前字符串的末尾
String[] split(String regex)	根据参数 regex 将当前字符串分割为若干个子字符串
String substring(int beginIndex)	返回一个新字符串，它包含从指定的 beginIndex 处开始到字符串末尾结束的所有字符
String substring(int beginIndex, int endIndex)	返回一个新字符串，它包含从指定的 beginIndex 处开始到索引 endIndex-1 处结束的所有字符

　　每个字符串常量都可以当作一个 String 类的对象使用，因此字符串常量可以直接调用 String 类中提供的方法。为了帮助读者熟练掌握 String 类常用方法的应用，下面通过一些案例进行演示。

1. 字符串的获取操作

　　在 Java 程序中，有时需要获取字符串的一些信息，例如获取字符串的长度、获取指定索引位置的字符等。下面通过一个案例讲解如何使用 String 类的方法获取字符串长度，以及访问字符串中的字符，如文件 5-3 所示。

文件 5-3　Example03.java

```
1   public class Example03 {
2       public static void main(String[] args) {
3           String s = "hello everyone";  //定义字符串 s
4           System.out.println("字符串长度为" + s.length());
5           System.out.println("在字符串"+s+"中: ");
6           System.out.println("字符 e 第一次出现的位置: " + s.indexOf("e"));
7           System.out.println("字符 e 最后一次出现的位置: " +
8               s.lastIndexOf("e"));
9           System.out.println("字符串 eve 第一次出现的位置: " +
10              s.indexOf("eve"));
11          System.out.println("字符串 eve 最后一次出现的位置: " +
12              s.lastIndexOf("eve"));
13          System.out.println("字符串 s 中的第 5 个字符为" + s.charAt(4));
14      }
15  }
```

在文件 5-3 中，通过调用 String 类的一些常用方法，获取了字符串的长度以及字符或字符串出现的位置等信息。其中，第 3 行代码定义了一个字符串变量 s，并赋值为 "hello everyone"；第 4 行代码获取字符串 s 的长度并输出；第 6~8 行代码获取字符 "e" 在字符串 s 中第一次和最后一次出现的位置并输出；第 9~12 行代码获取字符串 "eve" 在字符串 s 中第一次和最后一次出现的位置并输出；第 13 行代码获取字符串 s 中的第 5 个字符并输出。

文件 5-3 的运行结果如图 5-4 所示。

从图 5-4 中可以看到，控制台中输出了字符串 s 的长度、字符 "e" 第一次和最后一次出现的位置、字符串 "eve" 第一次和最后一次出现的位置，以及字符串 s 中的第 5 个字符等信息。

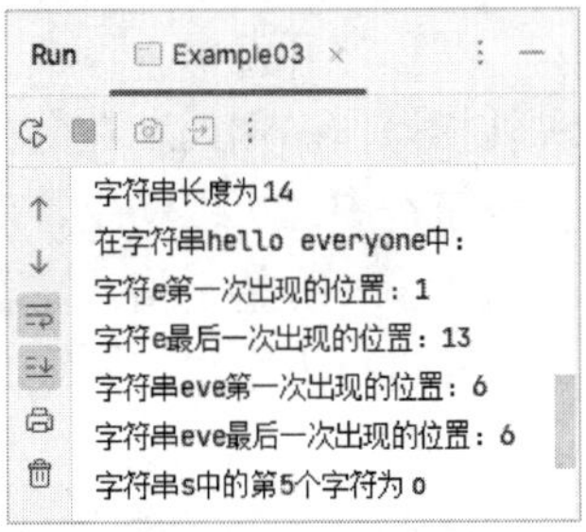

图5-4　文件5-3的运行结果

2. 字符串的判断操作

在实际开发中，常常需要对字符串进行各种判断操作。例如，在用户注册时，程序可能需要验证用户填写的信息是否符合特定的格式要求，例如，字符串是否为空、是否以指定字符串开始或结束、是否包含指定的字符串等。下面通过一个案例演示如何调用 String 类提供的方法进行字符串的判断，如文件 5-4 所示。

文件 5-4　Example04.java

```
1   public class Example04 {
2       public static void main(String[] args) {
3           String username1 = "heima12345!";   //定义字符串 username1
4           String username2 = "Heima12345!";   //定义字符串 username2
5           System.out.println("字符串"+username1+"是否以 heima 开头: "
6               + username1.startsWith("heima"));
7           System.out.println("字符串"+username1+"是否以!结尾: "
8               + username1.endsWith("!"));
9           System.out.println("字符串"+username1+"是否为空: "
10              + username1.isEmpty());
11          System.out.println("字符串"+username1+"是否包含字符串 123: "
```

```
12              + username1.contains("123"));
13        System.out.println("字符串"+username1+","+username2+"内容是否相同: "
14              + username1.equals(username2));
15        System.out.println("忽略大小写判断字符串"+username1+","+username2+
16              "内容是否相同: "+ username1.equalsIgnoreCase(username2));
17        System.out.println("按 Unicode 比较字符串"+username1+","+username2+
18              "的大小"+ username1.compareTo(username2));
19    }
20 }
```

在文件 5-4 中，通过调用 String 类的一些常用方法对给定字符串进行了判断。其中，第 3~4 行代码定义了两个字符串变量 username1 和 username2，并分别赋值为"heima12345!"和"Heima12345!"；第 5~6 行代码判断字符串 username1 是否以"heima"开头并输出结果；第 7~8 行代码判断字符串 username1 是否以"!"结尾并输出结果；第 9~10 行代码判断字符串 username1 是否为空并输出结果；第 11~12 行代码判断字符串 username1 是否包含字符串"123"并输出结果。

第 13~14 行代码判断字符串 username1 和 username2 的内容是否相同并输出结果；第 15~16 行代码在忽略大小写的情况下判断 username1 和 username2 的内容是否相同并输出结果；17~18 行代码按 Unicode 比较 username1 和 username2 的大小并输出结果。

图5-5　文件5-4的运行结果

文件 5-4 的运行结果如图 5-5 所示。

3. 字符串的转换操作

在程序开发中，经常需要对字符串进行各种转换操作。例如，在数据处理时，为了方便拆分字符串，可以将字符串转换成数组形式，或者为了符合特定格式需求，需要将字符串中的字符进行大小写转换等。下面通过一个案例演示字符串的转换操作，如文件 5-5 所示。

文件 5-5　Example05.java

```
1  public class Example05 {
2      public static void main(String[] args) {
3          String s = "Hello";
4          //将字符串转换为数组
5          char[] charArray = s.toCharArray();
6          System.out.print("将字符串"+s+"转换为字符数组后的结果: ");
7          //遍历数组 charArray 并输出
8          for(int i = 0; i < charArray.length; i ++){
9              if(i != charArray.length - 1){
10                 //如果不是数组最后一个元素，在元素后面加逗号
11                 System.out.print(charArray[i] + ",");
12             }else {
13                 //如果是数组最后一个元素，则元素后面不加逗号
14                 System.out.println(charArray[i]);
15             }
16         }
17         System.out.println("将 int 类型的数据 12 转换为 String 类型，结果为"
18              + String.valueOf(12));
19         System.out.println("将字符串"+s+"全部转换成大写之后的结果: "
20              + s.toUpperCase());
```

```
21          System.out.println("将字符串"+s+"全部转换成小写之后的结果："
22                  + s.toLowerCase());
23      }
24 }
```

在文件 5-5 中，通过调用 String 类的一些常用方法对给定字符串进行了转换。其中，第 3 行代码定义了一个字符串变量 s，并赋值为 "Hello"；第 5 行代码将字符串 s 转换为数组，并将结果赋给变量 charArray；第 8～16 行代码遍历数组 charArray 并输出；第 17～18 行代码将 int 类型的数据 12 转换为 String 类型并输出；第 19～20 行代码将字符串 s 全部转换为大写并输出；第 21～22 行代码将字符串 s 全部转换为小写并输出。

文件 5-5 的运行结果如图 5-6 所示。

从图 5-6 中可以看到，控制台中输出了字符串 s 的各种转换结果，以及 int 类型的数据 12 转换为 String 类型的结果，观察结果可以发现字符串的转换操作都成功完成。

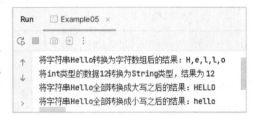

图5-6　文件5-5的运行结果

4．字符串的替换和去除空格操作

在程序开发中，经常会遇到需要对字符串进行替换和去除空格的操作。例如，开发一个文本编辑器时，提供查找和替换功能可以快速地修改或替换特定的文本。下面通过一个案例演示字符串的替换和去除空格的操作，如文件 5-6 所示。

文件 5-6　Example06.java

```
1  public class Example06 {
2      public static void main(String[] args) {
3          String s = " hello world ";
4          //字符串替换操作
5          System.out.println("将字符串"+s+"中的world 替换成 everyone，结果为"
6                  + s.replace("world","everyone"));
7          //字符串去除空格操作
8          System.out.println("去除字符串"+s+"两端的空格，结果为"
9                  + s.trim());
10         System.out.println("去除字符串"+s+"中的所有空格，结果为"
11                 + s.replace(" ",""));
12     }
13 }
```

在文件 5-6 中，通过调用 String 类的一些常用方法对给定字符串进行了替换和去除空格操作。其中，第 3 行代码定义了一个字符串变量 s，并赋值为 " hello world "；第 5～6 行代码将字符串 s 中的 "world" 替换成 "everyone" 并输出；第 8～9 行代码去除字符串 s 两端的空格并输出；第 10～11 行代码去除了字符串 s 中所有的空格，并将结果输出。

文件 5-6 的运行结果如图 5-7 所示。

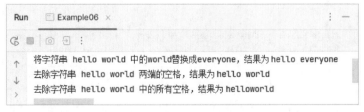

图5-7　文件5-6的运行结果

从图 5-7 中可以看到控制台中输出了对字符串 s 进行替换并去除空格后的结果，说明使用 String 类提供的方法成功对字符串进行了替换和去除空格操作。

5. 字符串的拼接、截取和分割操作

在程序开发中，对字符串进行拼接、截取和分割也是很常见的操作。例如，购物网站将用户 ID 和当前时间拼接起来生成订单号；或者在一段文本信息中截取需要的部分，再用指定分隔符将其分割为若干段。下面通过一个案例演示字符串的拼接、分割和截取操作，如文件 5-7 所示。

文件 5-7　Example07.java

```
1  public class Example07 {
2      public static void main(String[] args) {
3          String id = "user";
4          String time = "2023-1112-1336";
5          //字符串拼接操作
6          String orderId = id.concat(time);
7          System.out.println("将字符串"+time+"拼接到字符串"+id+"的末尾， " +
8                  "生成的订单号为" + orderId);
9          //字符串截取操作
10         System.out.println("截取字符串"+orderId+"的第 5 个字符到第 14 个字符， "
11                 +"结果为" + orderId.substring(4,13));
12         //字符串分割操作
13         System.out.print("将字符串"+time+"用符号-分割为若干个子字符串，结果为
14                 ");
15         String[] times = time.split("-");
16         for (int i = 0; i < times.length; i ++){
17             if(i != times.length - 1){
18                 System.out.print(times[i] + ",");
19             }else {
20                 System.out.println(times[i]);
21             }
22         }
23     }
24 }
```

在文件 5-7 中，通过调用 String 类的一些常用方法对给定字符串进行了拼接、截取和分割操作。其中，第 3~4 行代码定义了两个字符串变量 id 和 time；第 6 行代码将字符串 time 拼接到字符串 id 的末尾，并将结果赋给 orderId；第 10~11 行代码截取字符串 orderId 的第 5 个到第 14 个字符并输出；第 13~14 行代码将字符串 time 用符号-分割为若干个子字符串，并将结果赋给 String 类型的数组 times；第 15~22 行输出 times 数组。

文件 5-7 的运行结果如图 5-8 所示。

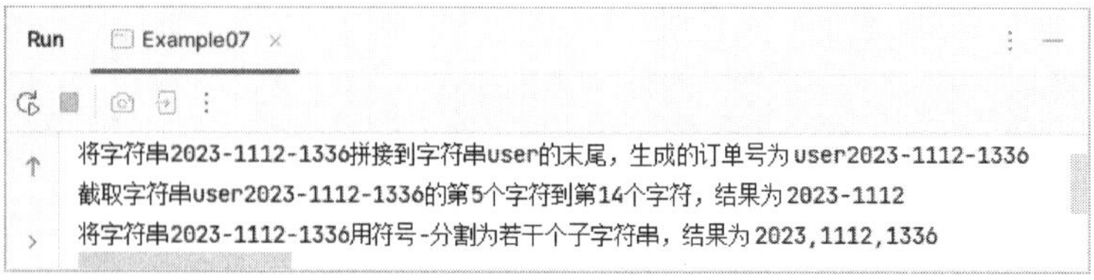

图5-8　文件5-7的运行结果

从图 5-8 中可以看到，控制台中输出了将指定字符串进行拼接、截取和分割后的结果。

说明使用 String 类提供的方法成功对字符串进行了拼接、截取和分割操作。

5.2.3　StringBuffer 类和 StringBuilder 类

由于 String 类的字符串对象被创建后，其内容是不可变的。如果需要频繁地操作字符串，则需要不断地创建新的 String 类对象，从而占用大量内存，也会降低 CPU 的效率。为此，Java 提供了 StringBuffer 类，StringBuffer 类和 String 类最大的区别在于它的内容和长度都是可以改变的。StringBuffer 类就像一个字符容器，当在其中添加或删除字符时，所操作的都是这个字符容器，并不会产生新的 StringBuffer 对象。

StringBuffer 类提供了一系列能够高效处理字符串的方法，其常用的方法如表 5-4 所示。

表 5-4　StringBuffer 类的常用方法

方法声明	功能描述
StringBuffer()	创建初始容量为 16，不含任何内容的字符串缓冲区
StringBuffer(int capacity)	创建初始容量为 capacity，不含任何内容的字符串缓冲区
StringBuffer(String s)	创建初始容量为参数 s 的长度+16，内容为 s 的字符串缓冲区
int capacity()	获取字符串缓冲区的当前容量
StringBuffer append(char c)	添加参数到 StringBuffer 对象中
StringBuffer insert(int offset,String str)	在字符串的 offset 位置插入字符串 str
void setCharAt(int index, char ch)	修改指定位置的字符串序列
StringBuffer replace(int start,int end,String s)	在 StringBuffer 对象中指定范围内替换指定的字符或字符串序列
StringBuffer deleteCharAt(int index)	移除指定位置的字符
StringBuffer delete(int start,int end)	删除 StringBuffer 对象中指定范围的字符或字符串序列
String toString()	返回字符串缓冲区中的字符串
StringBuffer reverse()	反转字符串

表 5-4 列出了 StringBuffer 类常用的方法，下面通过一个案例演示这些方法的使用，如文件 5-8 所示。

文件 5-8　Example08.java

```
1   public class Example08 {
2      public static void add(){
3         //创建一个字符串缓冲区
4         StringBuffer s = new StringBuffer();
5         s.append("itheima");              //在末尾添加字符串
6         System.out.println("在末尾添加字符串的结果: " + s);
7         s.insert(2,"cast");               //在索引 2 的位置插入字符串
8         System.out.println("第 3 个位置插入字符串的结果: " + s);
9      }
10     public static void modify(){
11        //创建一个内容为 "itheima" 的字符串缓冲区
12        StringBuffer s = new StringBuffer("itheima");
13        s.setCharAt(1,'s');
14        System.out.println("修改第 2 个字符的结果: " + s);
```

```
15          s.replace(2,7,"cast");
16          System.out.println("替换第 3 个到第 7 字符的结果: " + s);
17          s.reverse();
18          System.out.println("反转字符串 s 的结果: " + s);
19      }
20      public static void delete(){
21          //创建一个内容为 "itheima" 的字符串缓冲区
22          StringBuffer s = new StringBuffer("itheima");
23          s.deleteCharAt(1);
24          System.out.println("删除第 2 个字符的结果: " + s);
25          s.delete(0,1);
26          System.out.println("删除第 1 个到第 2 个字符的结果: " + s);
27      }
28      public static void main(String[] args) {
29          System.out.println("1.添加操作--------------------");
30          add();
31          System.out.println("2.修改操作--------------------");
32          modify();
33          System.out.println("3.删除操作--------------------");
34          delete();
35      }
36  }
```

在文件 5-8 中，通过调用 StringBuffer 类的常用方法对字符串进行了添加、修改、删除和反转等操作。第 2～9 行代码定义了一个 add()方法，用于实现字符串的添加操作，其中，第4 行代码创建了一个 StringBuffer 类型的字符串对象 s；第 5 行代码在字符串 s 的末尾添加了字符串 "itheima"；第 7 行代码在字符串 s 中的第 3 个位置插入了新的字符串 "cast"。

第 10～19 行代码定义了一个 modify()方法，用于实现字符串的修改操作，其中，第 12行代码创建了一个内容为 "itheima" 的 StringBuffer 类型的对象 s；第 13 行代码将字符串 s中第 1 个位置的字符修改为 s；第 15 行代码将字符串 s 的第 3 个到第 7 个位置的字符串替换为 "cast"；第 17 行代码将字符串 s 中的字符进行反转。

第 20～27 行代码定义了一个 delete()方法，用于实现字符串的删除操作，其中，第 23 行代码将字符串 s 中第 2 个位置的字符删除；第 23 行代码将字符串 s 中第 1 个到第 2 个位置的字符串删除。

第 28～35 行代码定义了一个主方法。在主方法中调用上述 3 个方法，对字符串进行添加、修改和删除操作。

文件 5-8 的运行结果如图 5-9 所示。

从图 5-9 中可以看到，控制台中输出了对指定字符串进行添加、修改和删除后的结果。说明通过 StringBuffer 类提供的方法成功地对字符串进行添加、修改和删除等操作。

图5-9　文件5-8的运行结果

需要注意的是，在使用 StringBuffer 类的 replace()方法时，传入的位置范围是从开始位置到结束位置之前的一个字符。例如，在文件 5-8 的第 15 行代码中，传入的位置范围为 2 到 7，实际上是替换字符串中的第 3 个到第 7 个字符，而不是第 3 个到第 6 个字符。

StringBuilder 类在功能上与 StringBuffer 类类似，都可以创建可变的字符串对象，并且提供了相似的方法来操作这些字符串对象。但是在实现上，StringBuilder 类的方法是非线程安全的，而 StringBuffer 类的方法是线程安全的。也就是说，在多线程环境下，使用 StringBuffer 类可以更安全地操作字符串，而在单线程环境下，由于不需要考虑同步机制，使用 StringBuilder 类可以避免同步开销，从而提高代码性能。

StringBuilder 类、StringBuffer 类和 String 类有很多相似之处，初学者在使用时很容易混淆。下面针对这 3 个类的使用情况，简单归纳需要注意的问题。

（1）在操作字符串时，如果该字符串仅用于表示数据类型，则使用 String 类即可；如果需要对字符串进行修改等操作，则需要根据线程安全和效率的需求，选择 StringBuffer 类或 StringBuilder 类。线程安全的相关知识将在第 8 章详细介绍。

（2）前面介绍过 equals()方法的使用，但是在 StringBuffer 类与 StringBuilder 类中并没有对 Object 类的 equals()方法进行重写，具体示例如下。

```
String s1 = new String("abc");
String s2 = new String("abc");
System.out.println(s1.equals(s2));     //结果为true
StringBuffer s3 = new StringBuffer("abc");
StringBuffer s4 = new StringBuffer("abc");
System.out.println(s3.equals(s4));     //结果为false
StringBuilder s5 = new StringBuilder ("abc");
StringBuilder s6 = new StringBuilder ("abc");
System.out.println(s5.equals(s6));       //结果为false
```

（3）String 类对象可以用操作符 "+" 进行连接，而 StringBuffer 类对象和 StringBuilder 类对象不能。

【案例 5-1】食材入库日志

请扫描二维码查看【案例 5-1：食材入库日志】。

5.3 包装类

Java 提供了多种基本数据类型来表示简单的数据，它们在编程中使用得非常频繁。然而，Java 作为一种面向对象的编程语言，在某些情况下可能需要把这些基本数据类型作为对象来处理，以便更加灵活地操作基本数据类型。为此，JDK 中提供了一系列包装类，用于把基本数据类型的值包装为引用数据类型的对象。

在 Java 中，每种基本数据类型都有对应的包装类，具体如表 5-5 所示。

表 5-5 基本数据类型及其对应的包装类

基本数据类型	对应的包装类
byte	Byte
char	Character
int	Integer
short	Short
long	Long

基本数据类型	对应的包装类
float	Float
double	Double
boolean	Boolean

表 5-5 列出了 8 种基本数据类型及其对应的包装类。基本数据类型与包装类之间的转换过程称为"装箱"与"拆箱"。其中，从基本数据类型转换为对应的包装类对象称为装箱，反之，从包装类对象转换为对应的基本数据类型称为拆箱。

下面以 int 类型和 Integer 包装类之间的转换为例，演示"装箱"与"拆箱"的过程，如文件 5-9 所示。

文件 5-9　Example09.java

```
1   public class Example09 {
2      public static void main(String[] args) {
3          int i = 5;
4          Integer in = 7;    //自动装箱
5          in = in + i;
6          System.out.println("i = " + i);
7          System.out.println("in = " + in);
8      }
9   }
```

文件 5-9 演示了 Integer 包装类的装箱过程与 int 类型的拆箱过程。第 4 行代码定义了一个 Integer 类型的对象 in，并将 int 类型的数据 7 赋给 in，完成了自动装箱的过程。第 5 行代码在等号右边，将 in 对象自动拆箱，转换为 int 类型的数值，并与 i 相加；完成加法运算后，再次装箱，把 int 类型的结果转换为 Integer 类型的对象，并将其值赋给对象 in。

文件 5-9 的运行结果如图 5-10 所示。

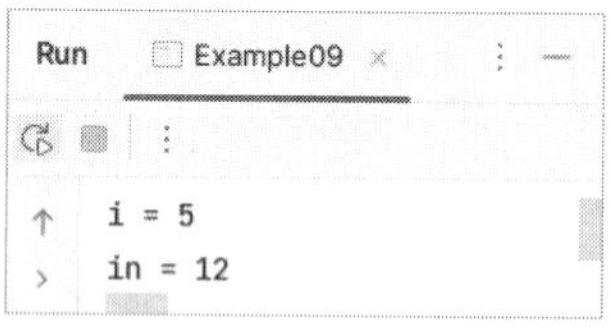

从图 5-10 中可以看到，控制台中输出了 i 的值和 in 的值，说明编译器自动完成了 int 类型和 Integer 包装类之间的转换。

图5-10　文件5-9的运行结果

Java 中的包装类提供了一些常用方法，用于进行各种数据类型之间的转换。其中 Integer 包装类常用的方法如表 5-6 所示。

表 5-6　Integer 包装类的常用方法

方法声明	功能描述
static Integer valueOf(int i)	返回指定的 int 值的 Integer 对象
int intValue()	将 Integer 类型的值以 int 类型返回
static Integer valueOf(String s)	返回指定 String 值的 Integer 对象
static int parseInt(String s)	将字符串参数作为有符号的十进制整数进行解析

表 5-6 中列出了 Integer 类的一些常用方法。其中，valueOf(int i)方法可以用来进行 int 类型和 Integer 包装类之间的手动装箱操作，而 intValue()方法可以用来进行 int 类型和 Integer 包装类之间的手动拆箱操作。

下面通过一个案例演示表 5-6 中的方法的使用，如文件 5-10 所示。

文件 5-10　Example10.java

```
1   public class Example10 {
2       public static void main(String[] args) {
3           int num1 = 10;
4           // 手动装箱
5           Integer num2 = Integer.valueOf(num1);
6           System.out.println("num2 = " + num2);
7           // 手动拆箱
8           int num3 = num2.intValue();
9           System.out.println("num3 = " + num3);
10          // 将字符串转换为 Integer 类型
11          Integer num4 = Integer.valueOf("123");
12          System.out.println("num4 = " + num4);
13          // 将字符串转换为 int 类型
14          int num5 = Integer.parseInt("123");
15          System.out.println("num5 = " + num5);
16      }
17  }
```

文件 5-10 演示了手动装箱、手动拆箱，以及基本数据类型与字符串类型之间的转换。其中，第 5 行代码将 int 类型的数据 num1 转换为 Integer 类型并赋给 num2；第 8 行代码将 Integer 类型的数据 num2 转换为 int 类型并赋给 num3；第 11 行代码将字符串类型的数据 123 转换为 Integer 类型并赋给 num4；第 14 行代码将字符串类型的数据解析为 int 类型并赋给 num5。

文件 5-10 的运行结果如图 5-11 所示。

从图 5-11 中可以看到，控制台中分别输出了 num2、num3、num4 和 num5 的值。

在实际开发中，基本数据类型与字符串类型之间的转换经常会用到。除了 Character 类之外，其他包装类都提供了将字符串类型转换为基本数据类型的方法，具体语法格式如下。

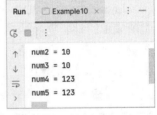

图5-11　文件5-10的运行结果

```
基本数据类型 变量 = 包装类.parseXxx(String 类型的值或变量);
```

上述语法格式中，Xxx 表示对应的基本数据类型名称，首字母需要大写，例如 int 类型对应的方法为 parseInt()。

除了上述方法之外，包装类还提供了 valueOf() 方法，可以先将字符串形式的数值转换为对应的包装类型，再将其拆箱为基本数据类型，具体语法格式如下。

```
包装类型 变量1 = 包装类.valueOf(String 类型的值或变量);
基本数据类型 变量2 = 变量1.intValue();
```

以 String 类型的数据转换为 int 类型为例，使用上述两种方式的示例代码如下。

```
String s = "100";
//方式一
int a = Integer.parseInt(s);          //a 的值为 100
//方式二
Integer b = Integer.valueOf(s);
int c = b.intValue();                 //c 的值为 100
```

将基本数据类型转换为 String 类型可以使用 String 类提供的静态方法 valueOf()，具体语法格式如下。

```
String 变量 = String.valueOf(基本数据类型的值或变量);
```

需要注意的是，在将 String 类型的数据转换为基本数据类型时，传入的字符串参数不能为 0，且必须是可以解析为相应基本类型的数据，否则虽然编译可以通过，但运行时会报错。例如下面的代码在运行时会报错。

```
int i = Integer.parseInt("itcast");
Integer i = Integer.valueOf("12a");
```

5.4   日期和时间类

对许多应用程序来说，对日期和时间进行操作是必不可少的。为了处理日期和时间，Java 提供了多个内置的日期和时间类，使用这些日期和时间类，可以轻松地进行日期和时间的计算、比较和格式化操作。下面对 Java 中常用的日期和时间类进行讲解。

5.4.1   LocalDate 类和 LocalTime 类

LocalDate 类和 LocalTime 类都是 JDK 8 引入的日期和时间类。其中，LocalDate 表示不带时区的日期，其内部包含日期的年、月、日 3 个部分。LocalTime 表示不带日期的时间，其内部包含单一时间的时、分、秒，以及纳秒 4 个部分。下面对 LocalDate 类和 LocalTime 类进行讲解。

1. LocalDate 类

LocalDate 类是 JDK 8 新增的类，它不存储或表示时间或时区，只描述日期。LocalDate 类所表示的日期包括年、月和日 3 个部分，如 2022-07-01 表示 2022 年 7 月 1 日。LocalDate 类提供了获取日期对象、获取日期的年月日、格式化日期、增减年月日等的一系列方法。LocalDate 类的常用方法如表 5-7 所示。

表 5-7   LocalDate 类的常用方法

方法声明	功能描述
static LocalDate of(int year,Month month,int dayOfMonth)	根据指定的年、月和日获取 LocalDate 对象，其中 year 表示年份，month 表示月份，dayOfMonth 表示一个月中的哪一天
static LocalDate now()	从默认时区的系统时钟中获取当前日期对应的 LocalDate 对象
int getYear()	获取日期的年份字段
Month getMonth()	使用 Month 枚举获取月份字段
int getMonthValue()	获取当前日期的月份
int getDayOfMonth()	获取当天为当月的第几天
String format(DateTimeFormatter formatter)	使用指定的格式化程序格式化日期
boolean isBefore(ChronoLocalDate other)	检查当前日期是否在指定日期之前
boolean isAfter(ChronoLocalDate other)	检查当前日期是否在指定日期之后
boolean isEqual(ChronoLocalDate other)	检查当前日期是否等于指定的日期
boolean isLeapYear()	根据 ISO 预测日历系统规则，检查指定日期是否是闰年
static LocalDate parse(CharSequence text)	从一个文本字符串中获取一个 LocalDate 的实例
static LocalDate parse(CharSequence text,DateTimeFormatter formatter)	使用特定格式格式化 LocalDate 从文本字符串获取的 LocalDate 实例

续表

方法声明	功能描述
LocalDate plusYears(long yearsToAdd)	增加指定年份
LocalDate plusMonths(long monthsToAdd)	增加指定月份
LocalDate plusDays(long daysToAdd)	增加指定天数
LocalDate minusYears(long yearsToSubtract)	减少指定年份
LocalDate minusMonths(long monthsToSubtract)	减少指定月份
LocalDate minusDays(long daysToSubtract)	减少指定天数
LocalDate withYear(int year)	根据参数 year 修改日期的年份，并返回修改后的日期
LocalDate withMonth(int month)	根据参数 month 修改日期的月份，并返回修改后的日期
LocalDate withDayOfMonth(int dayOfMonth)	根据参数 dayOfMonth 修改日期的天数，并返回修改后的日期

表 5-7 中列出了 LocalDate 类的一系列常用方法，下面通过一个案例演示常用方法的使用，如文件 5-11 所示。

文件 5-11　Example11.java

```
1   import java.time.LocalDate;
2   public class Example11 {
3       public static void main(String[] args) {
4           //从系统时间获取日期对象
5           LocalDate now = LocalDate.now();
6           LocalDate of = LocalDate.of(2023, 11,20);
7           System.out.println("当前日期now: " + now);
8           System.out.println("指定日期of: " + of);
9           //获取日期对象中的信息
10          System.out.println("1. LocalDate 类中的获取方法------------");
11          System.out.println("当前的年份: " + now.getYear());
12          System.out.println("当前的月份: " + now.getMonthValue());
13          System.out.println("当前为本月的第几天: " + now.getDayOfMonth());
14          //判断日期
15          System.out.println("2. LocalDate 类中的判断方法------------");
16          System.out.println("日期of 是否在 now 之前: " + of.isBefore(now));
17          System.out.println("日期of 是否在 now 之后: " + of.isAfter(now));
18          System.out.println("日期of 和 now 是否相等: " + of.equals(now));
19          System.out.println("日期of 是否是闰年: " + of.isLeapYear());
20          //日期解析及加减
21          System.out.println("3. LocalDate 类中的解析及加减操作方法---");
22          String dateStr = "2023-11-11";
23          System.out.println("把日期字符串解析成日期对象的结果为"
24                  + LocalDate.parse(dateStr));
25          System.out.println("将 now 的年份加 1 后结果为"
26                  + now.plusYears(1));
27          System.out.println("将 now 的天数减 10 后结果为"
28                  + now.minusDays(10));
29          System.out.println("将 now 的年份设置为 2022 后结果为"
30                  + now.withYear(2022));
31      }
32  }
```

在文件 5-11 中，第 5 行代码获取了系统的当前日期，并将其赋给 LocalDate 对象 now；第 6 行代码从指定日期获取了 LocalDate 对象，并赋给对象 of；第 11～13 行代码获取了当前日期的年份、月份，以及当前为本月的第几天，并分别输出结果。

第 16～18 行代码判断日期 now 和日期 of 哪个在前，哪个在后，或者它们是否相等，并分别输出结果；第 19 行代码判断日期 of 是否为闰年。

第 22 行代码定义了一个字符串 dateStr，并将其值指定为 "2023-11-11"；第 23 行代码将字符串 dateStr 解析为 LocalDate 对象并输出；第 25～26 行代码将日期 now 的年份加 1 并输出结果；第 27～28 行代码将日期 now 的天数减 10 并输出结果；第 29～30 行代码将日期 now 的年份设置为 2022 后输出结果。

文件 5-11 的运行结果如图 5-12 所示。

2. LocalTime 类

LocalTime 类用来表示不带时区的时间，只对时、分、秒、纳秒做处理，默认格式为时:分:秒.纳秒，例如 11:23:40.051942200。与 LocalDate 类一样，LocalTime 类不能代表时间线上的即时信息，只描述时间。

图5-12　文件5-11的运行结果

LocalTime 类中提供了获取时间对象的方法，以及增减时分秒等的常用方法，这些方法与 LocalDate 类中的方法用法类似，这里不再详细列举。LocalTime 类的常用方法如表 5-8 所示。

表 5-8　LocalTime 类的常用方法

方法声明	功能描述
static LocalTime of(int hour, int minute, int second, int nanoOfSecond)	创建一个指定时、分、秒和纳秒的 LocalTime 对象
static LocalTime now()	从默认时区的系统时钟中获取当前时间对应的 LocalTime 对象
int getHour()	获取时间的小时部分
int getMinute()	获取时间的分钟部分
int getSecond()	获取时间的秒部分
static LocalTime parse(CharSequence text, DateTimeFormatter formatter)	用于将字符串表示的时间按照指定的格式解析为 LocalTime 对象
boolean isAfter(LocalTime other)	判断当前时间是否在指定时间之后
boolean isBefore(LocalTime other)	判断当前时间是否在指定时间之前
String format(DateTimeFormatter formatter)	将时间格式化为指定的字符串表示形式
LocalTime withNano(int nanoOfSecond)	创建一个具有指定纳秒数的 LocalTime 实例

下面通过一个案例讲解如何使用 LocalTime 类的方法，如文件 5-12 所示。

文件 5-12　Example12.java

```java
1  import java.time.LocalTime;
2  public class Example12 {
3      public static void main(String[] args) {
```

```
4        //从系统获取时间对象
5        LocalTime nowTime = LocalTime.now();
6        LocalTime of = LocalTime.of(17,23,15);
7        System.out.println("当前时间的小时数: " + nowTime.getHour());
8        System.out.println("当前时间的分钟数: " + nowTime.getMinute());
9        System.out.println("时间 of 是否在 now 之前: "
10               + of.isBefore(nowTime));
11       System.out.println("时间 of 是否在 now 之后: "
12               + of.isAfter(nowTime));
13       System.out.println("将时间字符串解析成日期对象的结果为"
14               + LocalTime.parse("18:05:50"));
15       System.out.println("从 LocalTime 获取不包含纳秒数的当前时间: "
16               + nowTime.withNano(0));
17    }
18 }
```

在文件 5-12 中，第 5 行代码获取了系统当前的时间，并将其值赋给 LocalTime 对象

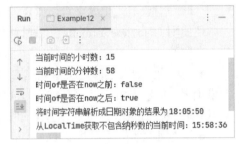

nowTime；第 6 行代码从指定时间获取了 LocalTime
对象，并赋给对象 of；第 7~8 行代码获取了当前时
间的小时数和分钟数并输出结果；第 9~12 行代码
判断时间 now 和时间 of 哪个在前，哪个在后，并输
出结果；第 13~14 行代码将时间字符串解析为
LocalTime 对象并输出；第 15~16 行代码从
LocalTime 对象中获取不包含纳秒数的时间并输出。

图5-13　文件5-12的运行结果

文件 5-12 的运行结果如图 5-13 所示。

5.4.2　LocalDateTime 类

LocalDateTime 类是 LocalDate 类与 LocalTime 类的综合，表示不带时区的日期和时间，默
认的日期和时间格式是年-月-日 T 时:分:秒.纳秒，如 2023-11-06T13:43:25.774。LocalDateTime
类包含 LocalDate 类与 LocalTime 类的所有方法，并且 LocalDateTime 类还额外提供了日期和
时间的转换方法。下面通过一个案例介绍 LocalDateTime 类的日期和时间转换方法，如文件 5-13
所示。

文件 5-13　Example13.java

```
1  import java.time.LocalDateTime;
2  public class Example13 {
3     public static void main(String[] args) {
4        //获取系统当前的日期和时间
5        LocalDateTime now = LocalDateTime.now();
6        System.out.println("系统当前日期时间为" + now);
7        System.out.println("LocalDateTime 对象转换为相应的 LocalDate 对象," +
8              "结果为" + now.toLocalDate());
9        System.out.println("LocalDateTime 对象转换为相应的 LocalTime 对象," +
10             "结果为" + now.toLocalTime());
11    }
12 }
```

在文件 5-13 中，第 5 行代码获取了系统当前的日期和时间，并将其值赋给 LocalDateTime
对象 now；第 7~8 行代码调用 LocalDateTime 类的 toLocalDate()方法，将对象 now 转换为相应

的 LocalDate 对象并输出结果；第 9～10 行代码调用 LocalDateTime 类的 toLocalTime() 方法，将对象 now 转换为相应的 LocalTime 对象并输出结果。

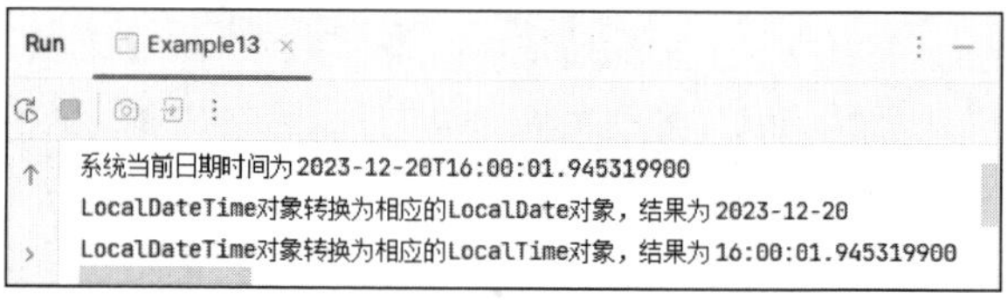

图5-14　文件5-13的运行结果

文件5-13 的运行结果如图 5-14 所示。

从图 5-14 中可以看到，控制台中输出了系统当前的日期和时间，并输出了它转换为 LocalDate 对象和 LocalTime 对象的结果。

5.4.3　DateTimeFormatter 类

使用 LocalDate 类、LocalTime 类、LocalDateTime 类时，获取到的日期或时间都是默认的格式，如果想要将日期或时间设置为其他指定的格式，可以使用格式化类。JDK8 在 java.time.format 包中提供了一个 DateTimeFormatter 类，该类是一个格式化类，它不仅可以将日期、时间对象格式化成字符串，还能将特定格式的字符串解析成日期、时间对象。

要使用 DateTimeFormatter 类进行格式化或者解析，就必须先获得 DateTimeFormatter 对象。获取 DateTimeFormatter 对象有 3 种方式，具体如下。

● 使用预定义的静态常量创建 DateTimeFormatter 格式器。DateTimeFormatter 类中包含大量预定义的静态常量，如 BASIC_ISO_DATE、ISO_LOCAL_DATE 等，使用这些静态常量可以获取 DateTimeFormatter 对象。

● 使用本地化样式创建 DateTimeFormatter 格式器。FormatStyle 类中定义了 FULL、LONG、MEDIUM 和 SHORT 4 个枚举值，它们表示不同样式的日期和时间，这种方式通过 ofLocalizedDateTime(FormatStyle dateTimeStyle)实现 DateTimeFormatter 对象的创建。

● 根据模式字符串创建 DateTimeFormatter 格式器，这种方式通过 ofPattern(String pattern) 方法实现 DateTimeFormatter 对象的创建。

上述实例化 DateTimeFormatter 对象的方式中，第 3 种最为常用。这种方式的 ofPattern() 方法需要接收一个表示日期或时间格式的模板字符串，该模板字符串通过特定的日期标记可以提取对应的日期或时间。常用的格式化模板标记如表 5-9 所示。

表 5-9　常用的格式化模板标记

格式化选项	表示含义
y	年份，4 位数字，使用 yyyy 表示。例如 "2023"
M	月份，2 位数字，使用 MM 表示。例如 "11"
d	日（天数），2 位数字，使用 dd 表示。例如 "01"
H	小时（24 小时制），2 位数字，使用 HH 表示。例如 "10"
m	分钟，2 位数字，使用 mm 表示。例如 "15"
s	秒，2 位数字，使用 ss 表示。例如 "00"
S	毫秒，3 位数字，使用 SSS 表示。例如 "776"
a	用于表示上午或下午的标记，该标记会根据当前环境的区域设置显示上午和下午相应的文本。例如，AM 表示上午，PM 表示下午

了解 DateTimeFormatter 类的作用及其对象的获取方式后，下面分别讲解如何使用 DateTimeFormatter 类来格式化和解析日期、时间。

使用 DateTimeFormatter 类将日期、时间格式化为字符串，可以使用以下两种方式。

（1）调用 DateTimeFormatter 类的 format(TemporalAccessor temporal)方法执行格式化，其中参数 temporal 是一个 TemporalAccessor 类型的接口，其主要实现类有 LocalDate、LocalTime、LocalDateTime。

（2）调用 LocalDate、LocalDateTime 等日期、时间对象的 format(DateTimeFormatter formatter)方法执行格式化。

若要使用 DateTimeFormatter 类将指定格式的字符串解析成日期、时间对象，可以使用日期、时间对象提供的 parse(CharSequence text, DateTimeFormatter formatter)方法来实现。

下面通过一个案例演示如何使用 DateTimeFormatter 类格式化日期、时间，如文件 5-14 所示。

文件 5-14　Example14.java

```java
1   import java.time.LocalDateTime;
2   import java.time.format.DateTimeFormatter;
3   public class Example14 {
4       public static void main(String[] args) {
5           //创建一个 DateTimeFormatter 对象
6           DateTimeFormatter formatter =
7                   DateTimeFormatter.ofPattern("yyyy年MM月dd日 HH:mm:ss");
8           //格式化日期和时间
9           LocalDateTime now = LocalDateTime.now();
10          System.out.println("格式化前的当前日期和时间: " + now);
11          String nowFormatter = formatter.format(now);
12          System.out.println("格式化后的当前日期和时间: " + nowFormatter);
13          //解析时间
14          String dateStr = "2023年10月12日 12:25:30";
15          LocalDateTime dateTime = LocalDateTime.parse(dateStr,formatter);
16          System.out.println("将特定格式的日期时间字符串dateStr解析为" +
17                  "日期和时间对象: " + dateTime);
18      }
19  }
```

在文件 5-14 中，第 6~7 行代码创建了一个 DateTimeFormatter 对象 formatter，并指定其格式为"yyyy 年 MM 月 dd 日 HH:mm:ss"；第 11 行代码将系统当前的日期和时间格式化为指定格式的字符串；第 14 行代码定义了一个字符串 dateStr，并将其值指定为与 formatter 格式相同的日期和时间字符串；第 16~17 行代码将字符串 dateStr 解析为日期和时间对象，并输出结果。

文件 5-14 的运行结果如图 5-15 所示。

图5-15　文件5-14的运行结果

从图 5-15 中可以看到，控制台中输出了格式化后的当前日期和时间，其格式与指定格式相同。同时还输出了将指定格式的字符串解析为日期和时间对象的结果。

5.4.4 Duration 类和 Period 类

Duration 类和 Period 类是 Java 中用于处理时间差的类，它们为开发人员提供了更方便的时间间隔计算方法。下面对 Duration 类和 Period 类的使用进行讲解。

1. Duration 类

Duration 类用来表示两个时间对象的时间间隔，可以用于计算两个时间对象相差的天数、小时数、分数、秒数、毫秒数、纳秒数。Duration 类的常用方法如表 5-10 所示。

表 5-10   Duration 类的常用方法

方法声明	功能描述
between(Temporal startInclusive,Temporal endExclusive)	获取两个时间点之间的时间间隔，并封装在 Duration 对象中返回
toDays()	计算两个时间相差的天数
toHours()	计算两个时间相差的小时数
toMinutes()	计算两个时间相差的分钟数
toSeconds()	计算两个时间相差的秒数
toMillis()	计算两个时间相差的毫秒数
toNanos()	计算两个时间相差的纳秒数

下面通过一个案例演示 Duration 类中常用方法的使用，如文件 5-15 所示。

文件 5-15   Example15.java

```
1   import java.time.Duration;
2   import java.time.LocalDateTime;
3   public class Example15 {
4       public static void main(String[] args) {
5           LocalDateTime now = LocalDateTime.now();
6           System.out.println("系统当前时间为" + now);
7           LocalDateTime of = LocalDateTime.of(2023,8,1,0,0,0);
8           System.out.println("指定时间为" + of);
9           Duration duration = Duration.between(of,now);
10          System.out.println("当前时间与指定时间的时间间隔如下。");
11          System.out.println("相差天数为" + duration.toDays());
12          System.out.println("相差分钟数为" + duration.toMinutes());
13          System.out.println("相差秒数为" + duration.toSeconds());
14          System.out.println("相差纳秒数为" + duration.toNanos());
15      }
16  }
```

在文件 5-15 中，第 5~8 行代码获取了系统的当前时间 now，并定义了指定的时间 of，然后将二者输出；第 9 行代码获取了 now 和 of 间隔时间的 Duration 类型的对象 duration；第 11~14 行代码计算了时间 now 和时间 of 相差的天数、分钟数、秒数和纳秒数，并输出到控制台。

文件 5-15 的运行结果如图 5-16 所示。

从图 5-16 中可以看到，控制台中输出了系统当

图5-16   文件5-15的运行结果

前时间与指定时间相差的天数、分钟数、秒数和纳秒数，经过核算后可以确定使用 Duration 类提供的方法计算出的两个时间的间隔值均为正确的。

2. Period 类

Period 类主要用于计算两个日期之间的间隔，可以用来计算两个日期之间相差的年、月、日。Period 类的方法与 Duration 类的方法在使用上类似，Period 类的常用方法如表 5-11 所示。

表 5-11　Period 类的常用方法

方法声明	功能描述
between(LocalDate start, LocalDate end)	获取两个日期之间的时间间隔，并封装在 Period 对象中返回
getYears()	计算两个日期相差的年数
getMonths()	计算两个日期相差的月数
getDays()	计算两个时间相差的天数

表 5-11 中列出了 Period 类的常用方法。需要注意的是，使用 getYears()方法、getMonths()方法和 getDays()方法计算年数、月数和天数差时，只返回 Period 对象构造时设置的年数、月数和天数字段对应的值，并不计算跨单位的总值。也就是说，计算两个时间的月份差时，不会包含年份在内，在计算天数差时，也不会包含月份和年份在内。

下面通过一个案例演示 Period 类常用方法的使用，如文件 5-16 所示。

文件 5-16　Example16.java

```
1  import java.time.LocalDate;
2  import java.time.Period;
3  public class Example16 {
4      public static void main(String[] args) {
5          LocalDate start = LocalDate.of(2021,8,10);
6          System.out.println("开始时间: " + start);
7          LocalDate end = LocalDate.of(2023,11,6);
8          System.out.println("结束时间: " + end);
9          Period period = Period.between(start,end);
10         System.out.println("开始时间和结束时间间隔如下。");
11         System.out.println("相差年数: " + period.getYears());
12         System.out.println("相差月数: " + period.getMonths());
13         System.out.println("相差天数: " + period.getDays());
14     }
15 }
```

在文件 5-16 中，第 5 行代码和第 7 行代码分别定义了两个 LocalDate 类型的对象 start 和 end，并为它们指定了日期；第 9 行代码获取了时间 start 和时间 end 的 Period 类型的对象 period；第 11～13 行代码获取了时间 start 和时间 end 相差的年数、月数和天数，并输出结果。

文件 5-16 的运行结果如图 5-17 所示。

从图 5-17 中可以看到，控制台中输出了开始时间和结束时间的相差年数、月数和天数，并且月数间隔并没有包含年份在内，天数间隔也没有包含月份和年份在内。

图5-17　文件5-16的运行结果

【**案例 5-2**】日程安排管理

请扫描二维码查看【案例 5-2：日程安排管理】。

5.5　System 类

对读者来说 System 类并不陌生，因为在之前的学习中，需要输出结果时，用到的都是
"System.out.println();"语句，这句代码中就用到了 System 类。System 类位于 java.lang 包中，
它定义了一些与系统相关的属性和方法，并且这些属性与方法都是静态的，因此，可以直接
使用 System 类来访问它们。System 类常用的方法如表 5-12 所示。

表 5-12　System 类常用的方法

方法声明	功能描述
static void exit(int status)	该方法用于终止当前正在运行的 JVM，其中参数 status 表示状态码，若状态码非 0，则表示异常终止
static void currentTimeMillis()	返回以毫秒为单位的当前时间
static void arraycopy(Object src, int srcPos,Object dest,int destPos, int length)	从 src 引用的指定源数组的 srcPos 位置复制 length 个元素，粘贴到 dest 引用的数组的 destPos 位置

表 5-12 中列出了 System 类的常用方法，下面分别对这些方法进行讲解。

1. exit()方法

exit()方法用于终止当前正在运行的 JVM，当用户想要退出程序时，可以使用 exit(0)来正
常退出。下面通过一个案例演示 exit()方法的使用，如文件 5-17 所示。

文件 5-17　Example17.java

```
1  import java.util.Scanner;
2  public class Example17 {
3    public static void main(String[] args) {
4      Scanner scanner = new Scanner(System.in);
5      System.out.print("是否关闭程序（Y/N）: ");
6      String str = scanner.next();
7      if("Y".equals(str.toUpperCase())){
8        System.out.println("程序即将关闭! ");
9        System.exit(0);
10      }
11      System.out.println("程序继续运行! ");
12    }
13  }
```

在文件 5-17 中，第 6 行代码输入是否关闭程序的字符串指
令；第 7~10 行代码判断输入的指令是否为关闭程序，如果是则
关闭程序。

运行文件 5-17，结果如图 5-18 所示。

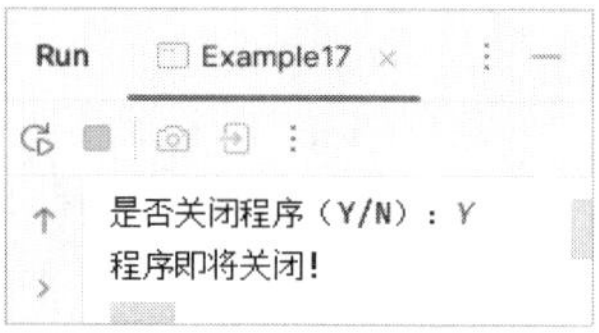

图5-18　文件5-17的运行结果

由图 5-18 可知，输入字符串"Y"后，程序将不执行后续的代码，而是直接退出程序。

2. currentTimeMillis()方法

currentTimeMillis()方法用于以毫秒为单位返回系统的当前时间，返回值的类型是 long，该值表示当前时间与 1970 年 1 月 1 日 0 点 0 分 0 秒之间的时间差。

下面通过一个案例演示 currentTimeMillis()方法的使用，该案例要求计算一亿次累加操作所用的时间，如文件 5-18 所示。

文件 5-18　Example18.java

```
1   public class Example18 {
2      public static void main(String[] args){
3          long startTime = System.currentTimeMillis();      //记录起始时间
4          int sum = 0;
5          for(int i = 0; i < 100000000; i ++){
6              sum += i;
7          }
8          long endTime = System.currentTimeMillis();      //记录结束时间
9          // 输出累加操作所用时间
10         System.out.println("累加操作所用时间（毫秒）: "
11                 + (endTime - startTime));
12     }
13  }
```

在文件 5-18 中，第 4~7 行代码进行了 0~100000000 的累加求和；第 3 行代码和第 8 行代码分别在累加前和累加后调用 currentTimeMillis()方法获取了两个时间戳，两个时间戳的差值即累加所用时间。

文件 5-18 的运行结果如图 5-19 所示。

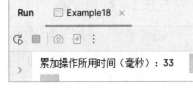

图5-19　文件5-18的运行结果

3. arraycopy()方法

arraycopy()方法用于将数组中的数据复制到另一个数组中，以实现数组的复制、合并、元素移动等操作。arraycopy()方法的语法格式如下。

```
static void arraycopy(Object src, int srcPos, Object dest, int destPos,
    int length){
}
```

上述语法格式中，src 为源数组，即从该数组复制元素；srcPos 为源数组中开始复制元素的位置；dest 为目标数组，即将元素复制到其中；destPos 为目标数组中开始接收元素的位置；length 为要复制的元素数量。

下面通过一个合并数组的案例演示 arrayCopy()方法的使用，如文件 5-19 所示。

文件 5-19　Example19.java

```
1   public class Example19 {
2      public static void main(String[] args) {
3          int[] array1 = {1, 2, 3};
4          int[] array2 = {4, 5, 6};
5          int[] mergedArray = new int[array1.length + array2.length];
6          System.arraycopy(array1, 0, mergedArray, 0, array1.length);
7          System.arraycopy(array2, 0, mergedArray, array1.length,
8                  array2.length);
9          for (int i = 0; i < mergedArray.length; i++) {
10             if(i < mergedArray.length-1){
11                 System.out.print(mergedArray[i] + ",");
```

```
12              }else {
13                  System.out.print(mergedArray[i]);
14              }
15          }
16      }
17  }
```

文件 5-19 演示了将两个数组合并为一个数组的过程。第 3～4 行代码创建了两个数组 array1 和 array2；第 5 行代码创建了一个空数组 mergedArray，并初始化其长度为数组 array1 和 array2 的长度之和，用于存放合并后的数组；第 6 行代码将数组 array1 的所有元素复制到数组 mergedArray 的前 3 个位置；第 7 行代码将数组 array2 的所有元素复制到数组 mergedArray 的后 3 个位置；第 9～15 行代码输出数组 mergedArray。

文件 5-19 的运行结果如图 5-20 所示。

从图 5-20 中可知，程序成功将两个数组的所有元素复制到新的数组中。

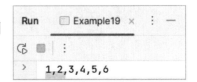

图5-20　文件5-19的运行结果

5.6　Math 类与 Random 类

Math 类和 Random 类是 Java 提供的与数学相关的类，Math 类位于 java.lang 包中，Random 类位于 java.util 包中。本节将详细讲解 Java 中的 Math 类与 Random 类。

5.6.1　Math 类

Math 类是一个工具类，其中提供了许多用于进行基本数值运算的方法，如计算一个数的平方根、绝对值等。Math 类中的方法都是静态的，因此可以直接使用类名进行调用。除了静态方法外，Math 类中还定义了两个静态常量 PI 和 E，分别代表数学中的 π 和 e。

Math 类的常用方法如表 5-13 所示。

表 5-13　Math 类的常用方法

方法声明	功能描述
abs(double a)	用于计算 a 的绝对值
sqrt(double a)	用于计算 a 的平方根
ceil(double a)	用于计算大于 a 的最小整数，并将该整数转换为 double 类型的数据。例如 Math.ceil(15.2)的值是 16.0
floor(double a)	用于计算小于 a 的最大整数，并将该整数转换为 double 类型的数据。例如 Math.floor(15.2)的值是 15.0
round(double a)	用于计算小数 a 进行四舍五入后的 int 类型的值
max(double a,double b)	用于返回 a 和 b 的较大值
min(double a,double b)	用于返回 a 和 b 的较小值
random()	用于生成一个[0.0, 1.0)的随机值
sin(double a)	返回 a 的正弦值
pow(double a,double b)	用于计算 a 的 b 次幂，即 a^b 的值

表 5-13 中列出了 Math 类的常用方法，下面通过一个案例演示这些方法的使用，如文件 5-20 所示。

文件 5-20　Example20.java

```
1  public class Example20 {
2      public static void main(String[] args) {
3          System.out.println("-2 的绝对值为" + Math.abs(-2));
4          System.out.println("49 的平方根为" + Math.sqrt(49));
5          System.out.println("大于或等于 23.45 的最小整数为"
6                  + Math.ceil(23.45));
7          System.out.println("小于或等于 23.45 的最大整数为"
8                  + Math.floor(23.45));
9          System.out.println("23.45 四舍五入的结果为 " + Math.round(23.45));
10         System.out.println("23.55 四舍五入的结果为 " + Math.round(23.55));
11         System.out.println("23 和 45 的较大值为 " + Math.max(23, 45));
12         System.out.println("12 和 34 的较小值为 " + Math.min(12 , 34));
13         System.out.println("2 的 3 次幂计算结果为 " + Math.pow(2,3));
14         System.out.println("获取到的 0～1 之间的随机数为 " + Math.random());
15     }
16 }
```

文件 5-20 的运行结果如图 5-21 所示。

5.6.2　Random 类

对读者来说 Random 类应该不算陌生，因为在前面的案例中曾经介绍并使用过 Random 类生成随机数。Random 类可以生成指定取值范围的随机数字，它提供了两个构造方法来创建 Random 对象，具体如表 5-14 所示。

图5-21　文件5-20的运行结果

表 5-14　Random 类的构造方法

方法声明	功能描述
Random()	使用当前系统时间创建一个 Random 对象
Random(long seed)	使用参数 seed 指定的种子创建一个 Random 对象

表 5-14 中，使用第一个构造方法生成的随机数每次都不同，因为实际上它使用了当前系统时间戳作为种子传递给 Random 对象，由于每次创建 Random 对象的时间戳都不同，所以生成的随机数序列也会有所差异，实现了生成数的随机性。而第二个构造方法通过指定种子实现了可重现的随机数序列，如果希望创建的多个 Random 对象产生相同的随机数，则可以使用这个构造方法，传入相同的参数即可。

Random 类提供了 nextInt()方法来获取随机的整数，下面通过案例演示使用表 5-14 中的两个构造方法创建的 Random 对象获取随机数的效果，如文件 5-21 所示。

文件 5-21　Example21.java

```
1  import java.util.Random;
2  public class Example21 {
3      public static void main(String[] args) {
4          //使用第一种构造方法（不指定种子）
```

```
5          Random random1 = new Random();
6          System.out.print("使用无指定种子的构造方法生成随机数序列1：");
7          //随机产生 10 个 0~100 的整数
8          for(int i = 0; i < 10; i ++){
9                  System.out.print(random1.nextInt(100) + " ");
10         }
11         System.out.println();
12         //使用第二种构造方法（指定种子为 12）
13         Random random2 = new Random(12);
14         System.out.print("使用有指定种子的构造方法生成随机数序列2：");
15         for(int i = 0; i < 10; i ++){
16             System.out.print(random2.nextInt(100) + " ");
17         }
18     }
19 }
```

在文件 5-21 中，第 5 行代码使用无指定种子的构造方法创建了一个 Random 类型的对象 random1；第 8~10 行代码使用对象 random1 随机产生 10 个 0~100 的整数并输出；第 13 行代码使用有指定种子的构造方法创建了一个 Random 类型的对象 random2；第 15~17 行代码使用对象 random2 随机产生 10 个 0~100 的整数并输出。

文件 5-21 的运行结果如图 5-22 所示。

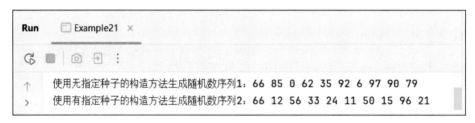

图5-22　文件5-21的运行结果（1）

从图 5-22 中可以看到，此时使用两种构造方法创建的 random 对象生成的随机数序列 1 和 2 中，每一个数字都是随机的。再次运行文件 5-21，结果如图 5-23 所示。

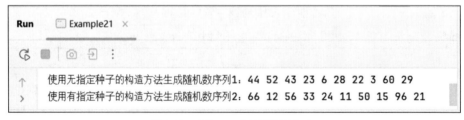

图5-23　文件5-21的运行结果（2）

由图 5-23 可以看到，第二次运行文件 5-21 后，随机数序列 1 发生了变化，而随机数序列 2 与第一次运行的结果相同。这说明在第二次运行文件 5-21 时，对象 random1 和对象 random2 被重新创建，但由于对象 random2 指定了种子，因此两次创建的 Random 对象会生成相同的随机序列。

Math 类中提供了生成随机数的方法 random()，相比于 Math 类，Random 类提供了更多的方法来生成随机数，不仅可以生成随机整数，还可以生成随机浮点数等。Random 类的常用方法如表 5-15 所示。

表 5-15　Random 类的常用方法

方法声明	功能描述
nextBoolean()	随机生成 boolean 类型的随机数
nextLong()	随机生成 long 类型的随机数
nextInt()	随机生成 int 类型的随机数
nextInt(int n)	随机生成 0~n（包含 0 但不包含 n）的 int 类型的随机数
nextDouble()	随机生成 0.0~1.0（包含 0.0 但不包含 1.0）的 double 类型的随机数
nextFloat()	随机生成 0.0~1.0（包含 0.0 但不包含 1.0）的 float 类型的随机数

表 5-15 中列出了 Random 类常用的生成随机数的方法，其中 nextInt(int n)方法可以指定的范围为从 0 开始。如果需要生成从非 0 开始的范围内的随机整数，例如，生成 5~20 的随机整数，可以使用以下代码。

```
int randomNumber = random.nextInt(15) + 5;
```

上述代码中，nextInt(15)将生成一个 0~15 的整数，然后通过+5 操作将取值范围调整为 5~20。

下面通过一个案例演示 Random 类中常用方法的使用，如文件 5-22 所示。

文件 5-22　Example22.java

```
1  import java.util.Random;
2  public class Example22 {
3      public static void main(String[] args) {
4          Random r = new Random(); // 创建 Random 实例对象
5          System.out.println("生成 boolean 类型的随机数: " + r.nextBoolean());
6          System.out.println("生成 long 类型的随机数:" + r.nextLong());
7          System.out.println("生成 int 类型的随机数:" + r.nextInt());
8          System.out.println("生成[5,20)的 int 类型的随机数:"
9                  + (r.nextInt(16)+5));
10         System.out.println("生成 double 类型的随机数:" + r.nextDouble());
11         System.out.println("生成 float 类型的随机数: " + r.nextFloat());
12     }
13 }
```

在文件 5-22 中，第 4 行代码创建了一个 Random 类型的对象 r；第 5~11 行代码通过对象 r 调用相应的方法生成了多种数据类型的随机数并输出。

文件 5-22 的运行结果如图 5-24 所示。

由图 5-24 可知，调用 Random 类的不同方法可以产生不同类型的随机数。

图5-24　文件5-22的运行结果

【案例 5-3】小明的算术题卡

请扫描二维码查看【案例 5-3：小明的算术题卡】。

5.7　Lambda 表达式

　　Lambda 表达式是 JDK 8 新增的一个特性，Lambda 表达式可以以更简洁的方式替代大部分匿名内部类。使用 Lambda 表达式，可以直接传递方法而不必创建实现类，极大地优化了代码结构。JDK 还提供了大量的内置函数式接口，使得 Lambda 表达式的运用更加方便、高效。

　　Lambda 表达式由参数列表、箭头符号->和方法体组成。方法体既可以是一个表达式，也可以是一个语句块。其中，表达式会被执行，然后返回执行结果；语句块中的语句会被依次执行，就像方法体中的语句一样。Lambda 表达式的语法格式如下。

```
（参数列表） -> ｛方法体｝
```

　　上述语法格式中，->表示分隔符，左边是参数列表，右边是 Lambda 表达式的功能实现部分。Lambda 表达式的参数列表中的参数需要与所实现的接口的抽象方法的参数保持一致，参数类型可以省略，并且如果只有一个参数则可以不使用小括号包裹参数。如果方法体中只有一条语句则可以省略大括号，如果这条语句是一个返回语句，那么 return 关键字也可以省略。

　　下面通过一个案例演示使用匿名内部类和使用 Lambda 表达式计算两数之和的区别，如文件 5-23 所示。

文件 5-23　Example23.java

```java
1  public class Example23 {
2      //定义一个用于计算两数之和的函数式接口
3      interface Calculator {
4          int add(int a, int b);
5      }
6      public static void main(String[] args) {
7          //使用匿名内部类计算两数之和
8          Calculator calculator1 = new Calculator() {
9              @Override
10             public int add(int a, int b) {
11                 return a + b;
12             }
13         };
14         //使用 Lambda 表达式计算两数之和
15         Calculator calculator2 = (a,b) -> a + b;
16         //输出结果
17         System.out.println("使用匿名内部类计算 3 和 5 的和为 " +
18                 calculator1.add(3,5));
19         System.out.println("使用 Lambda 表达式计算 3 和 5 的和为 " +
20                 calculator2.add(3,5));
21     }
22 }
```

　　在文件 5-23 中，第 3～5 行定义了一个接口 Calculator，用于实现计算操作，其中定义了一个 add()方法，用于执行加法操作；第 8～13 行代码使用匿名内部类实现了 Calculator 接口；第 15 行代码使用 Lambda 表达式实现了 Calculator 接口；第 17～20 行代码分别调用这两种实现方式的 add()方法，计算数字 3 和 5 的和并输出。

　　文件 5-23 的运行结果如图 5-25 所示。

从图 5-25 中可以看到，控制台中输出了使用两种实现方式计算 3 和 5 之和的结果。说明使用 Lambda 表达式可以简化匿名内部类实现接口的过程。

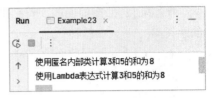

图5-25　文件5-23的运行结果

5.8　正则表达式

在程序开发中，常常需要对邮箱、手机号码和身份证号码等字符串做各种限制，例如限制它们的长度和格式。如果使用传统的条件语句或循环语句逐个检查字符串的字符，代码量往往会很庞大且难以维护。对此可以使用正则表达式，正则表达式是一种用于模式匹配和处理字符串的工具，基于正则表达式可以更高效地处理和匹配文本字符串，并降低代码复杂度。本节将对 Java 中的正则表达式进行讲解。

5.8.1　正则表达式的元素

正则表达式是一种使用预先定义的特定字符、字符组合和语法规则来对字符串进行模式匹配和处理的工具，其组成元素可以为普通字符和特殊字符、量词、边界等，基于这些元素可以创建复杂的匹配模式，以及搜索和替换文本数据。下面对正则表达式的组成元素进行说明。

1. 普通字符和特殊字符

正则表达式中的字符是最基本的元素，它们可以是字母、数字或其他特殊字符，具体如下。

● 普通字符：可以直接匹配的字符，如字母（大小写均可）、数字、空格等，例如，"a"和"1"都是普通字符。

● .（点号）：匹配除换行符外的任意单个字符，例如，正则表达式"t.n"匹配"tan""ten"。

● ^：匹配输入字符串的开始位置，例如，"^abc"匹配以"abc"开头的字符串。

● $：匹配输入字符串的结束位置，例如，"abc$"匹配以"abc"结尾的字符串。

● +：匹配前面的字符一次或多次，例如，"a+"匹配一个或多个连续的"a"字符；"ab+"匹配一个"a"字符，后面跟着一次或多次出现的"b"字符。

● *：匹配前面的字符零次或多次，例如，"a*"匹配零个或多个连续的"a"字符；"ab*"匹配一个"a"字符，后面跟着零个或多个连续的"b"字符。

● ?：匹配前面的字符零次或一次，例如，"a?"匹配零个或一个"a"字符；"ab?"匹配一个"a"字符，后面跟着零个或一个"b"字符。

● []：定义一个字符集合，匹配其中任意一个字符，例如，"[abc]"匹配"a"、"b"或"c"中的任意一个字符。

● ()：用于分组和捕获匹配的子表达式，例如，"(abc)"将"abc"视为一个整体进行匹配，"(ab)+"匹配一个或多个连续出现的"ab"。

2. 量词

量词用于指定字符出现的次数，常见的量词如下。

● {n}：精确匹配前面的字符 n 次，例如，"a{3}"匹配连续出现 3 个"a"的字符串。

- {n,}：匹配前面的字符至少 *n* 次，例如，"a{3,}" 匹配连续出现 3 个或更多个 "a" 的字符串。
- {n,m}：匹配前面的字符 *n* 到 *m* 次，例如，"a{2,4}" 匹配连续出现 2 个到 4 个 "a" 的字符串。

3. 边界

边界用于指定匹配的位置，常见的边界如下。

- \b：匹配单词的边界，单词边界是指单词与其他字符之间的分界点，通常是单词的开头或结束位置，例如，"\bword\b" 匹配独立的单词 "word"。
- \B：匹配非单词的边界，例如，"\Bword\B" 可以匹配 "swording" 中的 "word"，但不匹配独立的 "word"。

除了上述元素，正则表达式中还有一些其他常用元素，具体如下。

- \d：匹配任何数字字符，相当于 [0-9]。
- \D：匹配任何非数字字符，相当于 [^0-9]。
- \s：匹配任何空白字符，包括空格、制表符、换行符等。
- \S：匹配任何非空白字符。
- \w：匹配任何字母数字字符，相当于 [a-zA-Z0-9_]。
- \A：匹配字符串的开始位置，不受多行模式的影响。
- \G：匹配当前匹配操作的结束位置。

5.8.2 Pattern 类和 Matcher 类

Pattern 类和 Matcher 类是用来操作正则表达式的两个重要的类，它们位于 java.util.regex 包中。下面对 Pattern 类和 Matcher 类进行讲解。

1. Pattern 类

Pattern 类是用于表示正则表达式编译过程的类，其使用方式通常是将正则表达式编译为 Pattern 对象，然后使用该对象进行匹配操作。除此之外，它还提供了多个方法，用于对字符串进行匹配或分割等操作。Pattern 类的常用方法如表 5-16 所示。

表 5-16 Pattern 类的常用方法

方法声明	功能描述
compile(String regex)	将正则表达式 regex 编译为一个 Pattern 对象
split(CharSequence input)	根据 Pattern 对象所表示的正则表达式，将输入的字符序列 input 分割为字符串数组
matcher(CharSequence input)	根据 Pattern 对象所表示的正则表达式，返回一个 Matcher 对象，用于对输入的字符序列 input 进行匹配
matches(String regex, CharSequence input)	静态方法，用给定的正则表达式 regex 对输入的字符序列 input 进行整体匹配，并返回一个布尔值，表示是否完全匹配成功
pattern()	获取 Pattern 对象表示的正则表达式的字符串形式

通常情况下，在程序中定义的 Pattern 变量不会在程序运行期间发生改变，所以建议将其声明为常量，以便在编译期间固定其值、提高代码的可读性和可靠性，并且避免在运行

时对 Pattern 对象进行重复创建。下面通过一个案例演示如何使用 Pattern 类中的方法进行匹配和分割操作，如文件 5-24 所示。

文件 5-24　Example24.java

```java
import java.util.regex.Pattern;
public class Example24 {
    //编译正则表达式
    private static final Pattern P =
        Pattern.compile("(\\d{4})-(\\d{2})-(\\d{2})");
    private static final Pattern P1 = Pattern.compile("[-]");
    public static void main(String[] args) {
        System.out.println("当前正则表达式为" + P.pattern());
        //判断 "2023-11-8" 与给定正则表达式是否匹配
        System.out.println("日期字符串 2023-11-8 与给定的正则表达式是否匹配: "
                + Pattern.matches(P.pattern(), "2023-11-8"));
        System.out.println("日期字符串 2023-11-08 与给定的正则表达式是否匹配: "
                + Pattern.matches(P.pattern(), "2023-11-08"));
        //根据正则表达式分割字符串
        String[] str = P1.split("2023-11-08");
        System.out.print("字符串 2023-11-08 根据正则表达式[-]分割后的数组元素:
            ");
        for (int i = 0;i < str.length; i ++){
            System.out.print(str[i] + " ");
        }
    }
}
```

在文件 5-24 中，第 4～6 行代码将给定正则表达式字符串编译成了 Pattern 对象；第 8 行代码使用 pattern()方法返回当前正则表达式并输出；第 11 和 13 行代码使用静态方法 matches()分别判断字符串 "2023-11-8" 和字符串 "2023-11-08" 是否与给定的正则表达式匹配；第 15～20 行代码使用 split()方法将给定字符串 "2023-11-08" 根据正则表达式[-]分割为字符数组，并输出结果。

文件 5-24 的运行结果如图 5-26 所示。

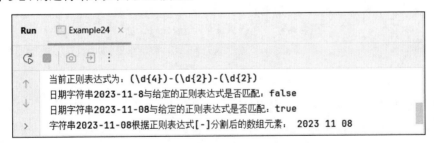

图5-26　文件5-24的运行结果

从图 5-26 中可以看到，控制台中输出了当前的正则表达式、其与日期字符串匹配的结果，以及将日期字符串根据正则表达式分割后的结果。

2. Matcher 类

Matcher 类用于在给定的 Pattern 实例的模式控制下进行字符串的匹配工作。Matcher 类的构造方法是私有的，只能通过 Pattern 类提供的 matcher()方法得到该类的实例。下面介绍 Matcher 类常用的方法，如表 5-17 所示。

表 5-17   Matcher 类常用的方法

方法声明	功能描述
boolean matches()	对整个字符串进行匹配，只有整个字符串都匹配才能返回 true
boolean lookingAt()	检查输入字符串的开头是否与正则表达式匹配
boolean find()	在输入序列中查找与正则表达式模式匹配的子序列
int end()	返回上次匹配操作的最后一个字符的索引加 1，如果上次没有进行匹配操作或者没有找到匹配项，返回 0
String group()	返回匹配到的子字符串
int start()	返回匹配到的子字符串在字符串中索引的起始位置

表 5-18 中列出了 Matcher 类的常用方法，下面通过一个查找字符串内特定字符的案例演示这些方法的使用，如文件 5-25 所示。

文件 5-25   Example25.java

```java
1   import java.util.regex.Matcher;
2   import java.util.regex.Pattern;
3   public class Example25 {
4       public static void main(String[] args) {
5           String s = "Java is a programming language. " +
6                   "It is used for developing desktop, " +
7                   "mobile, and web applications.";
8           String regex = "(\\bis\\b)";
9           Pattern pattern = Pattern.compile(regex);
10          Matcher matcher = pattern.matcher(s);
11          System.out.println("字符串 s 是否仅包含单词 is: " +
12                  matcher.matches());
13          //对字符串 s 进行匹配
14          int i = 1;
15          while (matcher.find()) {
16              String match = matcher.group();
17              int start = matcher.start();
18              int end = matcher.end();
19              System.out.println("第" + i + "次匹配到字符串" + match +
20                      "，索引位置为" + start + "，结束位置为" + end);
21              i ++;
22          }
23      }
24  }
```

在文件 5-25 中，第 5～7 行代码定义了一个待匹配的字符串 s；第 8 行代码定义了一个正则表达式字符串 regex，用于匹配单词 "is"；第 9 行代码将正则表达式 regex 编译为一个 Pattern 类型的对象 pattern；第 10 行代码获取了一个匹配字符串 s 的 Matcher 类型的对象 matcher；第 11～12 行代码判断字符串 s 中是否仅包含单词 "is" 并输出；第 14～22 行代码使用 while 循环和 find() 方法来遍历所有匹配的项，并输出匹配到的字符串 "is" 在字符串 s 中的起始位置和结束位置。

文件 5-25 的运行结果如图 5-27 所示。

图5-27   文件5-25的运行结果

　　从图 5-27 中可以看到，字符串 s 中并不是仅包含单词"is"，但是字符串"is"在字符串 s 中被匹配到两次，控制台中输出了它们在字符串 s 中的起始位置和结束位置。

　　【案例 5-4】模拟用户注册

　　请扫描二维码查看【案例 5-4：模拟用户注册】。

本章小结

　　本章详细介绍了 Java API 的基础知识。首先讲解了 Java 中所有类的父类 Object 类；其次讲解了字符串类，包括 String 类、StringBuilder 类和 StringBuffer 类；然后讲解了 Java 中的包装类、日期和时间类；接着讲解了 System 类、Math 类以及 Random 类；最后讲解了 Lambda 表达式和正则表达式的使用。通过本章的学习，读者应该熟练掌握了 Java 中 API 的使用，这对以后的实际开发大有裨益。

本章习题

　　请扫描二维码查看本章习题。

第 **6** 章

集合与泛型

拓展阅读

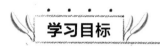

学习目标

知识目标	1. 熟悉集合，能够简述集合的特点和 Java 集合框架的继承体系 2. 熟悉 Collection 集合的作用，能够简述 Collection 集合的常用方法 3. 熟悉 List 集合的作用，能够简述 List 集合常用的方法以及常用实现类的特点 4. 熟悉 Set 集合的作用，能够简述 Set 集合常用实现类的特点 5. 掌握 Map 集合的作用，能够简述 Map 集合常用的方法以及常用实现类的特点
技能目标	1. 掌握 ArrayList 集合和 LinkedList 集合的使用方法，能够使用 ArrayList 集合和 LinkedList 集合的方法实现数据的增删改查 2. 掌握集合的遍历，能够使用 Iterator 迭代器和增强 for 循环遍历集合 3. 掌握泛型的使用方法，能够使用泛型指定集合中元素的类型 4. 掌握 HashSet 集合和 TreeSet 集合的使用方法，能够使用 HashSet 集合和 TreeSet 集合的方法实现数据的增删改查 5. 掌握 HashMap 集合和 TreeMap 集合的使用方法，能够使用 HashMap 集合和 TreeMap 集合的方法实现数据的增删改查 6. 熟悉 Stream 流的使用方法，能够使用 Stream 流对集合进行各种操作

　　在 Java 程序中可以通过数组来保存数据，但有时无法确定需要保存数据的数量，因为数组的长度不可变，此时再使用数组存储数据就不太合适。在这种情况下可以使用集合，Java 中的集合就像一个可以存储任意类型的对象并且长度可变的容器。Java 中提供了多种具有不同特性的集合类，为了让集合在使用时更加安全，还提供了泛型。本章将对 Java 中的集合和泛型进行讲解。

6.1 集合概述

Java 中的集合是 Java 提供的一系列接口和实现类,通过这些接口和实现类可以很方便地存储和管理对象,Java 中的集合位于 java.util 包中,其按照存储结构可以分为单列集合 Collection 和双列集合 Map 两大类,单列集合中每个元素是独立的单一数据,而双列集合中每个元素由两个数据组成。Collection 集合和 Map 集合的介绍如下。

● Collection 集合:单列集合类的根接口,它有两个重要的子接口,分别为 List 和 Set。其中,List 中存放的元素有序且可重复,常用的实现类有 ArrayList 和 LinkedList;Set 存放的元素无序且不允许有重复元素,常用的实现类有 HashSet 和 TreeSet。

● Map 集合:双列集合类的根接口,用于存储具有键(Key)和值(Value)映射关系的键值对。其中,键是用于唯一标识一个元素的对象,值是与键相关联的对象,在使用 Map 集合时可以通过指定的键找到对应的值。Map 集合的主要实现类有 HashMap 和 TreeMap。

Java 中提供了丰富的集合类库,为了帮助读者更清晰地了解 Java 中的集合,下面通过一张图描述集合类的继承体系,如图 6-1 所示。

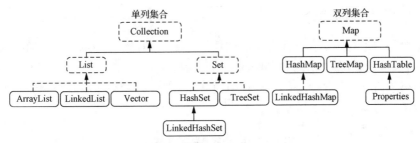

图6-1 集合类的继承体系

图 6-1 中,虚线框是接口,实线框是实现类,Vector 类和 HashTable 类是线程安全类,在不考虑多线程的情况下效率相对低一些,所以一般非多线程程序中建议使用 ArrayList 类代替 Vector 类,使用 HashMap 类代替 HashTable 类。本章不对 Vector 类和 HashTable 类进行讲解。

6.2 Collection 集合

Collection 集合是所有单列集合的根接口,它定义了单列集合通用的一些方法,这些方法可以被所有的单列集合调用。Collection 集合常用的方法如表 6-1 所示。

表 6-1 Collection 集合常用的方法

方法声明	功能描述
boolean add(E e)	向集合中添加一个元素,E 是所添加元素的数据类型
boolean addAll(Collection c)	将指定集合 c 中的所有元素添加到当前集合中
void clear()	删除集合中的所有元素
boolean remove(Object o)	删除集合中的指定元素 o,当集合包含多个元素 o 时,只删除第 1 个符合条件的元素

续表

方法声明	功能描述
boolean removeAll(Collection c)	删除当前集合中在集合 c 中存在的所有元素
boolean isEmpty()	判断集合是否为空
boolean contains(Object o)	判断集合中是否存在指定元素 o
boolean containsAll(Collection c)	判断集合中是否存在指定集合 c 中的所有元素
Iterator iterator()	返回集合的迭代器（Iterator），迭代器用于遍历当前集合中的所有元素
int size()	获取集合中元素的个数

6.3　List 集合

List 集合是继承自 Collection 集合的一个接口，是单列集合的一个重要分支，下面对 List 集合的相关知识进行讲解。

6.3.1　List 集合简介

List 集合是一个有序集合，允许存储重复的元素。List 集合中的元素按照插入的顺序进行存储，并且可以通过索引访问和操作其中的元素。

List 集合不但继承了 Collection 集合中的全部方法，还提供了一些根据元素索引操作集合的特有方法，具体如表 6-2 所示。

表 6-2　List 集合的特有方法

方法声明	功能描述
void add(int index,Object element)	将对象 element 插入 List 集合的 index 索引处
boolean addAll(int index,Collection c)	将集合 c 中的所有元素插入 List 集合的 index 索引处
Object get(int index)	返回集合中索引为 index 的元素
Object remove(int index)	删除集合中索引为 index 的元素
Object set(int index, Object element)	将索引为 index 的元素替换成 element 对象，并将替换后的对象返回
int indexOf(Object o)	返回对象 o 在 List 集合中第一次出现的索引
int lastIndexOf(Object o)	返回对象 o 在 List 集合中最后一次出现的索引
List subList(int fromIndex, int toIndex)	返回由从索引 fromIndex（包括）到 toIndex（不包括）的所有元素组成的子集合

6.3.2　ArrayList 集合

ArrayList 集合是 List 集合的一个实现类，ArrayList 集合内部封装了一个长度可变的数组对象，当存入的元素超过数组长度时，ArrayList 会在内存中分配一个更大的数组来存储这些元素，因此可以将 ArrayList 集合看作一个长度可变的数组。由于 ArrayList 是基于数组实现的，因此它具有数组的特点，即读取元素效率较高；而在插入和删除元素时，可能需要移动其他元素的位置，此时效率相对低一些。

ArrayList 集合提供了 3 种常用的构造方法来创建 ArrayList 对象，具体如表 6-3 所示。

表 6-3　ArrayList 集合常用的构造方法

方法声明	功能描述
ArrayList()	创建一个初始容量为 10 的空 ArrayList 对象
ArrayList(int initialCapacity)	创建一个指定初始容量的空 ArrayList 对象
ArrayList(Collection<? extends E> c)	创建一个包含指定 Collection 元素的 ArrayList 对象

从表 6-3 中可以看到，使用第一个构造方法创建一个 ArrayList 对象时，默认会初始化一个长度为 10 的空列表，当该列表中存满元素时，ArrayList 会根据当前容量和需要存储的元素数量自动扩充容量，以实现集合长度的动态改变。

ArrayList 集合的大部分方法都是继承自 List 集合的，下面通过一个案例演示 ArrayList 集合的基本操作，如文件 6-1 所示。

文件 6-1　Example01.java

```
1  import java.util.ArrayList;
2  import java.util.List;
3  public class Example01 {
4      public static void main(String[] args) {
5          //创建 ArrayList 集合
6          List list = new ArrayList();
7          //添加元素
8          list.add("apple");
9          list.add("banana");
10         list.add("banana");
11         list.add("orange");
12         System.out.println("在 list 集合中添加 4 个元素: " + list);
13         //在指定位置添加元素
14         list.add(2,"peach");
15         System.out.println("在索引为 2 的位置插入元素后: " + list);
16         //删除元素
17         list.remove(3);
18         System.out.println("删除索引为 3 的元素后: " + list);
19         //获取元素
20         System.out.println("索引为 3 的元素为" + list.get(3));
21         //替换元素
22         System.out.println("将索引为 2 的元素替换为 grapes，原始数据是"
23                 + list.set(2,"grapes"));
24         System.out.println("替换后的集合为" + list);
25         System.out.println("最终集合中的元素个数为" + list.size());
26     }
27 }
```

在文件 6-1 中，第 6 行代码创建了一个 ArrayList 集合 list；第 8～11 行代码在集合 list 中添加了 4 个字符串类型的元素；第 14 行代码在集合 list 中索引为 2 的位置插入了一个元素；第 17 行代码将集合 list 中索引为 3 的元素删除；第 20 行代码获取集合 list 中索引为 3 的元素并输出；第 22～23 行代码将集合 list 中索引为 2 的元素替换为 grapes 后，输出被替换掉的元素；第 24 行代码输出替换后的集合；第 25 行代码获取了最终集合中的元素个数并输出。

文件 6-1 的运行结果如图 6-2 所示。

从图 6-2 中可以看出，ArrayList 集合中元素的输出顺序与输入顺序相同，并且可以存在重复元素。

图6-2　文件6-1的运行结果

6.3.3　LinkedList 集合

ArrayList 集合在查询元素时速度很快，但在增删元素时效率相对低一些。如果需要频繁在集合中插入和删除元素，可以使用 List 集合的另一个实现类 LinkedList。

LinkedList 集合底层的数据结构是一个双向循环链表，链表中的每一个节点都通过引用的方式记录它的前一个节点和后一个节点，从而将所有的节点连接在一起。当插入或删除一个节点时，只需要修改节点之间的引用关系即可。正因为这样的存储结构，LinkedList 集合可以在任何位置高效地插入和删除元素。LinkedList 集合中插入和删除元素的过程如图 6-3 所示。

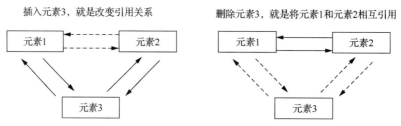

图6-3　LinkedList集合中插入和删除元素的过程

图 6-3 描述了 LinkedList 集合中插入元素和删除元素的过程。其中，插入元素 3 之前，元素 1 和元素 2 在集合中彼此为前后关系，在它们之间新增一个元素 3 时，只需要让元素 1 记住它后面的元素是元素 3、让元素 2 记住它前面的元素为元素 3 就可以了。删除元素 3 时，只需要让元素 1 与元素 2 变成前后关系就可以了。

LinkedList 集合除了包含从 List 集合继承过来的方法，还定义了一些自身特有的方法，具体如表 6-4 所示。

表 6-4　LinkedList 集合特有的方法

方法声明	功能描述
void addFirst(Object o)	将指定元素 o 插入集合的开头
void addLast(Object o)	将指定元素 o 添加到集合的结尾
Object getFirst()	返回集合的第一个元素
Object getLast()	返回集合的最后一个元素
Object removeFirst()	移除并返回集合的第一个元素
Object removeLast()	移除并返回集合的最后一个元素

表 6-4 中列出的方法用于对集合中的首尾元素进行添加、删除和获取操作。下面通过一个案例演示 LinkedList 集合常用方法的使用，如文件 6-2 所示。

文件 6-2 Example02.java

```
1   import java.util.LinkedList;
2   public class Example02 {
3       public static void main(String[] args) {
4           //创建一个 LinkedList 对象
5           LinkedList list = new LinkedList();
6           list.add("Tuesday");
7           list.add("Wednesday");
8           list.add("Friday");
9           list.add("Saturday");
10          System.out.println("在 list 集合中添加 4 个元素: " + list);
11          //在集合开头插入元素
12          list.addFirst("Monday");
13          System.out.println("将 Monday 插入 list 集合的开头: " + list);
14          //在集合结尾插入元素
15          list.addLast("Sunday");
16          System.out.println("将 Sunday 插入 list 集合的结尾: " + list);
17          //获取元素
18          System.out.println("list 集合的第一个元素为" + list.getFirst());
19          System.out.println("list 集合的最后一个元素为" + list.getLast());
20          //移除元素
21          System.out.println("移除 list 集合的第一个元素: "
22                  + list.removeFirst());
23          System.out.println("移除后的集合为" + list);
24          list.clear();
25          System.out.println("移除 list 集合的所有元素后, 集合是否为空: "
26                  + list.isEmpty());
27      }
28  }
```

在文件 6-2 中, 第 5~9 行代码创建了一个 LinkedList 集合 list, 并在 list 集合中添加了 4 个字符串类型的元素; 第 12 行代码在 list 集合的开头插入一个元素; 第 15 行代码在集合 list 的结尾插入一个元素; 第 18~19 行代码获取了集合 list 的第一个元素和最后一个元素并输出; 第 21~22 行代码移除 list 集合的第一个元素, 并输出被删除的元素; 第 24 行代码移除了集合 list 中的所有元素; 第 25~26 行代码判断当前的 list 集合是否为空。

文件 6-2 的运行结果如图 6-4 所示。

图6-4 文件6-2的运行结果

6.4 集合的遍历

在开发中, 对集合进行遍历是十分常见的操作。Java 提供了一个接口 Iterator, 用于遍历 Collection 集合中的元素。同时, Java 还提供了增强 for 循环, 也称 for-each 循环, 增强 for 循环可以对数组及实现了 Iterator 接口的集合进行遍历, 遍历时程序会自动迭代数组或集合中的每一个元素, 无须手动管理索引值。下面对这两种集合遍历进行讲解。

1. 使用 Iterator 迭代器遍历集合

Iterator 接口也是 Java 集合中的一员, 但是它与 Collection、Map 等集合有所不同,

Collection、Map 集合主要用于存储元素，而 Iterator 接口主要用于迭代访问 Collection 中的元素，因此 Iterator 对象也被称为迭代器。

Iterator 接口的常用方法如表 6-5 所示。

表 6-5   Iterator 接口的常用方法

方法声明	功能描述
boolean hasNext()	判断集合中是否还有下一个元素可以访问
Object next()	返回集合中的下一个元素，并将迭代指针移到下一个位置
void remove()	从集合中移除通过 next()方法获取到的元素

下面通过一个案例演示如何使用表 6-5 中的方法对集合进行遍历，如文件 6-3 所示。

文件 6-3   Example03.java

```java
1  import java.util.ArrayList;
2  import java.util.Iterator;
3  public class Example03 {
4      public static void main(String[] args) {
5          ArrayList list = new ArrayList();      //创建 ArrayList 对象
6          //将会员的名字放入集合中
7          list.add("张三");
8          list.add("李四");
9          list.add("王五");
10         list.add("赵六");
11         Iterator iterator = list.iterator();//获取 list 集合的 Iterator 迭代器
12         System.out.println("会员列表如下: ");
13         while (iterator.hasNext()){
14             Object obj = iterator.next();
15             System.out.println(obj);
16         }
17     }
18 }
```

在上述代码中，第 11 行代码通过 ArrayList 集合的 iterator()方法获取了一个 Iterator 迭代器；第 13～16 行代码遍历集合，首先使用 hasNext()方法判断集合中是否存在下一个元素，如果存在，则调用 next()方法将元素取出，否则说明已经遍历到集合的末尾，停止遍历。需要注意的是，在使用 next()方法获取元素时，必须保证要获取的元素存在，否则会抛出 NoSuchElementException 异常。

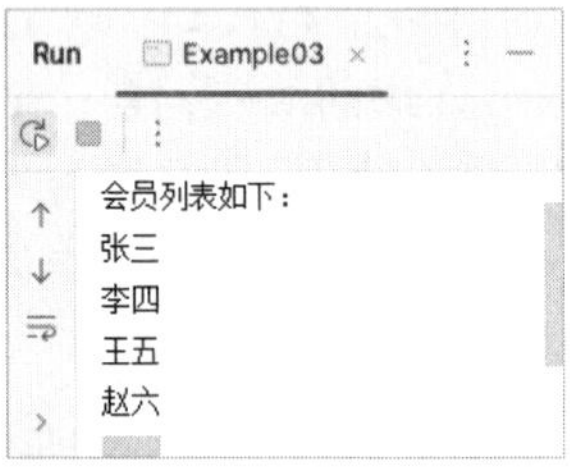

文件 6-3 的运行结果如图 6-5 所示。

从图 6-5 中可以看到，控制台中依次输出了集合 list 的所有元素。说明使用 Iterator 迭代器提供的方法成功地对 List 集合进行了遍历。

Iterator 迭代器在遍历集合时，内部采用指针的方式来跟踪集合中的元素，为了帮助初学者更好地理解迭代器的工作原理，这里通过一张图展示 Iterator 迭代器迭代元素的过程，如图 6-6 所示。

图6-5   文件6-3的运行结果

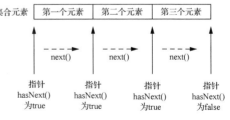

图6-6   Iterator迭代器迭代元素的过程

在图 6-6 中，在调用 Iterator 的 next()方法之前，迭代器的索引位于第一个元素之前，不指向任何元素；当第一次调用迭代器的 next()方法后，迭代器的索引会向后移动一位，指向第一个元素并将该元素返回；当再次调用 next()方法时，迭代器的索引会指向第二个元素并将该元素返回；以此类推，直到 hasNext()方法返回 false，表示到达了集合的末尾，终止对集合的遍历。

💣 **脚下留心：并发修改异常**

在使用 Iterator 迭代器遍历集合时，如果在遍历过程中使用集合对象的 remove()方法删除元素，会出现并发修改异常。这是使用 Iterator 迭代器用来检测并发修改的一种机制，如果集合在遍历过程中发生结构性修改（如添加元素、删除元素），迭代器的内部计数器会发生变化，从而抛出并发修改异常（ConcurrentModificationException）。下面通过一个案例演示这种异常，如文件 6-4 所示。

文件 6-4　Example04.java

```
1  import java.util.ArrayList;
2  import java.util.Iterator;
3  public class Example04 {
4      public static void main(String[] args) {
5          ArrayList list = new ArrayList();
6          list.add("张三");
7          list.add("李四");
8          list.add("王五");
9          list.add("赵六");
10         Iterator iterator = list.iterator();
11         while (iterator.hasNext()){
12             Object obj = iterator.next();
13             if(obj.equals("李四")){
14                 list.remove(obj);
15             }
16         }
17         System.out.println(list);
18     }
19 }
```

在文件 6-4 中遍历集合 list 时，第 13～15 行代码调用 ArrayList 对象的 remove()方法，想要删除集合 list 中的元素，这样做会导致程序在运行时报错，具体如图 6-7 所示。

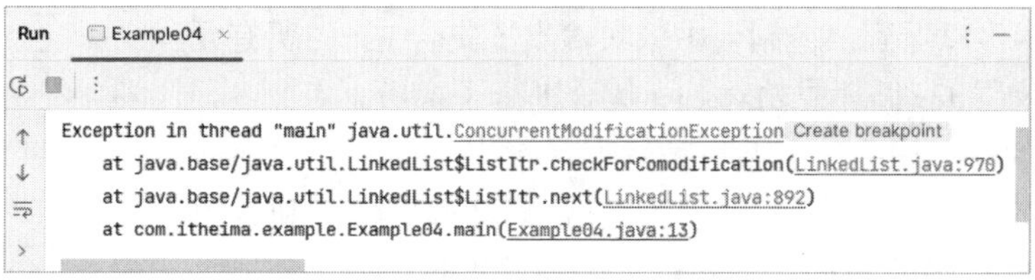

图6-7　文件6-4的运行结果（1）

在图 6-7 中，程序运行时出现了 ConcurrentModificationException 异常，这是因为在遍历集合时使用 ArrayList 对象的 remove()方法删除了集合中的元素，会使集合的结构发生变化，而迭代器并不知道这一变化，使得迭代器预期的迭代次数与实际应迭代次数不一致，从而发生异常。

如果想要安全地删除集合中的元素，可以使用 Iterator 接口提供的 remove()方法，它会在删除元素后通知迭代器集合结构发生了改变，避免出现并发修改异常，将文件 6-4 的第 13～15 行代码修改为以下代码。

```
if(obj.equals("李四")){
    iterator.remove();
}
```

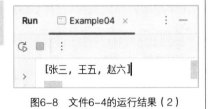

修改完成后再次运行文件 6-4，结果如图 6-8 所示。

由图 6-8 可知，在使用迭代器对集合进行遍历时，使用 Iterator 的 remove()方法成功删除了集合的元素。

图6-8　文件6-4的运行结果（2）

2. 使用增强 for 循环遍历集合

虽然 Iterator 接口可以遍历集合中的元素，但在写法上比较烦琐，为了简化书写，从 JDK5 开始，Java 提供了增强 for 循环。在遍历集合时，增强 for 循环的功能是在编译时被转换成 Iterator 迭代器的 while 循环实现的，因此它适用于实现了 Iterator 接口的集合类。下面通过一个案例演示如何使用增强 for 循环遍历集合，如文件 6-5 所示。

文件 6-5　Example05.java

```
1  import java.util.ArrayList;
2  public class Example05 {
3      public static void main(String[] args) {
4          ArrayList list = new ArrayList();
5          list.add("张三");
6          list.add("李四");
7          list.add("王五");
8          list.add("赵六");
9          System.out.println("会员列表如下: ");
10         for(Object member : list){
11             System.out.println(member);
12         }
13     }
14 }
```

在文件 6-5 中，第 4～8 行代码创建了一个 ArrayList 集合 list，并向集合 list 中添加了 4 个元素；第 10～12 行代码通过增强 for 循环遍历集合 list 中的元素并输出。

文件 6-5 的运行结果如图 6-9 所示。

从图 6-9 中可以看到，控制台中依次输出了集合 list 的所有元素。说明使用增强 for 循环成功对 List 集合进行了遍历。

需要注意的是，增强 for 循环虽然书写起来很简洁，但在使用时也存在一定的局限性。当使用增强 for 循环遍历集合和数组时，只能访问集合中的元素，不能对其中的元素进行修改。

图6-9　文件6-5的运行结果

6.5　泛型

默认情况下把一个对象存入集合后，再次取出该对象时，该对象的编译类型就变成了 Object 类型。这样的集合设计，提高了它的通用性，但是也带来了一些关于类型的问题。例如，集合可以同时存储多种类型的对象，所以通常需要对取出的对象进行强制类型转换；如果不知道实际参数类型，则无法进行强制类型转换。下面通过一个案例来演示这种情况，如文件 6-6 所示。

文件 6-6　Example06.java

```
1  import java.util.ArrayList;
2  import java.util.List;
3  public class Example06 {
4      public static void main(String[] args) {
5          List list = new ArrayList();
6          list.add(5);
7          list.add(20);
8          list.add("25");
9          int sum = 0;
10         for(Object obj : list){
11             sum += (Integer) obj;
12         }
13         System.out.println("集合中所有数字的和为" + sum);
14     }
15 }
```

文件 6-6 演示了计算集合中所有数字之和。其中，第 5~8 行代码定义了一个 list 集合，并添加了 3 个元素，其中包括两个 int 类型的数字和一个 String 类型的数字；第 10~12 行代码遍历 list 集合，将每个 Object 类型的元素强制转换为 Integer 类型，以便进行累加操作。

文件 6-6 的运行结果如图 6-10 所示。

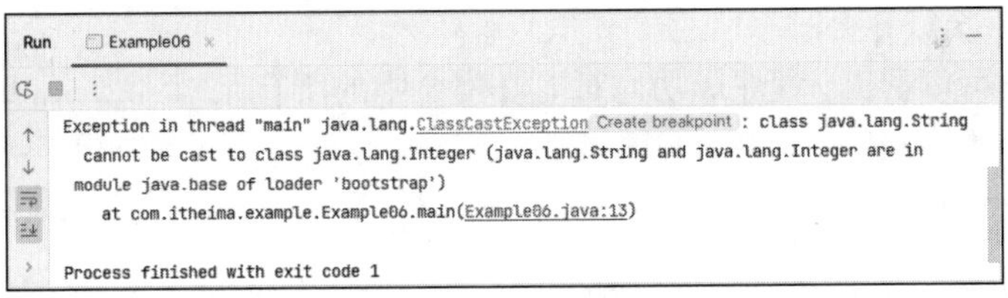

图6-10　文件6-6的运行结果（1）

从图 6-10 中可以看到，程序抛出了 ClassCastException 异常，该异常为类型转换异常，原因是 String 类型的对象无法直接强制转换为 Integer 类型。

为了避免进行强制类型转换，同时提高类型的安全性，Java 引入了"参数化类型"（Parameterized Type）的概念，也就是泛型。泛型是指给类型指定一个参数，然后在使用时指定此参数的具体值，这样一来就可以根据不同的需求操作不同类型的数据，使得代码更加灵活和可扩展。

集合引入泛型之后，会在使用或者调用时传入具体的类型以确定最终的数据类型，所以集合需要存储什么类型的数据，在创建集合时传入对应的类型即可。定义泛型时类型参数由一对尖括号（<>）包裹。

下面使用泛型优化文件 6-6，将第 5 行代码修改为以下代码。

```
List<Integer> list = new ArrayList<>();
```

上述代码指定了 list 集合中元素的类型为 Integer，这样编译器在编译时就会做类型检查，从而限制该 list 集合中只能存储 Integer 类型的元素。如果在集合中添加其他类型的元素，编译器会提示错误，如图 6-11 所示。

从图 6-11 中可以看到，在 list 集合中添加 String 类型的元素时，编译器自动提示类型不匹配的错误，这样就可以在编写代码的过程中避免出现这种问题。

下面修改文件 6-6，将 list 集合中原来的 String 类型的元素改为 Integer 类型，并在遍历 list 集合时将元素的类型由 Object 改为 Integer，具体代码如下。

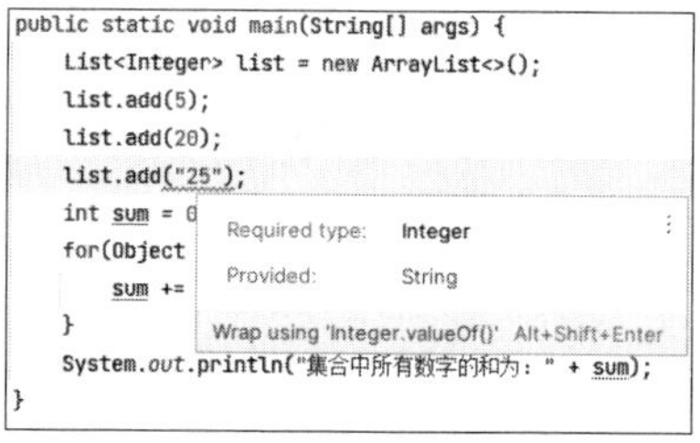

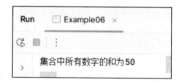

图6-11　文件6-6编译出错

```
1   import java.util.ArrayList;
2   import java.util.List;
3   public class Example06 {
4       public static void main(String[] args) {
5           List<Integer> list = new ArrayList<>();
6           list.add(5);
7           list.add(20);
8           list.add(25);
9           int sum = 0;
10          for(Integer obj : list){
11              sum += obj;
12          }
13          System.out.println("集合中所有数字的和为" + sum);
14      }
15  }
```

在上面的代码引入了泛型后，遍历 list 集合时不需要再对每个元素进行类型转换，从而提高了程序性能。再次运行文件 6-6，结果如图 6-12 所示。

从图 6-12 中可以看出，程序成功地对 List 集合中的所有元素进行了累加操作，并输出了累加的结果。

图6-12　文件6-6的运行结果（2）

> **📖 多学一招：自定义泛型**
>
> 　除了集合类等一些 Java 提供的类增加了泛型，还可以根据需要自定义泛型类。例如，当一个类的行为和功能需要适用于多个不同类型的数据时，可以将这个类定义为泛型类。这样在实例化该类的对象时，就可以传入不同的数据类型参数，以实现类的通用性，提高代码的复用率。
>
> 　自定义泛型类的语法格式如下。
>
> ```
> [修饰符] class 类名<类型形参1,类型形参2,…,类型形参n>{
>     //类的成员变量和成员方法
> }
> ```
>
> 　上述语法格式中，类名<类型形参>作为一个整体表示数据类型，通常称为泛型类型。类型形参没有特定的意义，可以用任意一个大写字母表示，但是为了提高可读性，一般会使用一些有意义的字母表示，使用较多的字母及意义如下。
>
> - E：Element（元素），常在 Java Collection 里使用，如 List<E>, Iterator<E>, Set<E>。
> - K,V：Key,Value（Map 集合的键值对）。
> - N：Number（数字）。
> - T：Type（类型），如 String、Integer 等。
>
> 　在泛型类中，类型形参可以用于指定成员变量的类型、成员方法的形参类型，以及成

员方法的返回值类型。

除了可以在类中使用泛型，还可以在接口和方法中使用泛型。声明泛型接口的语法格式与声明泛型类的类似，具体如下。

> [修饰符] interface 接口名<类型形参1,类型形参2,…,类型形参n>{
> }

泛型接口中的类型形参通常在接口被继承或者被实现时确定。然而，如果要实现类或者其子类，在定义时无法确定使用的具体数据类型，也可以在创建对象时指定具体的类型形参。

在方法中使用泛型时，可以在方法的形参类型、返回值类型中使用类型形参，同样可以简化代码、提高代码的复用性。声明泛型方法的语法格式如下。

> [修饰符] <类型形参1,类型形参2,…> 返回值类型 方法名称(类型形参1 形参变量1,类型形参2 形参变量2,…) {
> }

在泛型类、泛型接口和泛型方法中，泛型类型一旦确定就不能更改。然而，在有些情况下需要指定可以操作的类型为某个类的父类或子类，这时可以使用限定通配符来限制可操作类型的范围。Java 中的限定通配符分为两种，具体如下。

- <? extends T>：上界通配符，表示限定传入的类型必须为 T 类型或 T 类型的子类型。
- <? super T>：下界通配符，表示限定传入的类型必须为 T 类型或 T 类型的父类型。

使用限定通配符后，泛型类型必须用限定内的类型来进行初始化，否则会导致编译错误。除此之外，Java 中还提供了<?>来表示非限定通配符，它可以匹配任意类型，用于在泛型类、泛型接口和泛型方法中指定不确定的类型。非限定通配符常在读取数据或者不关心具体类型的情况下使用。

【案例 6-1】社团成员管理

请扫描二维码查看【案例 6-1：社团成员管理】。

6.6 Set 集合

Set 集合是继承自 Collection 集合的一个接口，与 List 集合不同的是，Set 集合中存储的元素无序且不允许重复，并且没有索引，因此无法使用普通 for 循环进行遍历。Set 集合中的方法与 Collection 集合基本一致，Set 集合并没有对 Collection 集合的功能进行扩展，只是在元素的唯一性和顺序方面更加严格。Set 集合常用的实现类有 HashSet 和 TreeSet，下面将对这两个集合进行讲解。

6.6.1 HashSet 集合

HashSet 集合作为 Set 集合的一个实现类，它所存储的元素是无序且不重复的。下面通过一个案例演示 HashSet 集合在使用上的特点，如文件 6-7 所示。

文件 6-7　Example07.java

```
1   import java.util.HashSet;
2   import java.util.Iterator;
3   public class Example07 {
4       public static void main(String[] args) {
5           HashSet<String> set = new HashSet<>();
6           set.add("张三");
7           set.add("李四");
8           set.add("王五");
9           set.add("李四");
10          Iterator<String> iterator = set.iterator();  //获取 set 集合的迭代器
11          while(iterator.hasNext()){                    //遍历 set 集合
12              String member = iterator.next();
13              System.out.println(member);
14          }
15      }
16  }
```

在文件 6-7 中，第 5 行代码创建了一个 HashSet 集合，并指定其存储的元素类型为 String；第 6～9 行代码向该集合中添加了 4 个元素，其中第 2 个元素与第 4 个元素的内容相同；第 10～14 行代码获取 set 集合的迭代器，通过迭代器遍历该集合中的所有元素并输出。

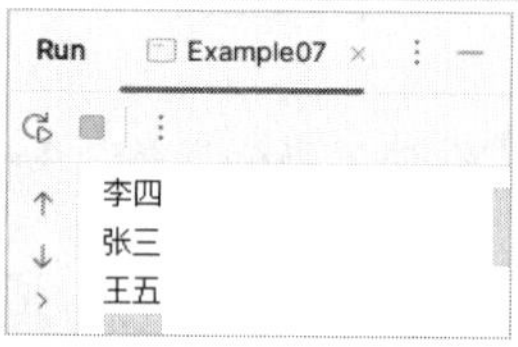

图6-13　文件6-7的运行结果

文件 6-7 的运行结果如图 6-13 所示。

由图 6-13 可以看出，控制台中输出的元素顺序与添加元素的顺序并不一致，并且相同内容的字符串只输出了一次。说明 HashSet 集合中的元素是无序的，并且在存储元素时会自动去重。

HashSet 集合之所以能确保不出现重复的元素，是因为它在添加元素时做了很多工作。当调用 HashSet 集合的 add()方法添加元素时，首先会调用当前存入对象的 hashCode()方法查找其哈希值，然后根据哈希值计算该元素在集合中的位置，如果该位置上没有元素，则直接添加元素。如果该位置上有元素存在，则会调用 equals()方法比较当前存入的元素和该位置上的元素，如果返回的结果为 false，就将该元素添加到集合；如果返回的结果为 true，说明有重复元素，则将该元素舍弃。HashSet 集合存储元素的过程如图 6-14 所示。

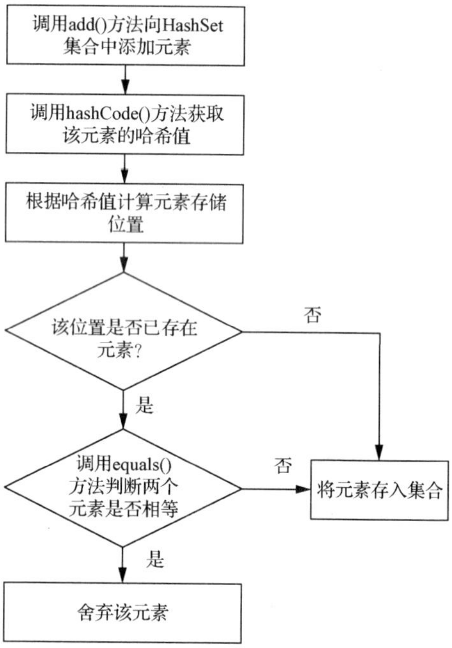

图6-14　HashSet集合存储元素的过程

由图 6-14 可以看出，HashSet 集合底层通过 hashCode()方法和 equals()方法确保集合中不存在重复的元素，并且由于新元素的存储位置与其哈希值有关，因此元素的输出顺序与添加顺序可能不同。

下面通过一个案例演示将自定义学生类 Student 作为 HashSet 集合的元素存入集合，如文件 6-8 所示。

文件 6-8　Example08.java

```
1   import java.util.HashSet;
2   import java.util.Iterator;
3   class Student{
4       String stuId;          //学号
5       String stuName;        //姓名
6       public Student(String stuId, String stuName) {
7           this.stuId = stuId;
8           this.stuName = stuName;
9       }
10      public String toString(){       //重写 toString()方法
11          return "学号: " + stuId + ", 姓名: " + stuName;
12      }
13  }
14  public class Example08 {
15      public static void main(String[] args) {
16          HashSet<Student> set = new HashSet<>();
17          set.add(new Student("01","张三"));
18          set.add(new Student("02","李四"));
19          set.add(new Student("02","李四"));
20          Iterator<Student> iterator = set.iterator();
21          while(iterator.hasNext()){
22              Student student = iterator.next();
23              System.out.println(student.toString());
24          }
25      }
26  }
```

在文件 6-8 中,第 3~13 行代码定义了一个学生类 Student,该类中定义了两个属性 stuId 和 stuName;其中第 10~12 行代码重写了 toString()方法,用于输出学生对象的信息。第 16~ 19 行代码创建了一个 HashSet 集合,并在集合中存入 3 个学生对象;第 21~24 行代码遍历 该集合并输出 3 个学生对象的信息。

文件 6-8 的运行结果如图 6-15 所示。

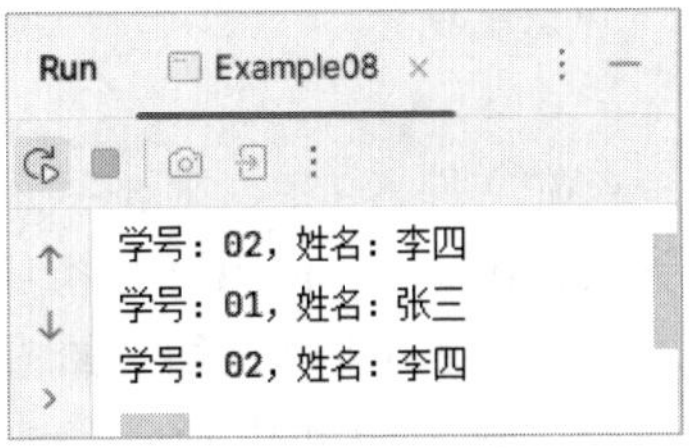

由图 6-15 可知,控制台中输出了两次"学号:02,姓名: 李四",说明具有相同信息的学生对象并没有被 HashSet 集合 去重。之所以没有去掉这样的重复元素,是因为在定义 Student 类时没有重写 hashCode()和 equals()方法。

图6-15　文件6-8的运行结果(1)

下面将学号看作学生的唯一标识,想要确保 HashSet 集 合中不能存在相同的学生,就需要在 Student 类中重写 hashCode()方法和 equals()方法。修改 文件 6-8,在 Student 类中添加重写的 hashCode()方法和 equals()方法,具体代码如下。

```
1   public int hashCode() {
2       return stuId.hashCode();        //获取 stuId 的哈希值
3   }
4   public boolean equals(Object obj) {
5       if (this == obj){
6           return true;
7       }
8       if (obj == null || !(obj instanceof Student)) {
9           return false;
10      }
```

```
11        Student student = (Student) obj;
12        return this.stuId.equals(student.stuId);
13    }
```

在上面的代码中，第 1~3 行代码重写了 hashCode()方法，将学号的哈希值作为学生对象
的哈希值；第 4~13 行代码重写了 equals()方法，判断两个学
生的学号是否相同。修改后再次运行文件 6-8，结果如图 6-16
所示。

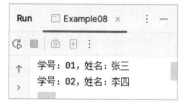

由图 6-16 可以看到，控制台中没有输出相同的学生信息，
说明 HashSet 集合对相同的学生信息进行了去重。

图6-16   文件6-8的运行结果（2）

HashSet 类有一个子类 LinkedHashSet，它的底层也是哈
希表的结构，但是还额外增加了双向链表来维护内部元素的存取顺序，因此 LinkedHashSet
集合内部元素的存取顺序相同。下面修改文件 6-8，以演示 LinkedHashSet 集合的使用，如文
件 6-9 所示。

文件 6-9   Example09.java

```
1   import java.util.Iterator;
2   import java.util.LinkedHashSet;
3   public class Example09 {
4       public static void main(String[] args) {
5           LinkedHashSet<String> set = new LinkedHashSet<>();
6           set.add("张三");
7           set.add("李四");
8           set.add("王五");
9           set.add("李四");
10          Iterator<String> iterator = set.iterator();
11          while(iterator.hasNext()){
12              String member = iterator.next();
13              System.out.println(member);
14          }
15      }
16  }
```

在文件 6-9 中，第 5~9 行代码创建了一个 LinkedHashSet 集合，并向集合中添加了 4 个
元素；第 11~14 行代码遍历该集合的所有元素并输出。

文件 6-9 的运行结果如图 6-17 所示。

由图 6-17 可以看出，LinkedHashSet 集合中元素的输出
顺序与添加顺序相同，并且没有输出相同的元素。说明
LinkedHashSet 集合是有序的，同时还可以对集合中的元素进
行去重。

图6-17   文件6-9的运行结果

6.6.2   TreeSet 集合

TreeSet 集合是 Set 集合的一个实现类，它是一种基于平衡二叉树实现的有序集合。所谓
二叉树就是由节点组成的树形数据结构，每个节点最多有两个子节点，分别为左子节点和右
子节点。每个节点及其子节点组成的树被称为子树，通常左侧节点组成的树称为左子树，右
侧节点组成的树称为右子树。其中，左子树上的元素小于它的根节点，而右子树上的元素大
于它的根节点。

　　平衡二叉树则是在二叉树的基础上增加了平衡限制，以控制每个节点的左右子树高度差不大于 1,使得二叉树不会太高，从而提高插入、查找和删除操作的效率。下面通过一张图展示二叉树中元素的存储结构，如图 6-18 所示。

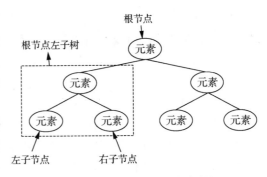

图6-18　二叉树中元素的存储结构

　　图 6-18 所示为一个二叉树模型。在二叉树中，同一层的元素，左边的元素总是小于右边的元素。

　　在 TreeSet 集合中存储元素就是根据比较大小的规则进行的，当添加一个新元素时，从根节点（第 1 个元素）开始比较，如果新元素小于当前节点，则继续向左子树递归比较；如果新元素大于当前节点，则继续向右子树递归比较；如果新元素与当前节点相同，则舍弃新元素。重复这个过程，直到找到一个合适的位置将该新元素插入为止。

　　TreeSet 集合采用二叉树结构存储元素的特殊性质，使得集合中的元素可以根据某种规则进行排序。对于包含 String、Integer 等 Java 提供的基本数据类型的元素，它们已经具备默认的排序规则，因此可以直接排序。下面通过一个案例演示如何在 TreeSet 集合中存储 Integer 类型的数据，如文件 6-10 所示。

文件 6-10　Example10.java

```java
1  import java.util.TreeSet;
2  public class Example10 {
3      public static void main(String[] args) {
4          TreeSet<Integer> set = new TreeSet<>();
5          set.add(18);
6          set.add(6);
7          set.add(3);
8          set.add(25);
9          set.add(1);
10         System.out.println(set);
11     }
12 }
```

　　在文件 6-10 中，第 4 行代码创建了一个 TreeSet 集合；第 5~10 行代码在该集合中依次添加了 5 个无序的 Integer 类型的整数，并输出该集合。

　　文件 6-10 的运行结果如图 6-19 所示。

　　由图 6-19 可以看出，控制台中输出的元素是按照升序排列的。说明 TreeSet 集合可以对 Integer 类型的整数进行排序。

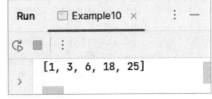

图6-19　文件6-10的运行结果

　　TreeSet 集合之所以能够对 Integer 类型的数据进行排序，是因为 Integer 类、String 类以及其他基本数据类型的包装类都实现了 Comparable 接口。在比较元素大小时，TreeSet 集合会调用其重写的 Comparable 接口的 compareTo()方法，根据元素类型和实际情况比较元素的大小，实现对集合的整体排序，这种排序称为类的自然排序。通常，compareTo()方法的声明语法格式如下。

```
public int compareTo(T other){}
```

上述格式中，T 表示与当前对象进行比较的对象类型。compareTo()方法会返回一个 int 类型的整数值来表示对象之间的大小关系。如果当前对象小于 other 对象，则返回一个负整数；如果当前对象大于 other 对象，则返回一个正整数；如果两个对象相等，则返回 0。

在实际开发中，除了会向 TreeSet 集合中添加基本数据类型的数据外，有时还需要存储自定义类型的对象。为了让自定义对象也能进行排序，可以让自定义的类实现 Comparable 接口，并在重写的 compareTo()方法中定义自定义对象之间的比较规则。例如，根据对象的特定属性或者其他需要比较的标准来确定对象的大小关系。

下面通过一个案例演示如何在 TreeSet 集合中存储自定义对象，该案例要求存储学生对象并根据学生的年龄升序排列，当年龄相同时按照姓名升序排列，具体如文件 6-11 所示。

文件 6-11　Example11.java

```java
1   import java.util.TreeSet;
2   class Student implements Comparable<Student>{
3       private String name;
4       private int age;
5       public Student(String name, int age) {
6           this.name = name;
7           this.age = age;
8       }
9       @Override
10      public String toString() {
11          return "姓名: " + name + " 年龄: " + age ;
12      }
13      //重写 compareTo()方法
14      @Override
15      public int compareTo(Student s) {
16          //定义比较方式,主要判断条件: 年龄
17          int result = this.age - s.age;
18          //次要判断条件: 姓名
19          result = result == 0 ? this.name.compareTo(s.name) : result;
20          return result;
21      }
22  }
23  public class Example11 {
24      public static void main(String[] args) {
25          TreeSet<Student> set = new TreeSet<>();
26          set.add(new Student("张三",18));
27          set.add(new Student("李四",25));
28          set.add(new Student("王五",20));
29          set.add(new Student("赵六",20));
30          for (Student student : set) {
31              System.out.println(student);
32          }
33      }
34  }
```

在文件 6-11 中，第 2~22 行代码定义了一个学生类 Student，并实现了 Comparable 接口。第 15~21 行代码重写了 compareTo()方法，用于定义学生对象的比较规则，其中，第 17 行代码通过年龄之差比较两个学生对象的大小关系，并将结果赋给 int 类型的变量 result；第 19 行代码规定如果年龄相同，则根据姓名比较两个学生对象的大小关系，并将结果赋给 result；第 20 行代码返回 result 的值。

第 25 行代码在主方法中创建了一个 TreeSet 集合；第 26～29 行代码在该集合中添加了 4 个学生对象；第 30～32 行代码使用增强 for 循环遍历 TreeSet 集合并输出所有元素。

文件 6-11 的运行结果如图 6-20 所示。

从图 6-20 中可以看到，控制台中输出的学生对象按照年龄升序排列，当年龄相同时按照姓名升序排列。

除了上面介绍的自然排序外，TreeSet 集合还有另一种实现排序的方式，即让 TreeSet 集合实现 Comparator 接口，并重写 compare()方法，这种排序方式称为自定义排序。compare()方法的返回值规则与 compareTo()方法相同。

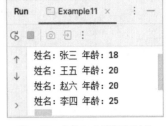

图6-20 文件6-11的运行结果

下面修改文件 6-11，通过自定义排序的方式实现相同的功能。首先定义学生类 Student，具体如文件 6-12 所示。

文件 6-12 Student.java

```
1   public class Student{
2       private String name;
3       private int age;
4       public Student(String name, int age) {
5           this.name = name;
6           this.age = age;
7       }
8       public String getName() {
9           return name;
10      }
11      public int getAge() {
12          return age;
13      }
14      @Override
15      public String toString() {
16          return "姓名: " + name + " 年龄: " + age;
17      }
18  }
```

在文件 6-12 中，第 8～13 行代码定义了 getName()方法和 getAge()方法，用于获取学生的姓名和年龄；第 15～17 行代码重写了 toString()方法，用于输出学生的信息。

下面定义测试类，将学生对象通过自定义排序的方式存入 TreeSet 集合，具体如文件 6-13 所示。

文件 6-13 Example12.java

```
1   public class Example12 {
2       public static void main(String[] args) {
3           TreeSet<Student> set = new TreeSet<>(new Comparator<Student>() {
4               @Override
5               public int compare(Student s1, Student s2) {
6                   //主要判断条件: 年龄
7                   int result = s1.getAge() - s2.getAge();
8                   //次要判断条件: 姓名
9                   result = result == 0 ?
10                      s1.getName().compareTo(s2.getName()) : result;
11                  return result;
12              }
13          });
```

```
14        set.add(new Student("张三",18));
15        set.add(new Student("李四",25));
16        set.add(new Student("王五",20));
17        set.add(new Student("赵六",20));
18        for (Student student : set ) {
19            System.out.println(student);
20        }
21    }
22 }
```

在文件 6-13 中，第 3～13 行代码创建了一个 TreeSet 集合，并通过匿名内部类的方式实现了 Comparator 接口，在内部类中重写了 Comparator 接口的 compare()方法，用于定义学生对象的比较规则，该方法内的实现逻辑与文件 6-11 中的 compareTo()方法相同。

运行文件 6-13，结果如图 6-21 所示。

由图 6-21 可以看到，控制台中输出的结果与图 6-20 相同，说明使用自定义排序的方式也可以在 TreeSet 集合中按照自定义的规则对元素进行排序。

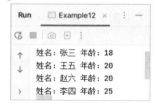

图6-21　文件6-13的运行结果

【案例 6-2】国庆抽奖活动

请扫描二维码查看【案例 6-2：国庆抽奖活动】。

6.7　Map 集合

现实生活中，每个人都有唯一的身份证号，通过身份证号可以快速找到相应的身份信息，两者是一对一的关系。在 Java 程序中，如果想要存储这种具有对应关系的数据，可以使用 Map 集合，Map 集合常用的实现类有 HashMap 集合和 TreeMap 集合，下面对 Map 集合的相关内容进行讲解。

6.7.1　Map 集合简介

Map 集合是 Java 中用于存储和操作键值对的数据结构，其中的每个元素都包含一个键对象 key 和一个值对象 value，它们之间是一对一的映射关系。Map 集合中的键不允许重复，而值可以重复。

Map 集合定义了很多双列集合通用的集合操作方法，包括添加、删除和判断元素等基本方法，还针对双列集合的特殊结构提供了基于键和值的获取方法。Map 集合的常用方法如表 6-6 所示。

表6-6　Map 集合的常用方法

方法声明	功能描述
V put(K key, V value)	向 Map 集合中添加元素（键值对），如果当前 Map 集合中已有一个键值对中的键与 key 相等，则新的键值对会覆盖原来的键值对

续表

方法声明	功能描述
V remove(Object key)	从 Map 集合中删除键为 key 的键值对，并返回 key 对应的 value；如果该 key 不存在，则返回 null
void clear()	移除 Map 集合中的所有键值对元素
boolean containsKey(Object key)	查询 Map 集合中是否包含指定 key 的键值对，如果包含则返回 true
boolean containsValue(Object value)	查询 Map 集合中是否包含指定 value 的键值对，如果包含则返回 true
boolean isEmpty()	判断 Map 集合是否为空
int size()	返回集合中元素的数量
V get(Object key)	返回 Map 集合中指定键所映射的值，V 表示值的数据类型。如果不包含则返回 null
Set<K> keySet()	返回由 Map 集合中所有键对象组成的 Set 集合
Collection<V> values()	返回由 Map 集合中所有值对象组成的 Collection 集合
Set<Map.Entry<K, V>> entrySet()	返回由 Map 集合中所有键值对对象组成的 Set 集合

6.7.2　HashMap 集合

HashMap 是 Map 集合的一个重要实现类，它的底层结构与 HashSet 类似，也是采用哈希表来存储元素。HashMap 集合中的大部分方法都是 Map 集合方法的实现。下面通过一个获取文具价格的案例带领读者熟悉 HashMap 集合的使用，如文件 6-14 所示。

文件 6-14　Example13.java

```
1  import java.util.HashMap;
2  public class Example13 {
3      public static void main(String[] args) {
4          HashMap<String,Integer> map = new HashMap<>();
5          map.put("钢笔",49);
6          map.put("铅笔",20);
7          map.put("毛笔",79);
8          map.put("铅笔",15);
9          System.out.println(map);
10         System.out.println("钢笔的价格为" + map.get("钢笔"));
11         System.out.println("铅笔的价格为" + map.get("铅笔"));
12         System.out.println("毛笔的价格为" + map.get("毛笔"));
13     }
14 }
```

在文件 6-14 中，第 4 行代码定义了一个 HashMap 集合；第 5～8 行代码向该集合中添加了 4 个键值对，用于存储不同的文具及其价格，其中文具名称为键，对应的价格为值；第 9 行代码输出该 HashMap 集合；第 10～12 行代码根据指定的文具名称获取对应的价格并输出。

文件 6-14 的运行结果如图 6-22 所示。

由图 6-22 可以看到，控制台中输出的 HashMap 集合的键

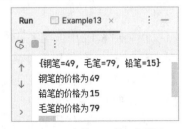

图6-22　文件6-14的运行结果

值对只有 3 个，并且获取到的铅笔价格是 15，而不是 20。说明在 HashMap 集合中添加两个相同键的键值对时，后添加的键值对会覆盖之前添加的键值对。

在程序开发中，对 Map 集合进行遍历操作也是非常常见的需求，通常有以下两种遍历方式。

● 通过 keySet()方法获取 Map 集合中所有键的集合，再通过 get()方法获取每个键所对应的值。

● 将每个键值对看作一个对象，通过 entrySet()方法获取由 Map 集合中所有键值对对象组成的 Set 集合，再遍历 Set 集合。

下面通过一个案例演示如何用以上两种方式遍历 Map 集合，如文件 6-15 所示。

文件 6-15　Example14.java

```
1   import java.util.HashMap;
2   import java.util.Map;
3   import java.util.Set;
4   public class Example14 {
5       public static void main(String[] args) {
6           Map<String,Integer> map = new HashMap<>();
7           map.put("铅笔",10);
8           map.put("橡皮",5);
9           map.put("钢笔",45);
10          map.put("墨水",15);
11          // 用第一种方式遍历 Map 集合
12          // 获取 Map 集合的所有键
13          Set<String> keys = map.keySet();
14          // 获取每个键所对应的值
15          System.out.println("1. 用第一种方法遍历 Map 集合");
16          for(String key : keys){
17              Integer value = map.get(key);
18              System.out.println(key + "->" + value);
19          }
20          // 用第二种方式遍历 Map 集合
21          // 获取由 Map 集合中的所有键值对对象组成的 Set 集合
22          Set<Map.Entry<String,Integer>> entries = map.entrySet();
23          // 遍历 Set 集合
24          System.out.println("2. 用第二种方法遍历 Map 集合");
25          for (Map.Entry<String,Integer> entry : entries){
26              String key = entry.getKey();
27              Integer value = entry.getValue();
28              System.out.println(key + "->" + value);
29          }
30      }
31  }
```

在文件 6-15 中，第 6～10 行代码创建了一个 Map 集合，并在该集合中添加了 4 个键值对；第 13～19 行代码通过第一种方式遍历 Map 集合，其中，第 13 行代码获取了由 Map 集合中所有键对象组成的 Set 集合，第 16～19 行代码遍历该 Set 集合并根据键获取对应的值，然后输出所有的键和值。

第 22～29 行代码通过第二种方式遍历 Map 集合，其中，第 22 行代码获取了由 Map 集合中的所有键值对对象组成的 Set 集合；第 25～29 行代码遍历该 Set 集合，获取每个键值对的键和值并将其输出。

文件 6-15 的运行结果如图 6-23 所示。

从图 6-23 中可以看到，控制台中输出了两次遍历 Map 集合的结果，说明上述两种方式都可以对 Map 集合进行遍历操作。

从上面的例子中可以看出，HashMap 集合中元素的添加顺序与输出顺序不一致，这是因为哈希表根据键的哈希值存储元素，与添加顺序无关。如果想要元素的添加顺序和输出顺序一致，可以使用 LinkedHashMap 类，它是 HashMap 类的一个子类，其原理与 LinkedHashSet 集合相同，通过在内部使用双向链表来维护元素的添加顺序。下面使用 LinkedHashMap 集合存储数据并进行遍历，具体如文件 6-16 所示。

图6-23　文件6-15的运行结果

文件 6-16　Example15.java

```java
1  import java.util.LinkedHashMap;
2  import java.util.Set;
3  public class Example15 {
4      public static void main(String[] args) {
5          LinkedHashMap<String,Integer> map = new LinkedHashMap<>();
6          map.put("铅笔",10);
7          map.put("橡皮",5);
8          map.put("钢笔",45);
9          map.put("墨水",15);
10         Set<String> keys = map.keySet();
11         for(String key : keys){
12             Integer value = map.get(key);
13             System.out.println(key + "->" + value);
14         }
15     }
16 }
```

在文件 6-16 中，使用 LinkedHashMap 集合存储文具名称及其价格，并对该集合进行遍历。文件 6-16 的运行结果如图 6-24 所示。

从图 6-24 中可以看到，控制台中输出的元素顺序与添加顺序相同。

需要注意的是，HashMap 集合底层通过 hashCode()方法和 equals()方法来保证键的唯一性。因此，如果要在 HashMap 集合中存储自定义类的键对象，需要根据需求重写 hashCode()方法和 equals()方法。

图6-24　文件6-16的运行结果

6.7.3　TreeMap 集合

TreeMap 是 Map 集合的一个实现类，它的底层与 TreeSet 集合类似，采用平衡二叉树的结构存储数据，并通过二叉树的特性保证集合中键的唯一性。TreeMap 集合同样可以通过自然排序或者自定义排序对集合中的键进行排序。

下面通过一个案例来演示 TreeMap 集合的用法。该案例使用 TreeMap 集合存储学生信息，其中键为学生对象，值为该学生对应的班级，学生对象包含姓名和成绩两个属性；要求遍历 TreeMap 集合并根据学生的成绩进行降序排列，当成绩相同时，根据姓名进行升序排列。

　　为了满足上述案例要求，首先定义一个学生类 Student，用于表示学生对象，具体如文件 6-17 所示。

文件 6-17　Student.java

```
1  public class Student implements Comparable<Student>{
2      private String name;
3      private int score;
4      public Student(String name, int score) {
5          this.name = name;
6          this.score = score;
7      }
8      @Override
9      public String toString() {
10         return "姓名: " + name + " 成绩: " + score;
11     }
12     @Override
13     public int compareTo(Student s) {
14         //按照成绩进行排序
15         int result = s.score - this.score;
16         //按照姓名进行排序
17         result = result == 0 ? this.name.compareTo(s.name) : result;
18         return result;
19     }
20 }
```

　　在文件 6-17 中，Student 类实现了 Comparable 接口，并重写了 compareTo()方法，用于指定学生对象的比较规则。

　　下面定义测试类，将学生对象和学生的班级以键值对的方式存入 TreeMap 集合中，具体如文件 6-18 所示。

文件 6-18　Example16.java

```
1  public class Example16 {
2      public static void main(String[] args) {
3          TreeMap<Student,String> map = new TreeMap<>();
4          Student s1 = new Student("张三",89);
5          Student s2 = new Student("李四",70);
6          Student s3 = new Student("王五",85);
7          Student s4 = new Student("赵六",89);
8          map.put(s1,"A班");
9          map.put(s2,"A班");
10         map.put(s3,"B班");
11         map.put(s4,"C班");
12         Set<Student> keys = map.keySet();
13         for(Student key : keys){
14             String value = map.get(key);
15             System.out.println(key + " 班级: " + value);
16         }
17     }
18 }
```

　　在文件 6-18 中，第 3 行代码创建了一个 TreeMap 集合；第 4～7 行代码初始化了 4 个学生对象；第 8～11 行代码将 4 个学生对象和他们各自所在的班级存入 TreeMap 集合中；第 12～16 行代码遍历 TreeMap 集合并输出学生对象的信息及其所在的班级。

　　运行文件 6-18，结果如图 6-25 所示。

从图 6-25 中可以看到，控制台中输出的集合元素根据学生
成绩进行了降序排列，当成绩相同时，根据姓名进行升序排列。

【案例 6-3】英汉互译

请扫描二维码查看【案例 6-3：英汉互译】。

图6-25　文件6-18的运行结果

【案例 6-4】益智棋牌游戏

请扫描二维码查看【案例 6-4：益智棋牌游戏】。

6.8　Stream 流

　　Stream 流又称 Stream API，是 JDK 8 开始提供的用于处理数据的 API，它可以将待处理
的数据视为"流"，通过一系列的中间操作和终端操作对数据进行处理和转换。使用 Stream
流可以轻松地对数组和集合进行操作，简化集合和数组的遍历、筛选、过滤等操作。此外，
Stream 流的操作会产生结果，但不会修改数据源，这使得数据的处理更加安全、可靠。

　　使用 Stream 流处理集合一般需要经过 3 个步骤，分别是获取 Stream 流、使用中间方法
对流进行处理、使用终结方法获取处理结果，具体说明如下。

1. 获取 Stream 流

　　获取 Stream 流指的是从数据源中获取 Stream 流的引用，让开发者能够对数据源进行流
式处理。在 Java 中，对于所有的单列集合，Collection 集合提供了一个 stream()方法，用于获
取对应集合的 Stream 流对象。

　　对于 Java 中的双列集合，无法直接使用 Stream 流进行处理。但是可以通过 keySet()方法
或 entrySet()方法将双列集合转为单列集合，然后调用 stream()方法获取相应的 Stream 流对象。

2. Stream 流的中间方法

　　获取集合的 Stream 流后，就可以对流中的数据进行操作了。Stream 流提供了一系列方
法，用于对数据流进行过滤、排序、去重等中间操作，这些方法被称为中间方法。中间方法
是对 Stream 流中的元素执行处理操作的方法，不会立即返回最终的结果流，它们在终结方法
被调用时才会执行。Stream 流常用的中间方法如表 6-7 所示。

表6-7　Stream 流常用的中间方法

方法声明	功能描述
Stream\<T\> filter(Predicate\<T\> predicate)	根据指定条件过滤流中的数据
Stream\<T\> sorted()	对流中元素进行升序排列
Stream\<T\> sorted(Comparator\<? super T\> comparator)	对流中元素按照指定规则进行排序

方法声明	功能描述
Stream\<T\> limit(long maxSize)	截取流中前 maxSize 个元素
Stream\<T\> skip(long n)	跳过流中前 *n* 个元素，返回后面的元素
Stream\<T\> distinct()	去除流中重复的元素
\<R\> Stream\<R\> map(Function\<? super T, ? extends R\> mapper)	根据指定的映射函数对流中的数据进行转换，返回一个新的流
static \<T\> Stream\<T\> concat(Stream a, Stream b)	合并 a 和 b 两个流为一个流

Stream 流的每个中间方法都会返回一个新的 Stream 流，这样中间方法可以连续调用，形成操作链，对数据进行连续处理。也就是说，在一段代码中可以连续调用多个中间方法，以便一次性处理多个需求。

3. Stream 流的终结方法

终结方法用于"消费"流中的元素并产生最终的结果。终结方法执行完成后流会被关闭，无法再对流进行操作，并返回一个非流的结果。

Stream 流常用的终结方法如表 6-8 所示。

表 6-8　Stream 流常用的终结方法

方法声明	功能描述
void forEach(Consumer action)	对流中间方法运算后的元素进行遍历
Object toArray()	将流中的元素收集到数组中并返回该数组
collect(Collector collector)	将流中的元素收集到集合中并返回该集合
long count()	获取流中间方法运算后元素的总个数
Optional\<T\> max(Comparator\<? super T\> comparator)	根据指定规则返回流中最大的元素
Optional\<T\> min(Comparator\<? super T\> comparator)	根据指定规则返回流中最小的元素

下面通过一个案例演示 Stream 流的使用，如文件 6-19 所示。

文件 6-19　Example17.java

```java
1  import java.util.ArrayList;
2  import java.util.List;
3  import java.util.stream.Collectors;
4  public class Example17 {
5      public static void main(String[] args) {
6          List<String> members = new ArrayList<>();
7          members.add("张三");
8          members.add("李四");
9          members.add("王五");
10         members.add("赵六");
11         members.add("张七");
12         members.add("刘五");
13         long count = members.stream()
14                 .filter(m -> m.charAt(0) == '张').count();
15         System.out.println("members 集合中姓张的名字个数: " + count);
16         List<String> newMembers = members.stream()
17                 .filter(m -> !m.contains("五"))
```

```
18                   .collect(Collectors.toList());
19         System.out.println("members 集合中名字不含'五'的名字集合: "
20                   + newMembers);
21         Object[] arrMembers = members.stream().sorted().toArray();
22         System.out.print("以数组形式返回按姓名升序排列后的所有元素: " );
23         for(Object arrMember : arrMembers){
24             System.out.print(arrMember + " ");
25         }
26     }
27 }
```

　　在文件 6-22 中，第 6～12 行代码创建了一个 List 集合，并向集合中添加了 6 个字符串类型的元素；第 13～14 行代码统计 List 集合中姓"张"的名字个数；第 16～18 行代码过滤出 List 集合中含有"五"的名字并将得到的元素收集到新的集合中；第 21 行代码对原始 List 集合中的姓名进行升序排列，然后将排序后的元素转换为一个数组；最后在 23～25 行代码遍历该数组并输出各个元素。

　　文件 6-19 的运行结果如图 6-26 所示。

　　从图 6-26 中可以看到，控制台中输出了对 List 集合进行各种操作后的结果，说明使用 Stream 流成功将流转换为特定的结果。

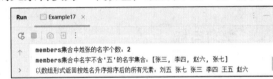

图6-26　文件6-19的运行结果

项目实践：会议室预订系统

　　请扫描二维码查看【项目实践：会议室预定系统】。

本章小结

　　本章主要对 Java 中常用集合类和泛型的相关知识进行了讲解。首先讲解了集合的基础知识以及 Collection 集合；其次讲解了 List 集合、集合的遍历、泛型；然后讲解了 Set 集合；接着讲解了 Map 集合；最后讲解了 Stream 流。通过学习本章内容，读者能够熟练运用不同集合处理各种数据需求，并能够掌握泛型和 Stream 流的使用方法。

本章习题

　　请扫描二维码查看本章习题。

第7章

I/O

拓展阅读

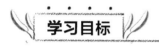

学习目标

知识目标	熟悉 I/O 流，能够简述 I/O 流的概念以及 I/O 流的继承体系
技能目标	1. 掌握 File 类的使用方法，能够创建 File 对象，并能够调用 File 类的常用方法创建、删除、判断和获取文件，以及对目录进行遍历 2. 掌握字节流的使用方法，能够使用字节流读取和写入文件，并能进行 I/O 流的资源释放 3. 掌握字符流的使用方法，能够使用字符流读取和写入文件 4. 熟悉缓冲流的使用方法，能够使用字符缓冲流和字节缓冲流读写文件 5. 熟悉数据流的使用方法，能够使用数据流读取和写入基本数据类型的数据 6. 熟悉对象流的使用方法，能够使用对象流读取和写入对象类型的数据 7. 了解 Commons IO 的使用，能够在项目中使用 Commons IO 的工具类对文件进行操作

大多数的应用程序都需要与外部设备进行数据交换。例如，从磁盘中读取文件内容、将数据写入磁盘或网络等。Java 将这种在应用程序与外部设备之间的数据传输抽象表述为"流"。Java 中的"流"都位于 java.io 包中，称为 I/O（Input/Output，输入/输出）流。本章将对 I/O 流的相关知识进行讲解。

7.1 File 类

File 类在 Java 中代表磁盘文件的类，是文件和目录路径名的抽象表示。它位于 java.io 包中。通过实例化 File 对象，可以对文件或目录进行一些基本的操作，如创建、删除、重命名、判断是否存在等，下面对 File 类进行讲解。

7.1.1 创建 File 对象

想要使用 File 类操作文件，需要先创建 File 对象。File 类提供了多个构造方法来创建 File

对象，常见的构造方法如表 7-1 所示。

表 7-1　File 类常见的构造方法

方法声明	功能描述
File(String pathname)	通过指定的字符串类型的文件路径创建 File 对象
File(String parent, String child)	通过指定的字符串类型的父路径和子路径（包括文件名称）创建 File 对象
File(File parent, String child)	通过指定的 File 类的父路径和字符串类型的子路径（包括文件名称）创建 File 对象

表 7-1 中列出的 3 个构造方法都需要传入文件路径。通常来讲，如果程序只处理一个目录或文件，并且已经知道该目录或文件的路径，使用第一个构造方法比较方便；如果程序处理的是一个公共目录中的若干子目录或文件，那么使用第二个或者第三个构造方法会更方便。

下面通过一个案例演示如何使用 File 类提供的构造方法创建 File 对象，如文件 7-1 所示。

文件 7-1　Example01.java

```java
1  import java.io.File;
2  public class Example01 {
3    public static void main(String[] args) {
4        File file1 = new File("D:\\file\\a.txt");
5        File file2 = new File("src\\file\\Hello.java");
6        System.out.println(file1);
7        System.out.println(file2);
8    }
9  }
```

在文件 7-1 中，第 4 行代码使用绝对路径创建了一个 File 对象；第 5 行代码使用相对路径创建了一个 File 对象。其中，相对路径是指相对于当前工作目录的路径表示方式，指定如何从当前位置导航到目标位置。

文件 7-1 在创建 File 对象时传入的路径使用了\\，这是因为 Windows 中的目录符号为反斜线\，但反斜线\在 Java 中是特殊字符，具有转义作用，所以使用反斜线\时，前面应该再添加一个反斜线进行转义，即\\。此外，目录符号还可以用正斜线/表示，如"D:/file/a.txt"。

文件 7-1 的运行结果如图 7-1 所示。

图7-1　文件7-1的运行结果

7.1.2　File 类的常用方法

File 类提供了一系列方法用于操作 File 对象所对应的路径指向的文件或者目录，下面分别对这些方法进行讲解。

1. 判断和获取方法

在操作文件或目录的过程中，经常需要对文件或目录的信息进行判断和获取操作。例如，判断给定路径下是否存在所需文件或目录，获取文件的名称、大小和路径等信息。这些操作可以通过 File 类提供的一系列判断和获取方法来实现，常见的判断和获取方法如表 7-2 所示。

表 7-2   File 类常见的判断和获取方法

方法声明	功能描述
boolean exists()	判断 File 对象对应的文件或目录是否存在，若存在则返回 true，否则返回 false
boolean isFile()	判断 File 对象对应的是否是文件（不是目录），若是文件则返回 true，否则返回 false
boolean isDirectory()	判断 File 对象对应的是否是目录（不是文件），若是目录则返回 true，否则返回 false
boolean isAbsolute()	判断 File 对象对应的文件或目录是否是绝对路径
boolean canRead()	判断 File 对象对应的文件是否可以读取，若可以则返回 true，否则返回 false
boolean canWrite()	判断 File 对象对应的文件是否可以修改，若可以则返回 true，否则返回 false
String getName()	返回 File 对象表示的文件或目录的名称
long length()	返回文件内容的长度（单位是字节）
long lastModified()	返回 1970 年 1 月 1 日 0 时 0 分 0 秒到文件最后修改时间的毫秒值
String getPath()	返回 File 对象对应的路径名字符串
String getAbsolutePath()	返回 File 对象对应的绝对路径（在 Unix/Linux 等系统上，如果路径是以正斜线/开始，则这个路径是绝对路径；在 Windows 等系统上，如果路径是从盘符开始，则这个路径是绝对路径）
String getParentFile()	返回 File 对象对应目录的父目录（即返回的目录不包含最后一级子目录）

表 7-2 中列出了 File 类常见的判断和获取方法，但仅通过文字描述这些方法的功能，初学者很难理解它们的具体用法。

下面通过一个案例演示这些方法的使用。首先在项目的 src 目录下创建一个名为 "file" 的包，然后在 file 包中创建一个名为 "example" 的文本文件，使用记事本打开 example 文本文件后随便添加一些内容并保存。编写案例代码，如文件 7-2 所示。

文件 7-2   Example02.java

```
1   import java.io.File;
2   import java.time.Instant;
3   public class Example02 {
4       public static void main(String[] args) {
5           File file = new File("src\\file\\example.txt");
6           System.out.println("当前文件对象对应的文件路径是否存在: "
7                   + file.exists());
8           System.out.println("当前文件对象指代的是否是文件: " + file.isFile());
9           System.out.println("当前文件对象指代的文件或目录是否为绝对路径: "
10                  + file.isAbsolute());
11          System.out.println("文件名称: " + file.getName());
12          System.out.println("文件大小: " + file.length() + "bytes");
13          System.out.println("文件的相对路径: " + file.getPath());
14          System.out.println("文件的绝对路径: " + file.getAbsolutePath());
15      }
16  }
```

在文件 7-2 中，第 5 行代码创建了一个 File 对象，并指定了文件的路径；第 6~14 行代码演示了 File 类的一系列判断和获取方法的调用。首先判断了当前文件对象对应的文件路径是否存在、当前文件对象指代的是否是文件，以及文件或目录是否为绝对路径，接着获取了文件的名称、大小、相对路径以及绝对路径等信息。

文件 7-2 的运行结果如图 7-2 所示。

由图 7-2 可以看到，控制台中输出了当前文件对象的相关信息。

图7-2　文件7-2的运行结果

2. 创建和删除方法

除了判断和获取已存在文件或目录的信息外，File 类还提供了用于创建和删除文件或目录的方法，这些方法使得开发者可以方便地在程序中动态地创建、删除文件和目录，具体如表 7-3 所示。

表 7-3　创建、删除文件和目录的方法

方法声明	功能描述
boolean createNewFile()	当 File 对象对应的文件不存在时，该方法将新建一个文件，若创建成功则返回 true，否则返回 false
boolean mkdir()	新建一个目录，若创建成功则返回 true，否则返回 false
boolean mkdirs()	新建多级目录（包括创建所需但不存在的父目录），若创建成功则返回 true，否则返回 false
boolean delete()	删除 File 对象对应的文件或目录（不能删除非空目录），若删除成功则返回 true，否则返回 false

下面通过一个案例演示表 7-3 中方法的使用，如文件 7-3 所示。

文件 7-3　Example03.java

```
1  import java.io.File;
2  import java.io.IOException;
3  public class Example03 {
4      public static void main(String[] args) throws IOException {
5          //创建文件
6          File f1 = new File("D:\\file\\itheima.txt");
7          if(f1.exists()){        //如果指定路径存在此文件，则删除此文件
8              System.out.println("删除文件 itheima.txt: " + f1.delete());
9          }else {                 //如果不存在，则创建此文件
10             System.out.println("创建文件 itheima.txt: "
11                     + f1.createNewFile());
12         }
13         //创建目录
14         File f2 = new File("D:\\file\\aaa");
15         System.out.println("创建目录 aaa: " + f2.mkdir());
16     //在目录 aaa 下创建一个文件
17         File f3 = new File("D:\\file\\aaa\\Hello.docx");
18         if(f3.exists()){        //如果指定路径存在此文件，则删除此文件
19             System.out.println("删除文件 Hello.docx: " + f3.delete());
20         }else {                 //如果不存在，则创建此文件
21             System.out.println("在目录 aaa 下创建文件 Hello.docx: "
22                     + f3.createNewFile());
23         }
24     }
25  }
26
```

在文件 7-3 中，第 6 行代码创建了一个 File 对象 f1，并指定了文件的路径和名称；第 7～12 行代码判断该路径下是否存在该文件，如果存在，则删除此文件，否则创建文件；第 14～15 行代码在 D 盘的 file 目录下创建了一个名称为"aaa"的目录；第 18～23 行代码判断 aaa 目录下是否存在文件"Hello.docx"，如果存在，则删除此文件，否则创建文件。

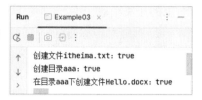

图7-3　文件7-3的运行结果

文件 7-3 的运行结果如图 7-3 所示。

由图 7-3 可以看到，控制台显示程序成功创建了文件和目录。下面进入 D 盘下的 file 目录，验证创建结果，如图 7-4 和图 7-5 所示。

图7-4　文件7-3的创建结果（1）

图7-5　文件7-3的创建结果（2）

由图 7-4 和图 7-5 可以看到，程序在指定路径下成功创建了指定的文件和目录。

3. 遍历目录

通常目录中可能会包含文件和子目录，此时如果想要获取目录中的所有文件和子目录的信息，就需要对目录进行遍历，File 类用于遍历目录的方法如表 7-4 所示。

表 7-4　File 类的遍历目录方法

方法声明	功能描述
String[] list()	获取当前目录下所有的一级目录名称和文件名称到一个字符串数组中
File[] listFiles()	获取当前目录下所有的一级目录对象和文件对象到一个文件对象数组中

表 7-4 中的两个方法都只能返回当前目录下的一级目录或文件，也就是说，无法直接获取当前目录中子目录的内容。下面通过一个案例演示这两个方法的使用，如文件 7-4 所示。

文件 7-4　Example04.java

```
1   import java.io.File;
2   public class Example04 {
3       public static void main(String[] args) {
4           File f1 = new File("D:\\file");
5           //获取当前目录下的所有文件对象和一级子目录的名称
6           String[] names = f1.list();
7           System.out.println("file 目录下所有文件及一级子目录的名称：");
8           for(String name : names){
9               System.out.println(name);
10          }
11          //获取当前目录下的所有文件对象及一级子目录对象
12          File[] files = f1.listFiles();
13          System.out.println("file 目录下的所有文件对象及一级子目录对象：");
```

```
14              for(File file : files){
15                  System.out.println(file);
16              }
17          }
18  }
```

在文件 7-4 中，第 6～10 行代码输出了 D 盘 file 目录下所有文件及一级子目录的名称；第 12～16 行代码输出了 D 盘 file 目录下的所有文件对象及一级子目录对象。

文件 7-4 的运行结果如图 7-6 所示。

由图 7-6 可以看到，控制台中输出了 D 盘 file 目录下所有文件及一级子目录的名称和路径。

文件 7-4 实现了遍历目录下所有文件及一级子目录的功能，然而有时程序只需要获取符合指定条件的文件，如获取指定目录下的所有的 ".txt" 文件。针对这种需求，File 类提供了一个重载的 list(FilenameFilter filter)方法，该方法接收一个 FilenameFilter 类型的参数，用于过滤文件名。

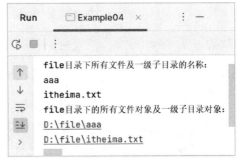

图7-6 文件7-4的运行结果

FilenameFilter 是一个接口，被称作文件过滤器，其中定义了一个抽象方法 accept(File file,String name)，用于依次对指定 File 的所有子目录或文件进行迭代。

在调用 list(FilenameFilter filter)方法时，需要实现文件过滤器 FilenameFilter，并在 accept(File file,String name)方法中进行筛选，从而获得满足指定条件的文件。为了帮助读者更好地理解文件过滤器的原理，下面分步骤对 list(FilenameFilter filter)方法的工作原理进行说明。

（1）调用 list(FilenameFilter filter)方法，传入 FilenameFilter 文件过滤器对象。

（2）遍历当前 File 对象所对应目录的所有子目录和文件。

（3）把代表当前目录的 File 对象和子目录或文件的名称作为参数调用 accept(File file, String name)方法。

（4）如果调用 accept(File file, String name)方法后返回 true，就将当前遍历的子目录或文件添加到数组中；如果返回 false，则不添加。

下面通过一个案例演示如何获取指定目录下所有扩展名为 ".txt" 的文件，如文件 7-5 所示。

文件 7-5 Example05.java

```
1   import java.io.File;
2   import java.io.FilenameFilter;
3   public class Example05 {
4       public static void main(String[] args) {
5           File file = new File("D:\\file");
6           //创建文件过滤器对象
7           FilenameFilter filter = new FilenameFilter() {
8               //实现 accept()方法
9               @Override
10              public boolean accept(File dir, String name) {
11                  File currFile = new File(dir,name);
12                  //如果文件名以 ".txt" 结尾，返回 true，否则返回 false
13                  if(currFile.isFile() && name.endsWith(".txt")){
14                      return true;
15                  }else{
```

```
16                    return false;
17                }
18            }
19        };
20        //判断 File 对象对应的目录是否存在
21        if(file.exists()){
22            //获得由过滤后的所有文件名组成的数组
23            String[] lists = file.list(filter);
24            for(String list : lists){
25                System.out.println(list);
26            }
27        }
28    }
29 }
```

在文件 7-5 中，第 7～19 行代码创建了一个文件过滤器对象，实现了 FilenameFilter 接口并重写了 accept() 方法；其中，第 11 行代码获取当前迭代的文件或目录，并将其赋给文件对象 currFile；第 13～17 行代码通过判断 currFile 对象是否是一个文件，并且文件名是否以 ".txt" 结尾来决定该对象是否会被添加到数组中；第 21～27 行代码调用 list() 方法获得符合条件的文件名数组，然后遍历数组并输出。

文件 7-5 的运行结果如图 7-7 所示。

由图 7-7 可以看到，控制台中输出了一个文件名称，并且是以 ".txt" 结尾的，说明使用 list(FilenameFilter filter) 方法成功在指定目录中按照自定义的条件过滤了文件，并返回了符合条件的结果。

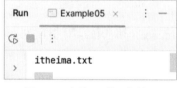

图7-7　文件7-5的运行结果

7.1.3　递归文件搜索

7.1.2 小节中遍历目录时获取的都是当前目录下的文件及子目录。如果想要获取当前目录下子目录中的内容，就可以使用 listFiles() 方法结合递归的方式进行遍历，具体步骤如下。

（1）调用 listFiles() 方法，获取当前目录下的文件和一级目录，得到一个数组。

（2）遍历数组，获取数组中的 File 对象。

（3）判断 File 对象的类别。如果当前 File 对象是文件，则获取文件名或路径并输出；如果 File 对象是目录，则获取目录名或路径并输出，然后再次执行上述步骤。

下面通过一个案例演示如何使用递归的方式遍历目录下的所有文件及子目录，如文件 7-6 所示。

文件 7-6　Example06.java

```
1  import java.io.File;
2  public class Example06 {
3      //递归遍历目录的方法
4      public static void fileDir(File dir){
5          File[] files = dir.listFiles();
6          for(File file : files){
7              System.out.println(file.getAbsolutePath());
8              //如果是目录，则递归调用 fileDir() 方法
9              if(file.isDirectory()){
10                 fileDir(file);
11             }
```

```
12        }
13    }
14    public static void main(String[] args) {
15        File file = new File("D:\\file");
16        fileDir(file);
17    }
18 }
```

在文件 7-6 中，第 4～13 行代码定义了一个方法 fileDir()，用于递归遍历目录下所有的文件和子目录，该方法接收一个 File 类型的参数，表示需要遍历的目录；第 15 行代码创建了一个 File 对象 file，并指定了目录路径 "D:\file"；第 16 行代码调用 fileDir()方法，传入 file 参数，遍历该 File 对象指定的目录。

文件 7-6 的运行结果如图 7-8 所示。

由图 7-8 可知，控制台中输出了 D 盘 file 目录下的所有文件和子目录。

图7-8　文件7-6的运行结果

【案例 7-1】文件搜索与删除工具

请扫描二维码查看【案例 7-1：文件搜索与删除工具】。

7.2　I/O 流概述

File 类主要用于操作文件的属性和路径，无法直接操作文件中的内容。如果程序需要对文件中的内容进行读取或写入，就需要使用 I/O 流。I/O 流以流的形式进行数据的输入和输出，可以对文件或网络中的数据进行读取和写入操作。

Java 中的 I/O 流有很多种，根据数据传输方向的不同，可以分为输入流和输出流；根据操作数据的不同，可以分为字节流和字符流，下面分别进行说明。

● 输入流和输出流。输入流用于从磁盘、网络等来源将数据读取到程序中。通过输入流，程序可以从文件或者网络中读取数据并在程序中进行处理。输出流则用于将程序中的数据写入磁盘、网络等目标位置。通过输出流，程序可以将数据写入磁盘或者发送到网络中。输入流和输出流示意如图 7-9 所示。

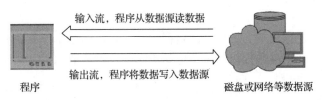

图7-9　输入流和输出流示意

● 字节流和字符流。在 Java 的 I/O 流中，数据本质上是由一组二进制位构成的序列。为了方便对不同类型的数据进行处理，Java 提供了字节流和字符流类型的 I/O 流。字节流以字节为单位来处理流上的数据。字节流适用于处理二进制数据，如图像、音频等。在字节流中，数据会以字节的形式被读取和写入。字符流以字符为单位来处理流上的数据。字符流适用于处理文本数据，如对文本文件中的内容进行读写。在字符流中，数据会以字符的形式被读取和写入，可以更方便地编码和解码文本。

　　Java 中的 I/O 流有很多种，不同的流可以用于不同的场景。为了帮助读者更清楚地了解 I/O 流，下面以图的形式描述 I/O 流的继承体系，图 7-10 所示为字节流的继承体系，图 7-11 所示为字符流的继承体系。

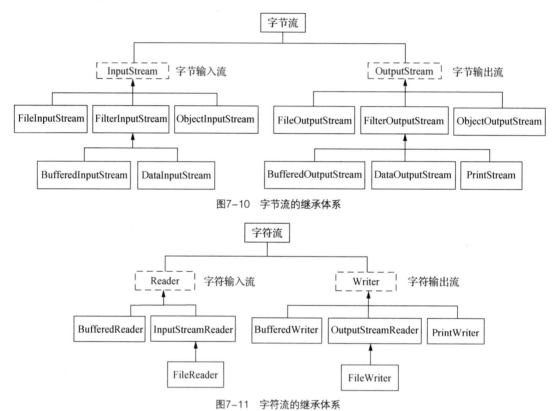

图7-10　字节流的继承体系

图7-11　字符流的继承体系

　　图 7-10 和图 7-11 中展示了字节流和字符流继承体系中一些较为常用的 I/O 流类，其中虚线框表示抽象类，实线框表示实现类。

7.3　字节流

　　在计算机中，无论是文本、图片，还是音频，它们在存储设备中都是由一系列字节组成的。Java 中用于处理二进制数据，以字节为基本单位进行读取和写入操作的流称为字节流，本节将对字节流进行讲解。

7.3.1　InputStream

　　InputStream 是 Java 中所有字节输入流的父类。InputStream 类提供了一系列方法来读取字节数据，其中常用的方法如表 7-5 所示。

表 7-5   InputStream 类的常用方法

方法声明	功能描述
int read()	从输入流读取一个字节，把它转换为 0~255 的整数，并返回这一整数
int read(byte[] b)	从输入流读取若干字节，把它们保存到参数 b 指定的字节数组中，返回值为读取到的字节数，如果已到达流的末尾，返回值为-1
int read(byte[] b, int off, int len)	从输入流读取若干字节，把它们保存到参数 b 指定的字节数组中，off 指定字节数组开始保存数据的起始索引，len 表示读取的字节数目，返回值为读取到的字节数，如果已到达流的末尾，返回值为-1
void close()	关闭输入流并释放与该流关联的所有系统资源

表 7-5 中列举的 InputStream 类的常用方法中，第一个 read()方法用于逐个读入字节，而第二个和第三个 read()方法则将若干字节以数组形式一次性读入，从而提高读数据的效率。在进行 I/O 操作时，当前 I/O 流会占用一定的内存，由于系统资源宝贵，因此，在 I/O 操作结束后，应该调用 close()方法关闭流，从而释放当前 I/O 流所占用的系统资源。

InputStream 是一个抽象类，需要通过实例化其子类的对象来使用字节输入流。其中，FileInputStream 是 InputStream 类的一个子类，专门用于从文件中读取数据。FileInputStream 类的构造方法可以接收一个文件名或者一个 File 对象作为参数，通过这个参数可以指定要读取数据的文件。在创建 FileInputStream 对象时，如果文件不存在或者无法访问，会抛出 FileNotFoundException 异常。

下面通过一个案例演示如何使用 FileInputStream 类对文件中的数据进行读取。在实现案例之前，首先在 Java 项目的 src 目录下创建一个名为"file"的包，然后在该包中创建一个文本文件 test01.txt，在文件中输入内容"itheima"并保存。使用字节输入流对象读取 test01.txt 文本文件的内容，具体代码文件 7-7 所示。

文件 7-7   Example07.java

```
1   import java.io.FileInputStream;
2   public class Example07 {
3       public static void main(String[] args) throws Exception {
4           //创建字节输入流
5           FileInputStream in = new
6                   FileInputStream("src\\file\\test01.txt");
7           int b;              //用于记录每次读取的字节
8           while (true){
9               b = in.read();
10              if(b == -1){
11                  break;
12              }
13              System.out.println(b);
14          }
15          in.close();         //释放资源
16      }
17  }
```

在文件 7-7 中，第 5~6 行代码创建了一个字节输入流 FileInputStream，并指定所读取的 test01.txt 文件的路径。由于在运行过程中可能会因找不到该文件而引发异常，所以需要声明或抛出异常。第 8~14 行代码使用 read()方法将 test01.txt 文件中的所有数据读取并输出；第

15 行代码使用 close()方法关闭当前 I/O 流。

文件 7-7 的运行结果如图 7-12 所示。

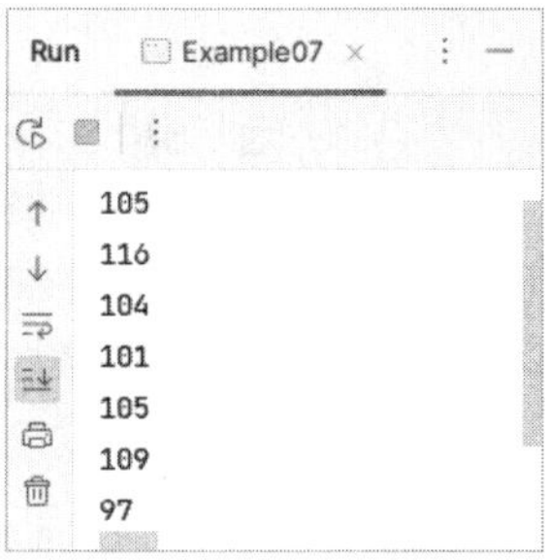

由图 7-12 可以看到，控制台输出 105、116、104、101、105、
109、97，这是因为当使用字节流读取文本文件时，文件中的每个
字符输出都会以字节的形式被读取并显示出来。test01.txt 文件中
的字符 'i'、't'、'h'、'e'、'i'、'm'、'a' 共占据了 7 个字节的
空间。当将这些字节以十进制的形式显示出来时，对应的十进制数
分别为 105、116、104、101、105、109、97。

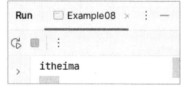

图7-12　文件7-7的运行结果

文件 7-7 中，每次都只会读取一个字节的数据，效率相对比较低下。为了提高 I/O 操作
的效率，一般情况下都会使用一次能读取若干字节的 read()方法。下面通过一个案例讲解以
一次读取指定长度的数据的方式读取文件内容的方法，具体代码如文件 7-8 所示。

文件 7-8　Example08.java

```
1   import java.io.FileInputStream;
2   public class Example08 {
3       public static void main(String[] args) throws Exception {
4           //创建字节输入流，并指定源文件名称
5           FileInputStream in = new
6                   FileInputStream("src\\file\\test01.txt");
7           int len;                        //记录有效字节个数
8           byte[] bytes = new byte[7];     //存放读取到的数据
9           //循环读取数据
10          while((len = in.read(bytes)) != -1){
11              //每次读取后，把数组的有效字节部分转换为字符串输出
12              System.out.println(new String(bytes,0,len));
13          }
14          in.close();
15      }
16  }
```

在文件 7-8 中，第 8 行代码定义了一个字节数组 bytes，用于存放读取到的数据；第 10～
13 行代码循环读取数据，并使用 read(byte[] b)方法将读取到的数据存放到数组 bytes 中，其
中，len 表示当前读取的字节数；第 12 行代码将数组 bytes
中的数据转换为字符串并输出。

文件 7-8 的运行结果如图 7-13 所示。

由图 7-13 可以看到，控制台输出了 "itheima"，说明程
序一次性读取到文件中的 7 个字节，并将其转换为字符串
输出。

图7-13　文件7-8的运行结果（1）

> 🔴※ 脚下留心：中文乱码问题
>
> 　　由于一个中文字符在 UTF-8 编码方案中占 3 个字节，在读取包含中文字符的文件时，
> 采用一次读取一个字节的方式和一次读取多个字节的方式都可能因读取不到完整的字符
> 而出现乱码问题。例如，将文件 test01.txt 中的内容改为 "itheima 程序员"，运行文件 7-8，
> 结果如图 7-14 所示。
>
> 　　由图 7-14 可以看到，控制台的输出结果出现了中文乱码。这是因为程序采用一次性

读取 7 个字节的方式，而一个汉字占 3 个字节，所以在读取完 itheima 后，只有前两个汉字"程序"能够被完整读取，在读取到第 3 个汉字时，无法完整读取，所以出现了乱码。为了避免这个问题，需要调整读取字节数以确保每个字符都能够被完整读取。

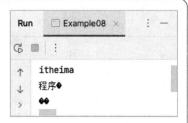

图7-14　文件7-8的运行结果（2）

除了修改读取字节数，还可以使用 InputStream 类提供的 readAllBytes()方法，一次性读取文件中的全部字节，并将其转换为字符串输出。例如，将文件 7-8 中的第 7~13 行代码修改为以下代码。

```
byte[] bytes = in.readAllBytes();
System.out.println(new String(bytes));
```

修改完成后运行文件 7-8，结果如图 7-15 所示。

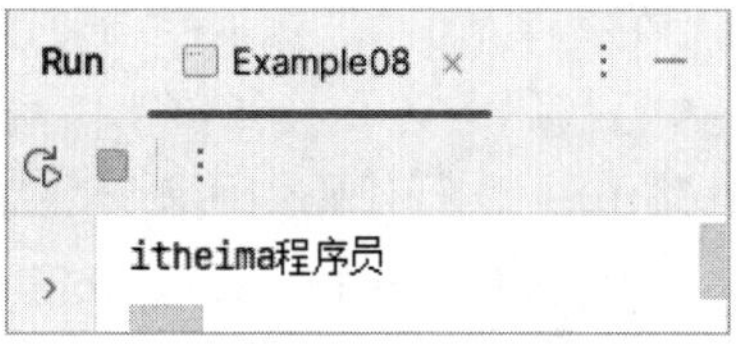

由图 7-15 可以看到，程序输出了文件 test01.txt 中的完整内容，并且没有出现乱码。需要注意的是，一次性读取所有字节虽然可以解决乱码问题，但是文件不能过大，否则可能导致内存溢出。

图7-15　文件7-8的运行结果（3）

7.3.2　OutputStream

OutputStream 是 Java 中所有字节输出流的父类。OutputStream 类提供了一些基本的方法来向目标位置写入字节数据，常用的方法如表 7-6 所示。

表 7-6　OutputStream 类的常用方法

方法声明	功能描述
void write(int b)	向输出流写入 1 个字节
void write(byte[] b)	将字节数组 b 中的所有字节写到输出流
void write(byte[] b,int off,int len)	将 byte 数组中从偏移量 off 开始的 len 个字节写入输出流
void flush()	刷新输出流并强制写出所有缓冲的输出字节
void close()	关闭输出流并释放与此流关联的所有系统资源

表 7-6 列举的 OutputStream 类常用的方法中，flush()方法用来将当前输出流缓冲区（通常指字节数组）中的数据强制写入目标设备，此过程称为刷新。

与 InputStream 类类似，使用 OutputStream 类时必须先通过其子类实例化对象。OutputStream 类有多个子类，其中 FileOutputStream 子类是操作文件的字节输出流。FileOutputStream 类的构造方法可以接收一个文件名或者一个 File 对象作为参数，通过这个参数可以指定要写入数据的文件。在创建 FileOutputStream 对象时，如果文件不存在，则会创建一个新的文件；如果文件已经存在，且没有指定其他参数，默认会覆盖原有的文件内容。

下面通过一个案例演示如何使用 FileOutputStream 将数据写入文件，如文件 7-9 所示。

文件 7-9　Example09.java

```
1   import java.io.FileOutputStream;
2   import java.io.OutputStream;
```

```
3   public class Example09 {
4       public static void main(String[] args) throws Exception {
5           //创建一个文件字节输出流，并指定输出文件名称
6           OutputStream out = new
7                   FileOutputStream("src\\file\\test02.txt");
8           String str = "黑马程序员";
9           byte[] b = str.getBytes();
10          for(int i = 0; i < b.length; i ++){
11              out.write(b[i]);
12          }
13          out.close();
14      }
15  }
```

在文件 7-9 中，第 6～7 行代码创建了一个文件字节输出流 out，并指定了输出文件；第 8～9 行代码定义了一个字符串 str，作为写入文件的内容，然后将字符串 str 转换为字符数组 b；第 10～12 行代码使用循环将字符数组 b 中的元素依次写入文件中。

运行文件 7-9 后，会在 src\file 目录中生成一个新的文本文件 test02.txt，打开该文本文件查看其中的内容，如图 7-16 所示。

由图 7-16 可知，test02.txt 文件中已经写入了字符串 str 的内容。

如果希望在已存在的文件内容之后追加新内容，则可使用 FileOutputStream 类的构造方法 FileOutputStream(String filename, boolean append)创建文件输出流对象，并把参数 append 的值设置为 true。下面通过一个案例演示如何在已存在的文件内容后追加内容，如文件 7-10 所示。

图7-16　文件test02.txt（1）

文件 7-10   Example10.java

```
1   import java.io.FileOutputStream;
2   import java.io.OutputStream;
3   public class Example10 {
4       public static void main(String[] args) throws Exception {
5           //创建文件输出流对象
6           OutputStream out = new
7                   FileOutputStream("src\\file\\test02.txt",true);
8           byte[] b = "，欢迎您！".getBytes();
9           out.write(b);
10          out.close();
11      }
12  }
```

在文件 7-10 中，第 6～7 行代码创建了一个文件输出流 out，并指定文件为 test02.txt，append 的值为 true；第 8～9 行代码在文件 test02.txt 中添加了一个内容为"，欢迎您！"的字符串。

运行文件 7-10，查看文件 test02.txt 中的内容，如图 7-17 所示。

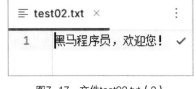

图7-17　文件test02.txt（2）

由图 7-17 可以看到，test02.txt 中增加了内容"，欢迎您！"，并且没有将文件中已有的数据清空，而是将新写入的数据追加到了文件末尾。

【**案例 7-2**】音频加密与解密

请扫描二维码查看【案例 7-2：音频加密与解密 】。

7.4 字符流

InputStream 类和 OutputStream 类在读写文件时操作的都是字节，如果需要读写纯文本数据，JVM 需要将字节转换为字符，数据规模较大时这个转换过程耗时较长，并且字符的编码类型较多，若不知道编码类型就很容易产生乱码。对此，Java I/O 流中提供了字符流，使得直接操作字符变得更加方便。使用字符流可以绕过字节到字符的转换过程，直接操作字符数据，更加高效和简便。下面对字符流进行讲解。

7.4.1 Reader

Reader 是字符输入流的顶级父类，用于从网络或磁盘等数据源中以字符为单位读取数据到程序中。Reader 类中定义了字符输入流的共性方法，其中常用的方法如表 7-7 所示。

表 7-7 Reader 类的常用方法

方法声明	功能描述
int read()	从输入流中读取一个字符，并返回其 Unicode 编码值，如果到达流的末尾，则返回-1
int read(char cbuf[])	从输入流中读取若干个字符，并将其存储到指定的字符数组 cbuf 中，返回值为读取到的字符数，如果已到达流的末尾，则返回-1
int read(char cbuf[],int off,int len)	从输入流中读取若干个字符，并将其存储到指定的字符数组 cbuf 中；off 参数表示从数组的哪个位置开始存储，len 参数表示最多读取的字符数。返回值为读取到的字符数，如果到达流的末尾，则返回-1
void close()	用于关闭输入流，释放与之相关的系统资源
long transferTo(Writer out)	用于将输入流中的字符数据直接传输到指定的输出流 Writer 中

表 7-7 中列举 Reader 类的常用方法与字节输入流的方法类似，不同之处在于，字节输入流使用字节数组读取数据，而字符输出流使用字符数组读取数据。

使用 Reader 类时，需要先使用其子类实例化对象。Reader 类有多个子类，其中 FileReader 类是用于操作文件的字符输入流，开发人员可以使用构造函数 FileReader(String fileName)或 FileReader(File file)创建一个 FileReader 对象，并指定要读取的文件。

下面通过一个案例演示如何使用 FileReader 类读取文件中的内容。首先在 src 目录下的 file 包中新建一个 test04.txt 文件，并在其中输入内容"黑马程序员"，然后使用 FileReader 对象读取 test04.txt 文件中的内容，如文件 7-11 所示。

文件 7-11　Example11.java

```
1   import java.io.FileReader;
2   public class Example11 {
3       public static void main(String[] args)  {
4           try(
5                   //创建一个 FileReader 对象，用来读取文件中的字符
6                   FileReader reader = new
7                           FileReader("src\\file\\test04.txt");){
8               int c;                              //定义变量，用来记录读取到的字符
9               while ((c = reader.read()) != -1){ //循环判断是否读取到文件的末尾
10                  System.out.print((char) c);
11              }
12          }catch (Exception e){
13              e.printStackTrace();
14          }
15      }
16  }
```

在文件 7-11 中，第 6～7 行代码创建了一个 FileReader 对象 reader，并指定要读取的文件；第 9～11 行代码循环读取字符并输出，直到读取到文件末尾。

文件 7-11 的运行结果如图 7-18 所示。

由图 7-18 可以看到，程序成功读取文件 test04.txt 中的内容，并输出到控制台。

文件 7-11 中每次读取单个字符的效率不是很高，一般建议使用一次可以读取若干字符的 read() 方法，以提高程序的 I/O 效率。下面对文件 7-11 的读取方式进行改进，具体代码如文件 7-12 所示。

图7-18　文件7-11的运行结果

文件 7-12　Example12.java

```
1   import java.io.*;
2   public class Example12 {
3       public static void main(String[] args) {
4           try {
5               //创建一个 FileReader 对象，用来读取文件中的字符
6               FileReader reader = new
7                       FileReader("src\\file\\test04.txt");
8               char[] chars = new char[3];   //定义字符数组，用来存储读取到的字符
9               int len;                          //定义变量，用来记录读取到的字符数量
10              while ((len = reader.read(chars)) != -1) {
11                  System.out.println(new String(chars, 0, len));
12              }
13          } catch (Exception e) {
14              e.printStackTrace();
15          }
16      }
17  }
```

在文件 7-12，第 8 行代码定义了一个字符数组 chars，用于存储每次从输入流中读取到的数据，数组的长度可以根据需求自定义；第 10～12 行代码为循环语句，每次循环使用 read() 方法将字符读取到 chars 数组中，然后输出读取到的字符。

文件 7-12 的运行结果如图 7-19 所示。

由图 7-19 可知，控制台将文件 test04.txt 中的内容分两行进行输出，这是因为程序每次

读取 3 个字符，并将其作为一个字符串一次性输出。

图7-19　文件7-12的运行结果

7.4.2　Writer

Writer 是字符输出流的顶级父类，用于以字符为单位将数据写入网络或磁盘等各种目标中。Writer 类中定义了字符输出流的共性方法，其中常用的方法如表 7-8 所示。

表 7-8　Writer 类的常用方法

方法声明	功能描述
void write(char cbuf[])	将字符数组 cbuf 中的所有字符写入输出流中
void write(char cbuf[],int off,int len)	将字符数组 cbuf 中从偏移量 off 开始的 len 个字符写入输出流中
void write(String str)	将字符串 str 写入输出流中
void wirte(String str, int off, int len)	将字符串 str 中从偏移量 off 开始的 len 个字符写入输出流中
void flush()	强制将缓冲区的数据同步到输出流中
void close()	关闭输出流，释放与之相关的系统资源

在使用 Writer 类时，同样需要通过其子类实例化对象。FileWriter 是 Writer 类的一个子类，用于向文件以字符为单位写入数据。FileWriter 类提供了构造函数 FileWriter(String fileName)或 FileWriter(File file)来创建一个 FileWriter 对象，并指定要写入数据的文件。

下面通过一个案例演示如何使用 FileWriter 类将数据写入文件，如文件 7-13 所示。

文件 7-13　Example13.java

```
1  import java.io.*;
2  public class Example13 {
3      public static void main(String[] args) throws IOException {
4          //创建一个 FileWriter 对象，用于向文件中写入数据
5          Writer writer = new FileWriter("src\\file\\test05.txt");
6          String str = "我爱你中国！";
7          writer.write(str);              //将字符串数据写入文件中
8          writer.close();
9      }
10 }
```

在文件 7-13 中，第 5 行代码创建了一个 FileWriter 对象 writer，并指定了文件的路径和名称；第 6 行代码定义了一个字符串 str，并为其赋初始值"我爱你中国！"；第 7 行代码使用 write(String str)方法将字符串 str 中的字符写入文件。

运行文件 7-13，程序会在 src/file 目录中新建一个名称为"test05.txt"的文本文件，并打开该文件查看其中的内容，如图 7-20 所示。

由图 7-20 可知，程序成功将字符串写入 test05.txt 文件。

FileWriter 和 FileOutputStream 一样，如果指定的文件不存在，就会先创建文件，再写入数据；如果文件存在，则向文件中写入数据时，会默认覆盖原文件的内容。如果想在原文件末尾追加数据，需要调用以下重载的构造方法创建 FileWriter 对象。

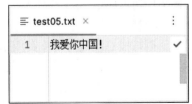

图7-20　文件test05.txt（1）

```
FileWriter(File file, boolean append)
```

也可以写为以下形式。

```
FileWriter(String filename, boolean append)
```

例如，将文件 7-13 中的第 5 行代码修改为以下代码。

```
Writer writer = new FileWriter("src\\file\\test05.txt",true);
```

修改完成后，再次运行文件 7-13，文件 test05.txt 的内容如图 7-21 所示。

由图 7-21 可以看出，程序运行后，test05.txt 文件中追加了指定的内容。

图7-21　文件test05.txt（2）

通过逐步读取源文件的数据并将其写入目标文件中，可以实现文件的复制。在字符输入流和字符输出流中，提供了一种更简单的方式来实现文件复制：使用 Reader 类提供的 transferTo() 方法，可以直接将文件中的内容传输到目标文件中。

下面通过一个案例演示如何使用 transferTo() 方法实现文件的复制，将文件 test05.txt 中的内容复制到文件 test05copy.txt 中，具体如文件 7-14 所示。

文件 7-14　Example14.java

```
1   import java.io.*;
2   public class Example14 {
3       public static void main(String[] args) throws IOException {
4           Reader reader = new FileReader("src\\file\\test05.txt");
5           Writer writer = new FileWriter("src\\file\\test05copy.txt");
6           reader.transferTo(writer);
7           reader.close();
8           writer.close();
9           System.out.println("文件复制成功！");
10      }
11  }
```

在文件 7-14 中，第 4～5 行代码创建了一个 FileReader 对象 reader 和一个 FileWriter 对象 writer，并分别为它们指定了对应的文件；第 6 行代码使用 reader 对象的 transferTo() 方法，直接将源文件的内容传输到 writer 对象所关联的目标文件中以实现复制操作。

运行文件 7-14，程序会在 src 目录下的 file 目录中新建一个文件 test05copy.txt，打开该文件查看复制结果，如图 7-22 所示。

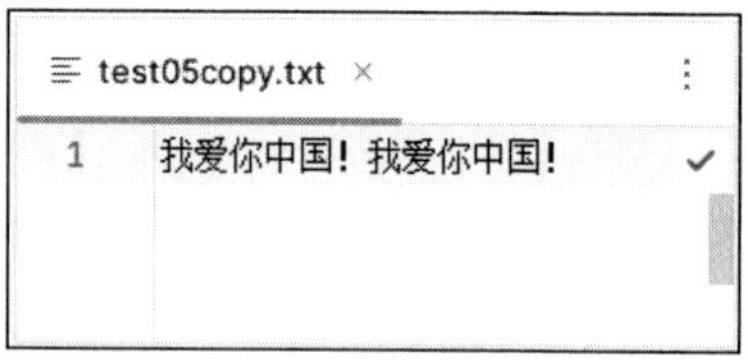

由图 7-22 可知，程序成功将 test05.txt 文件中的内容复制到了 test05copy.txt 文件中。需要注意的是，transferTo() 方法会将源文件的内容直接转移到目标文件中，但是不会输出任何返回值。

图7-22　文件test05copy.txt

【案例 7-3】日记本

请扫描二维码查看【案例 7-3：日记本】。

7.5 缓冲流

7.5.1 缓冲流概述

在 Java I/O 中，每一次读写操作都会涉及系统资源的调度，包括对磁盘的访问和内存的申请等，这些调度都会占用一定时间，当读写量较大时可能会影响程序性能。为此，Java I/O 提供了一种缓冲流，它通过在内存中设置一个默认大小的数组作为缓冲区来提高读写数据的效率。

缓冲流可以提高 I/O 操作效率的关键在于利用了内存和硬盘的读写速度差异。它通过一次性从硬盘读取较大的数据块到内存的缓冲区中，使得程序可以从缓冲区中读取数据，这样就减少了对硬盘的频繁访问，从而提升了 I/O 操作的效率。缓冲流读写数据的原理如图 7-23 所示。

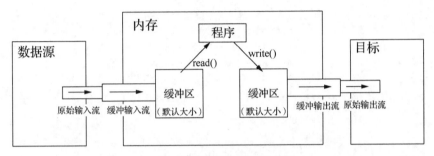

图7-23 缓冲流读写数据的原理

由图 7-23 可以看到，缓冲流是对原始流（字节流和字符流）的增强，它属于处理流，需要套接在原始流之上。也就是说，缓冲流需要依赖原始流进行使用。

当使用缓冲流读取数据时，首先会从原始流中一次性读取默认大小的数据存入缓冲区的数组中，然后程序再从数组中读取数据；当使用缓冲流写入数据时，程序会先将要写入的数据暂存在缓冲区的数组中，当数组被填满时，再通过原始流将其一次性写到目标中。

Java I/O 中提供了字节缓冲流和字符缓冲流两种缓冲流。使用缓冲流时，需要及时调用 flush() 方法或 close() 方法来刷新缓冲区，并确保所有数据都被写入或读取。

7.5.2 字节缓冲流

字节缓冲流包括字节缓冲输入流 BufferedInputStream 和字节缓冲输出流 BufferedOutput-Stream，这两个缓冲流的说明如下。

（1）BufferedInputStream

BufferedInputStream 是 InputStream 类的子类，它使用内部缓冲区来提高字节输入的效率。当从 BufferedInputStream 中读取字节时，BufferedInputStream 会从原始输入流中读取一块数据，然后根据需要从内部缓冲区中读出数据。这避免了每次都直接读取原始输入流，减少了读取操作对底层资源的访问次数。

（2）BufferedOutputStream

BufferedOutputStream 是 OutputStream 类的子类，它使用内部缓冲区来提高字节输出的效率。当向 BufferedOutputStream 中写入字节时，它会先将数据存储在内部缓冲区中，而不是立即写入原始输出流。只有当缓冲区满了或调用了 flush() 方法或 close() 方法时，才会将缓冲区中的数据真正写入原始输出流。

　　由于缓冲流需要依赖于原始流进行使用，所以 BufferedInputStream 类和 BufferedOutputStream 类的构造方法分别接收 InputStream 和 OutputStream 类型的参数作为被包装对象，从而在读写字节数据时提供缓冲功能。

　　下面通过一个文件复制的案例介绍 BufferedInputStream 和 BufferedOutputStream 这两个流的用法。在 src 目录下的 file 目录中新建一个文本文件 test06.txt 作为源文件，并向该文件中添加内容"字节缓冲流"。具体代码如文件 7-15 所示。

文件 7-15　Example15.java

```
1   import java.io.*;
2   public class Example15 {
3       public static void main(String[] args) throws IOException {
4           //创建一个字节缓冲输入流，用于读取文件中的数据
5           BufferedInputStream bis = new BufferedInputStream(
6               new FileInputStream("src\\file\\test06.txt"));
7           //创建一个字节缓冲输出流，用于向文件中写入数据
8           BufferedOutputStream bos = new BufferedOutputStream(
9               new FileOutputStream("src\\file\\test06copy.txt"));
10          byte[] bytes = new byte[128];
11          int len;
12          while ((len = bis.read(bytes)) != -1) {
13              bos.write(bytes,0,len);
14          }
15          bos.close();
16          bis.close();
17      }
18  }
```

　　在文件 7-15 中，第 5～9 行代码创建了一个字节缓冲输入流对象 bis 和一个字节缓冲输出流对象 bos，并指定了它们对应的文件；第 12～14 行代码读取源文件的内容并写入目标文件中。

　　运行文件 7-15，程序会在 src 目录下的 file 目录中创建一个文本文件 test06copy.txt，打开该文件，查看复制结果，如图 7-24 所示。

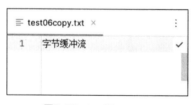

图7-24　test06copy.txt

　　由图 7-24 可以看到，程序成功将 test06.txt 文件中的内容复制到了 test06copy.txt 文件中。

7.5.3　字符缓冲流

　　字符缓冲流包括字符缓冲输入流 BufferedReader 和字符缓冲输出流 BufferedWriter，这两个缓冲流的说明如下。

（1）BufferedReader

BufferedReader 是 Reader 类的子类，它使用内部缓冲区来提高字符输入的效率。当从

BufferedReader 中读取字符时，BufferedReader 会从原始输入流中读取一块数据，然后根据需要从内部缓冲区中读出字符。这避免了每次都直接读取原始输入流，减少了读取操作对底层资源的访问次数。BufferedReader 提供了一些增强的读取方法，如 readLine()，使开发者能够以行为单位高效地读取字符数据。

（2）BufferedWriter

BufferedWriter 是 Writer 类的子类，它使用内部缓冲区来提高字符输出的效率。当向 BufferedWriter 中写入字符时，它会先将数据存储在内部缓冲区中，而不是立即写入原始输出流。只有当缓冲区满了或调用了 flush()方法时，才会将缓冲区中的数据真正写入原始输出流。

BufferedReader 和 BufferedWriter 的构造方法分别接收 Reader 和 Writer 类型的参数作为被包装对象。下面通过一个案例演示如何使用 BufferedReader 类和 BufferedWriter 类实现文件的复制。

在 src 目录下的 file 目录中新建一个文本文件 test07.txt 作为源文件，并向该文件中添加内容"字符缓冲流"，具体代码如文件 7-16 所示。

文件 7-16　Example16.java

```java
1  import java.io.*;
2  public class Example16 {
3      public static void main(String[] args) throws IOException {
4          //创建一个字符缓冲输入流，用于读取文件中的数据
5          BufferedReader br = new BufferedReader(
6              new FileReader("src\\file\\test07.txt"));
7          //创建一个字符缓冲输出流，用于向文件中写入数据
8          BufferedWriter bw = new BufferedWriter(
9              new FileWriter("src\\file\\test07copy.txt"));
10         String str;
11         //判断是否到达文件末尾，若没有，则读取一行内容
12         while((str = br.readLine()) != null){
13             bw.write(str);
14         }
15         br.close();
16         bw.close();
17     }
18 }
```

在文件 7-16 中，第 5~9 行代码创建了一个字符缓冲输入流对象 br 和一个字符缓冲输出流对象 bw，并分别指定了源文件和目标文件；第 12~14 行代码使用 while 循环和 readLine()方法逐行读取源文件的内容，并将其写入目标文件中，直到读取到文件末尾。

运行文件 7-16，程序会在 src 目录下的 file 目录中创建一个文本文件 test07copy.txt，打开该文件，查看复制结果，如图 7-25 所示。

由图 7-25 可知，程序成功将 test07.txt 文件中的内容复制到了 test07copy.txt 文件中。

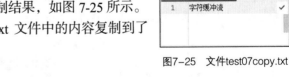

图7-25　文件test07copy.txt

【案例 7-4】异常签到统计

请扫描二维码查看【案例 7-4：异常签到统计】。

7.6　数据流

在 Java 编程中，如果希望将原始数据类型和字符串写入流中，并在读取时根据对应的数据类型进行读取，可以使用 Java I/O 提供的数据流。其中，DataInputStream 和 DataOutputStream 是较为常用的数据流，它们常用于处理基本数据类型的数据和字符串类型的数据，可以按顺序将这些数据写入输出流中；读取时，可以根据相同的顺序读取字节序列，并将其转换成对应的数据类型。这使得处理原始数据类型和字符串类型的输入与输出变得更加方便和高效。

DataInputStream 类和 DataOutputStream 类提供了一系列方法，用于读取和写入特定类型的数据，其中常用的方法如表 7-9 和表 7-10 所示。

表 7-9　DataInputStream 类的常用方法

方法声明	功能描述
boolean readBoolean()	读取 boolean 类型的数据并返回
byte readByte()	读取 byte 类型的数据并返回
int readInt()	读取 int 类型的数据并返回
double readDouble()	读取 double 类型的数据并返回
String readUTF()	读取编码格式为 UTF-8 的 String 类型的数据并返回

表 7-10　DataOutputStream 类的常用方法

方法声明	功能描述
void writeBoolean(boolean v)	将 boolean 类型的数据写入字节流
void writeByte(int v)	将 byte 类型的数据写入字节流
void writeInt(int v)	将 int 类型的数据写入字节流
void writeDouble(double v)	将 double 类型的数据写入字节流
void writeUTF(String str)	将字符串数据以 UTF-8 编码格式写入字节流

DataInputStream 类和 DataOutputStream 类可以读取和写入所有基本数据类型的数据，方法名称都是以 write 或 read 开头，后面加数据类型的名称，并将首字母大写。需要注意的是，使用 DataOutputStream 类将数据写入文件时，数据会以二进制格式存储，如果直接查看文件内容会出现乱码，需要使用 DataInputStream 类进行读取，并且需要确保读取顺序与写入顺序一致。

下面通过一个案例演示如何使用 DataOutputStream 类和 DataInputStream 类向文件中写入数据和从文件中读取数据，如文件 7-17 所示。

文件 7-17　Example17.java

```
1   import java.io.*;
2   public class Example17 {
3       public static void main(String[] args) throws IOException {
4           String filePath = "src\\file\\test08.txt";
5           //创建一个数据输出流
6           DataOutputStream dos = new DataOutputStream(
7               new FileOutputStream(filePath));
8           //创建一个数据输入流
```

```
9        DataInputStream dis = new DataInputStream(
10              new FileInputStream(filePath));
11       //写入数据
12       dos.writeInt(97);
13       dos.writeDouble(23.5);
14       dos.writeBoolean(true);
15       dos.writeUTF("黑马程序员！");
16       System.out.println("写入数据完成，开始读取数据！");
17       System.out.println(dis.readInt());
18       System.out.println(dis.readDouble());
19       System.out.println(dis.readBoolean());
20       System.out.println(dis.readUTF());
21       dos.close();
22       dis.close();
23    }
24 }
```

在文件 7-17 中，第 6～7 行代码创建了一个 DataOutputStream 对象 dos，用于写入数据到文件 test08.txt 中；第 9～10 行代码创建一个 DataInputStream 对象 dis，用于从 test08.txt 中读取数据；第 12～15 行代码依次向文件 test08.txt 中写入整数值、双精度浮点数、布尔值和字符串类型的数据；第 17～20 行代码依次从 test08.txt 中读取对应数据类型的数据并输出。

文件 7-17 的运行结果如图 7-26 所示。

由图 7-26 可以看到，控制台中输出了向 test08.txt 文件中写入的 4 个数据。说明程序使用 DataOutputStream 类成功在文件 test08.txt 中写入了数据，并且可以使用 DataInputStream 类进行读取。

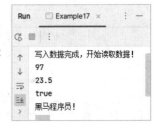

图7-26　文件7-17的运行结果

7.7　对象流

随着对象在应用中的广泛使用，有时需要将对象存储到文件或网络中，同时也需要将存储的对象重新恢复成原始状态。为了解决这个问题，可以使用对象流。对象流是 Java I/O API 提供的一种高级流，它包括 ObjectInputStream 和 ObjectOutputStream 两个类，这两个类分别用于将 Java 对象写入输出流，以及从输入流中读取 Java 对象。

对象流在进行对象的写入操作时，需要将 Java 对象转换成二进制流进行传输，这一过程称为对象的序列化；而在读取对象时，需要再将其反序列化为 Java 对象。因此，在使用对象流时，被传输的对象的类需要实现 Serializable 接口。

ObjectInputStream 类和 ObjectOutputStream 类提供的读取对象的方法和写入对象的方法分别为 readObject()和 writeObject(Object o)。下面通过一个案例演示如何使用这两个方法读取和写入对象类型的数据。

首先定义一个 User 类，并实现 Serializable 接口，用于创建被读写的对象，具体如文件 7-18 所示。

文件 7-18　User.java

```
1 import java.io.Serializable;
2 public class User implements Serializable{
3    private String name;
```

```
4       private int age;
5       public User(String name, int age) {
6           this.name = name;
7           this.age = age;
8       }
9       @Override
10      public String toString() {
11          return "User{" +
12                  "name='" + name + '\'' +
13                  ", age=" + age +
14                  '}';
15      }
16  }
```

文件 7-18 定义了一个 User 类，该类中定义了两个成员变量 name 和 age，并提供了一个有参构造方法，用于初始化 User 对象；User 类中还重写了 toString()方法，用于格式化输出 User 对象的信息。

接着使用 ObjectInputStream 类和 ObjectOutputStream 类将 User 对象写入文件中并将其读取出来，如文件 7-19 所示。

文件 7-19　Example18.java

```
1   import java.io.*;
2   public class Example18 {
3       public static void main(String[] args) throws Exception {
4           String filePath = "src\\file\\test10.txt";
5           //创建一个对象输出流，用于将对象写入文件
6           ObjectOutputStream oos = new ObjectOutputStream(
7                   new FileOutputStream(filePath));
8           //创建一个对象输入流，用于从文件中读取对象
9           ObjectInputStream ois = new ObjectInputStream(
10                  new FileInputStream(filePath));
11          //创建一个 User 对象
12          User user = new User("张三", 25);
13          //将 User 对象写入文件
14          oos.writeObject(user);
15          System.out.println("写入 User 对象完成，开始读取对象！");
16          User u = (User) ois.readObject();
17          System.out.println(u);
18      }
19  }
```

在文件 7-19 中，第 6～10 行代码创建了一个对象输出流和一个对象输入流，分别用于在 test10.txt 文件中写入对象和读取 test10.txt 文件中的对象信息；第 12 行代码创建了一个 User 对象 user；第 14 行代码将对象 user 写入文件 test10.txt 中；第 16 行代码读取 test10.txt 中的信息，并将其封装为 User 对象；第 17 行代码将读取到的对象信息输出。

文件 7-19 的运行结果如图 7-27 所示。

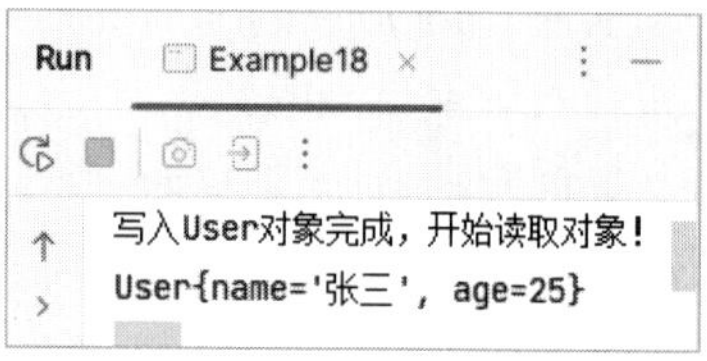

由图 7-27 可知，控制台中输出的对象信息和写入文件中的对象信息一致，说明程序使用 ObjectOutputStream 类成功在文件 test10.txt 中写入了 User 对象，并且可以使用 ObjectInputStream 类进行读取。

图 7-27　文件 7-19 的运行结果

7.8 Commons IO

Commons IO 是一组用于简化 I/O 操作的类库，它包含一系列工具类，用来完成对文件、流和目录的操作，旨在提高开发人员开发 I/O 功能的效率。其中，常用的工具类有 FileUtils 和 IOUtils，分别用于完成文件操作和流操作。下面对 Commons IO 中的 FileUtils 类和 IOUtils 类进行讲解。

FileUtils 类提供了一系列处理文件和目录的方法，包括复制、移动、删除、读取、写入等操作。FileUtils 类的部分常用方法如表 7-11 所示。

表 7-11   FileUtils 类的部分常用方法

方法声明	功能描述
void copyFile (File srcFile, File destFile)	将源文件 srcFile 复制到目标文件 destFile
void copyDirectory(File srcDir, File destDir)	将源目录 srcDir 下的所有文件和子目录复制到目标目录 destDir
void copyFileToDirectory(File srcFile, File destDir)	将源文件 srcFile 复制到目标目录 destDir
void deleteDirectory(File dir)	删除指定目录 dir 的所有内容，包括子目录和文件
String readFileToString(File file, Charset encoding)	将文件 file 的内容以字符编码 encoding 读取并返回为字符串
void writeStringToFile(File file, String data, String charname,Charset encoding, Boolean append)	将字符串 data 以字符编码 encoding 写入文件 file 中，若 append 为 true 则为追加模式，否则为覆盖模式

IOUtils 类提供了一系列处理 I/O 流的方法，包括读取、写入、复制、转换等操作。IOUtils 类的部分常用方法如表 7-12 所示。

表 7-12   IOUtils 类的部分常用方法

方法声明	功能描述
byte[] readBytes(InputStream input)	将输入流 input 的内容读取并返回为字节数组
void write(byte[] data, OutputStream out)	将字节数组 data 写入输出流 out
void copy(InputStream in, OutputStream out)	将输入流 in 的内容复制到输出流 out
byte[] toByteArray(InputStream input)	将输入流 input 的内容读取并返回为字节数组
String toString(InputStream in, Charset encoding)	以指定字符编码 encoding 将输入流 in 的内容读取并返回为字符串

表 7-11 和表 7-12 中分别列出了 FileUtils 类和 IOUtils 类的一些常用方法，这些方法都是静态方法，可以直接通过类名进行调用。这两个类的方法有很多，读者如有兴趣可以查看 Commons IO 的 API 文档对其他方法进行学习。

Commons IO 中的 FileUtils 类和 IOUtils 类提供的方法使用起来比较简单，下面以使用 FileUtils 类为例来演示如何使用 Commons IO。

（1）添加 JAR 包

Commons IO 是一个第三方类库，在使用 Commons IO 之前，需要将其 JAR 包添加到项目中。本书提供的配套资源中提供了 Commons IO 的 JAR 包 commons-io-2.15.1.jar，读者可以直接将该 JAR 包添加到项目中。在 Java 项目的根目录中新建一个文件夹并命名为"lib"，将 commons-io-2.15.1.jar 文件复制到 lib 文件夹中，然后右击该文件夹，在弹出的快捷菜单中选择"Add as Library"命令，在弹出的对话框中单击"OK"按钮，完成 JAR 包的添加。

（2）代码实现

创建一个 Example19 类，在该类中定义 main()方法，并在 main()方法中使用 FileUtils 类进行目录的复制、文件的复制、数据的写入和读取，具体如文件 7-20 所示。

文件 7-20   Example19.java

```
1   import org.apache.commons.io.FileUtils;
2   import java.io.*;
3   public class Example19 {
4       public static void main(String[] args) throws Exception {
5           String sourceFolder = "src\\file";            //源目录
6           String destFolder = "src\\filecopy";          //目标目录
7           String sourceFile = "src\\file\\test01.txt";  //源文件
8           String destFile = "src\\file\\test01copy.txt";//目标文件
9           //复制目录
10          FileUtils.copyDirectory(new File(sourceFolder),
11                  new File(destFolder));
12          //复制文件
13          FileUtils.copyFile(new File(sourceFile),new File(destFile));
14          //写入数据到文件
15          FileUtils.writeStringToFile(new File("src\\file\\test11.txt")
16                  ,"Hello world!","UTF-8");
17          //从文件中读取数据
18          System.out.println(FileUtils.readFileToString(new File
19                  ("src\\file\\test11.txt"), "UTF-8"));
20      }
21  }
```

上述代码中，第 10～11 行代码复制 sourceFolder 目录下的所有内容到 destFolder 目录下；第 13 行代码将 sourceFile 对应的文件复制到 destFile 中；第 15～16 行代码将"Hello world!"以 UTF-8 编码格式写入指定文件中；第 18～19 行代码以 UTF-8 编码格式从文件中读取数据。

运行文件 7-20，项目中新增一个名称为"filecopy"的文件夹，文件夹中的内容如图 7-28 所示。

从图 7-28 中可知，程序复制了 file 目录并将其重命名为"filecopy"，同时将 file 目录中的所有文件复制到了 filecopy 目录中。

打开 file 文件夹，可以看到文件夹中多出一个文件 test01copy.txt，打开该文件的效果如图 7-29 所示。

从图 7-29 中可知，程序将文件 test01.txt 中的内容成功复制到了文件 test01copy.txt 中。

此时，控制台中的输出内容如图 7-30 所示。

图7-28   filecopy目录的

复制结果

图7-29　文件test01copy.txt

图7-30　控制台中的输出内容

从图 7-30 中可知，程序成功读取到了 test11.txt 文件中的内容。

项目实践：班干部竞选投票

请扫描二维码查看【项目实践：班干部竞选投票】。

本章小结

本章主要对 Java I/O 的相关知识进行了讲解。首先讲解了 File 类和 I/O 流的知识；然后讲解了字节流、字符流和缓冲流的使用；接着讲解了 I/O 流中的一些其他常用流，包括数据流和对象流的使用；最后讲解了 Commons IO。通过本章的学习，读者可以认识 I/O 流，并且能够灵活运用 I/O 流处理数据。

本章习题

请扫描二维码查看本章习题。

第 **8** 章

多线程

拓展阅读

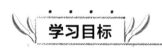

学习目标

知识目标	1. 了解线程和进程，能够简述进程与线程的概念 2. 了解线程的创建和启动，能够简述 3 种创建和启动线程的方式 3. 熟悉线程的生命周期及状态转换，能够简述线程生命周期中的 6 种基本状态和它们之间相互转换的方式 4. 熟悉线程安全问题，能够简述多线程程序出现线程安全问题的原因 5. 了解线程同步，能够简述实现线程同步的 3 种方式 6. 了解线程池，能够简述线程池的概念以及优点
技能目标	1. 掌握线程的创建和启动，能够使用继承 Thrcad 类、实现 Runnable 接口、基于 Callable 接口和 FutureTask 类这 3 种方式创建线程 2. 掌握线程同步的方式，能够使用同步代码块、同步方法、Lock 锁这 3 种方式同步线程 3. 熟悉线程的控制，能够通过线程优先级、线程休眠、线程让步和线程插队实现对线程的控制 4. 熟悉线程池的使用，能够使用 ThreadPoolExecutor 创建线程池对象，并使用线程池对象执行线程任务

　　日常生活中，许多事情都是并行执行的。例如，人可以同时进行呼吸、血液循环、思考问题等活动。在一个应用程序中也可以同时存在多个执行路径，每个执行路径独立执行不同的任务或代码块，这种有多条并发执行路径的程序称为多线程程序。本章将对多线程的相关知识进行详细讲解。

8.1 线程与进程

　　一台计算机中可以同时运行多个程序，每个运行中的程序都是一个进程，每个进程拥有自己的系统资源和状态，具有一个相对独立的执行环境。进程是程序的实例，是操作系统动态执行的基本单元。虽然计算机允许多个程序同时运行，但实际上计算机中一个单核的 CPU 同一时刻只能处理一个进程，用户之所以认为同时会有多个进程在运行，是因为计算机系统采用了"多道程序设计"技术。

所谓多道程序设计，是指计算机允许多个相互独立的程序同时进入内存，在内存的管理控制之下，多个程序相互之间穿插运行。采用多道程序设计的系统，会将 CPU 的整个生命周期划分为长度相同的时间片，在每个 CPU 时间片内只处理一个进程，但 CPU 划分的时间片非常微小，而且 CPU 运行速度极快，所以在宏观上表现为计算机可以同时运行多个程序或处理多个进程。

进程的实质是程序在多道程序系统中的一次执行过程，但进程中的实际运作单位是线程。线程是操作系统能够进行运算调度的最小单位，它被包含在进程中。每个进程中至少存在一个线程，每一个线程都是进程中的一个单一顺序的控制流。例如，当一个 Java 程序启动时，就会产生一个进程，该进程默认创建一个线程，这个线程会运行 main() 方法中的代码。

一个进程中的多个线程可以并行执行不同的任务。在前面的程序中，代码都是按照调用顺序依次执行，没有出现两段程序代码交替运行的情况，这样的程序称作单线程程序。如果希望程序实现多段程序代码交替运行的效果，则需要在程序中创建多个线程，即多线程程序。

一个多线程程序在执行过程中会产生多个线程，这些线程可以并发执行并且相互独立，其执行过程如图 8-1 所示。

图 8-1 所示的程序中的多个线程看似同时执行，其实它们和进程一样，也是由 CPU 轮流执行的。由于现代计算机的处理速度非常快，在很短的时间内，CPU 可以在不同的线程之间快速切换执行，让用户感觉它们在同时执行。

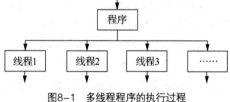

图8-1　多线程程序的执行过程

8.2　线程的创建和启动

要编写 Java 的多线程程序，需要在程序中创建并启动除主线程[即 main() 方法所在线程]之外的其他线程。Java 中使用 Thread 类来代表线程，所有的线程对象都必须是 Thread 类或其子类的实例。Thread 类提供了用于创建线程对象的构造方法，其中常用的构造方法如表 8-1 所示。

表 8-1　Thread 类常用的构造方法

方法声明	说明
Thread()	创建一个线程对象
Thread(String name)	创建一个名称为 name 的线程对象
Thread(Runnable target)	根据任务对象 target 创建一个线程对象
Thread(Runnable target,String name)	根据任务对象 target 创建一个线程对象，并指定线程对象的名称为 name

读者可以根据需求，使用对应的构造方法让程序创建新的线程对象。如果创建线程对象时没有指定线程的名字，那么程序会自动为线程分配格式为"Thread-n"的名称，其中 n 为从 0 开始、每次递增 1 的整数。

Thread 类提供了多种方法来操作线程，其中常用的方法如表 8-2 所示。

表 8-2　Thread 类的常用方法

方法声明	说明
String getName()	获取当前线程的名称
void setName(String name)	将当前线程的名称更改为 name
void start()	启动一个新线程
void run()	线程的执行方法，是线程执行的主体
static void sleep(long millis)	使当前正在执行的线程休眠 millis 毫秒
static Thread currentThread()	返回对当前正在执行的线程对象的引用

在表 8-2 中，start()方法用于启动一个新线程，但是该方法本身并不是执行线程代码的方法。start()方法只是告诉 JVM 该线程已准备好被执行，并由 JVM 来负责调度和执行。当一个线程被创建后，程序会通过 start()方法来启动这个线程，此时该线程处于就绪状态。当线程获得了 CPU 时间片后，就会调用该线程的 run()方法，run()方法是线程的执行方法，其中包含线程的主要执行逻辑。

需要注意的是，如果直接调用 run()方法，则该方法并不会启动线程，只是在当前线程中执行了 run()方法中的代码而已。

Java 提供了多种创建线程的方式，其中常用的创建方式有继承 Thread 类、实现 Runnable 接口、基于 Callable 接口和 FutureTask 类实现，下面分别对这 3 种创建方式进行讲解。

1. 继承 Thread 类创建线程

通过继承 Thread 类创建线程的步骤如下。

（1）定义 Thread 类的子类，并重写 Thread 类的 run()方法，在 run()方法中定义线程要执行的任务。

（2）创建 Thread 子类的实例，即创建线程对象。

（3）调用线程对象的 start()方法启动线程。

下面通过一个案例演示如何通过继承 Thread 类的方法创建和启动线程，具体步骤如下。

（1）定义线程类。

定义 MyThread01 类继承 Thread 类，并重写 Thread 类的 run()方法，在 run()方法中循环输出当前执行的线程对象的名称。为了方便测试时查看 run()方法的执行情况，在输出线程名称后让当前线程休眠 1000 毫秒。MyThread01 类的具体代码如文件 8-1 所示。

文件 8-1　MyThread01.java

```
1    class MyThread01 extends Thread {
2        /**
3         * 重写 run()方法，实现线程的执行逻辑
4         */
5        @Override
6        public void run() {
7            // 循环输出当前线程的名称
8            while (true) {
9                System.out.println("线程" + Thread.currentThread().getName() +
10                        ":run()方法在运行");
11                try {
```

```
12                 //让当前线程休眠1000毫秒
13                 Thread.sleep(1000);
14             } catch (InterruptedException e) {
15                 e.printStackTrace();
16             }
17         }
18     }
19 }
```

在上述代码中，第 9 行代码获取当前正在执行的线程对象的名称，第 13 行代码让当前正在执行的线程休眠 1000 毫秒。

（2）启动线程。

定义测试类 Example01，在该类的 main()方法内创建两个 MyThread01 线程对象，并启动线程。为了方便查看 main()方法所在主线程的执行情况，在 main()方法中循环输出一些提示信息，具体如文件 8-2 所示。

文件 8-2　Example01.java

```
1  public class Example01 {
2      public static void main(String[] args) throws InterruptedException {
3          // 创建两个自定义线程对象
4          MyThread01 thread01 = new MyThread01();
5          MyThread01 thread02 = new MyThread01();
6          //为thread02线程对象设置名称
7          thread02.setName("thread02");
8          // 启动线程
9          thread01.start();
10         thread02.start();
11         // 在main()方法中执行while循环
12         while (true) {
13             System.out.println("main()方法在运行");
14             //让当前线程休眠1000毫秒
15             Thread.sleep(1000);
16         }
17     }
18 }
```

在上述代码中，第 4~5 行代码创建了两个自定义线程对象，第 7 行代码为 thread02 线程对象设置名称，第 9~10 行代码使用 start()方法启动自定义的线程。

（3）测试效果。

文件 8-2 的运行结果如图 8-2 所示。

由图 8-2 可以得出，程序中交互执行了 main()方法中的循环代码和 thread01、thread02 线程对象重写后的 run()方法，而不是按顺序先执行 thread01 的 run()方法，再执行 thread02 的 run()方法，最后执行 main()方法的循环代码。说明程序启动了 3 个线程，即 main()方法所在的主线程、thread01 对象创建的线程、thread02 对象创建的线程，实现了程序多线程的并发执行。

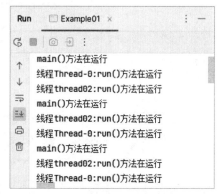

图8-2　文件8-2的运行结果

2. 实现 Runnable 接口创建线程

通过继承 Thread 类可以实现多线程，但是这种方式有一定的局限性。因为 Java 只支持单继承，一个类一旦继承了某个父类就无法再继承 Thread 类，例如学生类 Student 继承了 Person 类，那么 Student 类就无法再通过继承 Thread 类创建线程，不便于程序的扩展。

为了克服上述弊端，可以借助 Thread 类提供 Thread(Runnable target)或 Thread(Runnable target,String name)构造方法来创建线程。这两个构造方法中的 target 参数为 Runnable 接口类型，Runnable 接口的实例代表一个需要执行的具体任务，所以 Runnable 实例通常也被称为任务对象。Runnable 接口只包含一个 run()方法，用于定义线程的执行代码。

通过实现 Runnable 接口创建线程的步骤如下。

（1）定义 Runnable 接口的实现类，并重写该接口的 run()方法。

（2）创建 Runnable 实现类的实例，并将实例作为 Thread 的任务对象参数创建 Thread 对象。

（3）调用线程对象的 start()方法启动线程。

下面通过一个案例演示如何通过实现 Runnable 接口创建和启动线程，具体步骤如下。

（1）定义 Runnable 接口的实现类。

定义类 MyRunnable01 来实现 Runnable 接口，并重写该接口中的 run()方法。为了方便后续测试时查看 run()方法的执行情况，在 run()方法中输出当前正在执行的线程对象的名称。具体如文件 8-3 所示。

文件 8-3　MyRunnable01.java

```
1  class MyRunnable01 implements Runnable {
2     /**
3      * 重写 run()方法，实现线程的执行逻辑
4      */
5     @Override
6     public void run() {
7         // 循环输出当前线程的名称
8         while (true) {
9             System.out.println(Thread.currentThread().getName() +
10                 ":run()方法在运行");
11            try {
12                Thread.sleep(1000);
13            } catch (InterruptedException e) {
14                e.printStackTrace();
15            }
16        }
17     }
18 }
```

（2）启动线程。

定义测试类 Example02，在该类的 main()方法内创建 1 个 MyRunnable01 线程任务对象和两个 Thread 线程对象，并启动线程，具体如文件 8-4 所示。

文件 8-4　Example02.java

```
1  public class Example02 {
2     public static void main(String[] args) throws InterruptedException {
3         // 创建 1 个自定义线程任务对象
4         MyRunnable01 mr = new MyRunnable01();
```

```
5            //创建两个线程对象
6            Thread t1 = new Thread(mr, "线程1");
7            Thread t2 = new Thread(mr, "线程2");
8            // 启动线程
9            t1.start();
10           t2.start();
11           // 在主方法中执行 while 循环
12           while (true) {
13               System.out.println("main()方法在运行");
14               //让当前线程暂停1000 毫秒
15               Thread.sleep(1000);
16           }
17      }
18  }
```

上述代码中，第 4 行代码创建了线程任务对象 mr，第 6～7 行代码分别创建了线程对象 t1 和 t2，并将 mr 作为参数传入创建的线程对象中；第 9～10 行代码分别通过 t1 和 t2 启动两个线程。

（3）测试效果。

文件 8-4 的运行结果如图 8-3 所示。

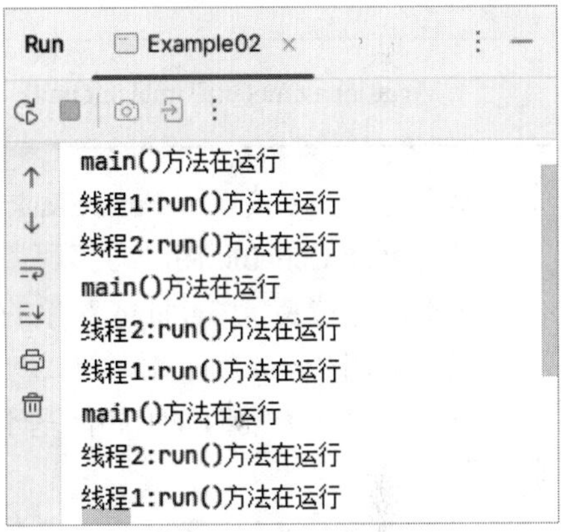

由图 8-3 可以得出，程序交互执行了 main()方法中的循环代码，以及 t1 和 t2 线程对象中任务对象 mr 的 run()方法，而不是按照代码编写顺序先执行 t1 线程对象中任务对象的 run()方法，再执行 t2 线程对象中任务对象的 run()方法，最后执行 main()方法的循环代码。这就说明程序启动了 3 个线程，分别是 main()方法所在的主线程、t1 对象启动的线程、t2 对象启动的线程，实现了程序多线程的并发执行。

图8-3　文件8-4的运行结果

3. 基于 Callable 接口和 FutureTask 类创建线程

通过实现 Runnable 接口创建线程时，将重写的 run()方法包装成线程执行体。由于 run() 方法没有返回值，所以如果线程执行的结果需要返回，实现 Runnable 接口的方式就不太合适。为了解决这个问题，Java 提供了一个 Callable 接口，Callable 接口提供了一个 call()方法来作为线程的执行体，并且 call()方法有返回值。

Callable 接口是 Java 5 新增的接口，它不是 Runnable 接口的子接口，所以 Callable 对象不能直接作为 Thread 类的构造方法的 target 参数。对此可以借助 FutureTask 类创建对应的参数对象，FutureTask 类提供的构造方法可以传入一个 Callable 对象将其封装起来，在创建 Thread 对象时，可以将 FutureTask 对象作为 Thread 构造方法的 target 参数传入。当线程执行时，FutureTask 内部会执行 Callable 对象的 call()方法，并将结果存储在 FutureTask 对象中。FutureTask 类的继承体系如图 8-4 所示。

由图 8-4 可以看出，FutureTask 类是 Runnable 接

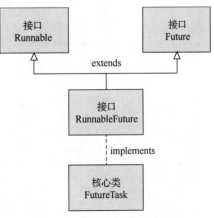

图8-4　FutureTask类的继承体系

口和 Future 接口的间接实现类，其中，Future 接口用于管理线程返回结果，它共有 5 个方法，具体如表 8-3 所示。

表 8-3   Future 接口的方法

方法声明	功能描述
boolean cancel(boolean mayInterruptIfRunning)	用于尝试取消任务，参数 mayInterruptIfRunning 表示是否允许取消正在执行却没有执行完毕的任务，如果设置为 true，则表示可以取消正在执行的任务
boolean isCancelled()	判断任务是否被取消，如果被取消则返回 true，否则返回 false
boolean isDone()	判断任务是否已经完成，如果任务完成则返回 true，否则返回 false
V get()	用于获取执行结果，这个方法会发生阻塞，一直等到任务执行完毕才返回执行结果
V get(long timeout, TimeUnit unit)	用于在指定时间内获取执行结果，如果在指定时间内无法获取到结果则抛出异常

基于 Callable 接口和 FutureTask 类创建线程的步骤如下。

（1）创建 Callable 接口的实现类，并重写 call()方法。

（2）创建包装了 Callable 对象的 FutureTask 类。

（3）使用 FutureTask 对象作为 Thread 对象的 target 参数创建并启动线程。

下面通过一个案例演示如何基于 Callable 接口和 FutureTask 类创建和启动线程，具体步骤如下。

（1）定义 Callable 接口的实现类

定义 MyCallable01 类来实现 Callable 接口，并重写 Callable 接口的 call()方法。Callable 接口是泛型接口，可以在泛型中定义 call()方法的返回值类型。为了方便后续测试时查看线程的执行情况，让 call()方法返回当前正在执行的线程对象的名称。具体如文件 8-5 所示。

文件 8-5   MyCallable01 .java

```
1  import java.util.concurrent.Callable;
2  class MyCallable01 implements Callable<String> {
3      @Override
4      public String call() throws InterruptedException {
5          // 循环输出当前线程的名称
6          while (true) {
7              String str = Thread.currentThread().getName() +
8                      ":call()方法在运行";
9              System.out.println(str);
10             Thread.sleep(1000);
11             return str;
12         }
13     }
14 }
```

在上述代码中，第 4～13 行代码为重写的 call()方法，其中，第 7 行代码获取当前执行的线程名称；第 11 行返回包含线程名称的提示信息。

（2）启动线程

定义测试类 Example03，在该类的 main()方法内创建 Callable 线程任务对象，并通过 FutureTask 对象对线程任务对象进行封装，将 FutureTask 对象作为 Thread 线程对象的 target 参数创建线程对象，并启动线程，具体如文件 8-6 所示。

文件 8-6　Example03.java

```
1   import java.util.concurrent.Callable;
2   import java.util.concurrent.FutureTask;
3   public class Example03 {
4       public static void main(String[] args) throws Exception {
5           // 创建Callable 线程任务对象
6           Callable<String> call01 = new MyCallable01();
7           Callable<String> call02 = new MyCallable01();
8           // 通过 FutureTask 对象封装 Callable 对象
9           FutureTask<String> f1 = new FutureTask<>(call01);
10          FutureTask<String> f2 = new FutureTask<>(call02);
11          // 创建线程对象
12          Thread t1 = new Thread(f1, "线程1");
13          Thread t2 = new Thread(f2, "线程2");
14          // 启动线程
15          t1.start();
16          t2.start();
17          while (true) {
18              if (f1.isDone()) {
19                  System.out.println(f1.get());
20              }
21              if (f2.isDone()) {
22                  System.out.println(f2.get());
23              }
24              System.out.println("main()");
25              Thread.sleep(1000);
26          }
27      }
28  }
```

在上述代码中，第 18～23 行代码获取线程的执行结果并输出到控制台。由于 Future 接口的 get()方法会发生阻塞，一直等到任务执行完毕后才会返回执行结果，所以需要先判断任务是否已经完成，任务完成才进行获取线程执行结果的操作。

（3）测试效果

文件 8-6 的运行结果如图 8-5 所示。

从图 8-5 中可以得出，程序中同时执行了 main()方法中的循环代码，以及线程对象 t1 和线程对象 t2 启动的线程对应的线程执行体。这就说明程序启动了 3 个线程，分别是 main()方法所在的主线程、线程对象 t1 和线程对象 t2 启动的线程，实现了程序多线程的并发执行。

从上述讲解中可以得知，继承 Thread 类、实现 Runnable 接口、基于 Callable 接口和 FutureTask 类都可以创建线程，以实现程序的多线程并发执行，这 3 种实现方式各有优缺点，具体如表 8-4 所示。

图8-5　文件8-6的运行结果

表 8-4　3 种线程创建方式的优缺点

创建方式	优点	缺点
继承 Thread 类	编码相对简单	（1）存在单继承的局限性，不便于扩展 （2）不能返回线程的执行结果 （3）每个线程的任务和线程本身是耦合的，无法将任务和线程分离
实现 Runnable 接口	（1）可以继续继承类和实现接口，扩展性强 （2）任务和线程分离，可以实现多个线程共享同一个任务	编码相对复杂，不能返回线程的执行结果
基于 Callable 接口和 FutureTask 类	（1）线程任务类只是实现接口，可以继续继承类和实现接口，扩展性强 （2）可以在线程执行完毕后获取线程的执行结果	编码相对复杂

8.3　线程的生命周期及状态转换

在 Java 中，任何对象都有生命周期，线程也不例外。在线程的整个生命周期中，线程可能处于不同的状态，其基本状态一共有 6 种，分别是新建（NEW）状态、可运行（RUNNABLE）状态、阻塞（BLOCKED）状态、无限等待（WAITING）状态、计时等待（TIMED WAITING）状态和被终止（TERMINATED）状态，线程的不同状态表明了线程当前正在进行的活动。

下面对线程生命周期中的 6 种基本状态分别进行讲解。

（1）新建状态

创建了一个线程对象，但还没调用 start()方法启动该线程，该线程就处于新建状态。此时，新建状态的线程和其他已声明但未被赋值的 Java 对象类似，JVM 仅为其分配了内存，线程并没有表现出任何的动态特征。

（2）可运行状态

当线程对象调用了 start()方法后就进入可运行状态，也称就绪状态。处于可运行状态的线程位于线程队列中，此时它只是具备了运行的条件，要获得 CPU 的使用权并开始运行，还需要等待系统的调度。

（3）阻塞状态

如果处于可运行状态的线程获得了 CPU 的使用权，并开始执行 run()方法中的线程执行体，则线程处于运行状态。一个线程启动后，它可能不会一直处于运行状态，当一个线程试图获取一个锁对象而该锁对象被其他的线程持有时，则该线程进入阻塞状态。当其他线程释放锁对象、该线程获得锁对象时，该线程将重新变成可运行状态。

（4）无限等待状态

一个线程在等待另一个线程执行唤醒动作时，该线程进入无限等待状态。线程进入这个状态后是不能自动唤醒的，必须等待另一个线程调用 notify()方法或者 notifyAll()方法才能够被唤醒。

（5）计时等待状态

计时等待状态是指线程在调用了具有指定等待时间的方法后进入的状态，这些方法包括 Thread 类的 sleep()方法和 join()方法、Object 类的 wait()方法、LockSupport 类的 parkNanos() 方法、LockSupport.parkUntil()方法等。当线程调用这些方法并指定了等待时间，它就会进入计时等待状态，这一状态将一直保持到超时或者接收到唤醒通知。

（6）被终止状态

被终止状态是终止运行的线程的状态。线程会因 run()方法正常退出，或者在抛出一个未捕获的异常（Exception）或者错误（Error）时终止了 run()方法而结束执行。

在多线程程序中，线程启动后不能永远独占 CPU 资源，CPU 会在多个线程之间切换执行。因此，线程的状态会在可运行和阻塞之间切换。此外，通过一些操作也可以使线程在不同状态之间转换。线程状态之间的转换关系如图 8-6 所示。

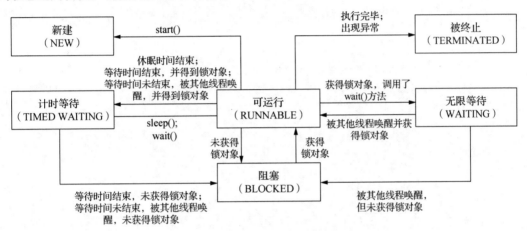

图8-6　线程状态之间的转换关系

图 8-6 中展示了线程各种状态之间的转换关系，箭头方向表示转换的方向。

8.4 线程同步

线程同步是指在多线程程序中，当一个线程在对内存中的共享数据进行操作时，其他线程无法对该共享数据进行操作，直到当前线程完成操作的机制。这一机制可以确保多个线程按照特定顺序正确执行，从而保证在多线程环境下共享资源的安全性和正确性。当程序中的线程不同步时，可能会导致线程出现安全问题。下面对线程同步中的线程安全问题、线程同步方式进行讲解。

8.4.1 线程安全问题

采用多线程技术的应用程序可以充分利用 CPU 的空闲时间片，用尽可能少的时间对用户的请求做出响应，从而提高程序整体的运行效率。然而，由于线程调度具有一定的随机性，当多个线程同时访问和操作同一共享资源时，很容易出现偶然的线程安全问题。

线程安全问题是指在多线程环境中，当多个线程同时访问共享数据时，如果没有采用适当的同步机制保护共享数据，程序可能会出现不正确或不符合预期的结果。下面通过一个模拟银行取钱的案例，演示多个线程同时访问和操作同一共享资源时产生的线程安全问题。

现实生活中，银行取钱的基本流程大致可以划分为以下几个步骤。

（1）用户输入取款金额。

（2）银行系统判断账户余额是否大于取款金额。

（3）如果余额大于取款金额，则取款成功；如果余额小于取款金额，则取款失败。

下面基于多线程技术和银行取钱流程编写一个模拟用户从银行取钱的程序，具体步骤如下。

（1）定义一个账户类 Account，用于封装账户信息，在该类中定义账户编号和账户余额两个成员变量，以及取钱的方法，具体如文件 8-7 所示。

文件 8-7　Account.java

```java
1   public class Account {
2       //账户编号
3       private String cardId;
4       // 账户余额
5       private double money;
6       public Account(String cardId, double money) {
7           this.cardId = cardId;
8           this.money = money;
9       }
10      public String getCardId() {
11          return cardId;
12      }
13      public void setCardId(String cardId) {
14          this.cardId = cardId;
15      }
16      public double getMoney() {
17          return money;
18      }
19      public void setMoney(double money) {
20          this.money = money;
21      }
22      //取钱方法
23      public void drawMoney(double money) {
24          // 获取取钱的用户名，即线程的名字
25          String name = Thread.currentThread().getName();
26          // 判断账户余额是否足够
27          if (this.money >= money) {
28              // 取钱提示
29              System.out.println(name + "来取钱成功, 取出: " + money);
30              // 更新余额
31              this.money -= money;
32              System.out.println(name + "取钱后剩余: " + this.money);
33          } else {
34              // 余额不足
35              System.out.println(name + "来取钱, 余额不足! ");
36          }
37      }
38  }
```

（2）定义取钱的线程类 DrawThread，在该线程类的线程执行体中执行取钱操作，每次取

100000 元，具体如文件 8-8 所示。

文件 8-8　DrawThread.java

```
1   public class DrawThread extends Thread {
2       // 接收处理的账户对象
3       private Account acc;
4       public DrawThread(Account acc,String name){
5           super(name);
6           this.acc = acc;
7       }
8       @Override
9       public void run() {
10          // 取钱
11          acc.drawMoney(100000);
12      }
13  }
```

（3）创建测试类 ThreadDemo，在测试类的 main()方法中创建账户对象，并启动两个线程，用于从该账户中取钱，具体如文件 8-9 所示。

文件 8-9　ThreadDemo.java

```
1   public class ThreadDemo{
2       public static void main(String[] args) {
3           // 创建账户对象
4           Account acc = new Account("ICBC-111", 100000);
5           // 创建两个线程对象，代表小明和小红同时进行取钱操作
6           new DrawThread(acc, "小明").start();
7           new DrawThread(acc, "小红").start();
8       }
9   }
```

在上述代码中，第 4 行代码创建了一个账户对象；第 6~7 行代码创建了两个线程对象，这两个线程对象共享同一个账户对象，并使用这两个线程对象启动线程。

（4）运行文件 8-9，结果如图 8-7 所示。

由图 8-7 可以看到，控制台中输出"小红取钱后剩余：-100000"，这种结果并不符合生活中正常取钱的情况。出现这种结果是因为在多线程编程中编码不当，使得多线程并发修改共享资源，从而导致了线程安全问题。

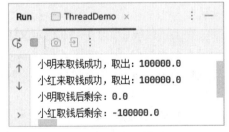

图8-7　文件8-9的运行结果（1）

8.4.2　线程同步方式

在多线程程序中，多个线程并发修改共享资源时，可能会出现线程安全问题。为了避免出现此类问题，可以采用线程同步机制，线程同步的核心思想是保证在任何时刻只有一个线程可以访问共享资源。常见的线程同步方式有同步代码块、同步方法、Lock 接口，下面对这 3 种实现线程同步的方式进行讲解。

1. 同步代码块

同步代码块是一段被 synchronized 关键字修饰的代码块，可以将处理共享资源的代码放在同步代码块中，以保证在同一时间只有一个线程可以执行该代码块中的内容，实现线程同步。

使用 synchronized 关键字创建同步代码块的语法格式如下。

```
synchronized(obj){
    此处编写操作共享资源的代码
}
```

在上述语法格式中，obj 是一个对象，在同步代码块中它被作为锁使用，只有持有该锁的线程才可以执行同步代码块中的代码，其他线程则会被阻塞，等待锁的释放。obj 可以是任意一个对象，也可以是类的字面常量，只要确保多个线程共享同一个锁对象即可。

一旦当前线程执行完同步代码块并释放了锁对象，其他线程就有机会获得锁对象，同时当前线程也可以再与其他线程重新抢夺 CPU 的执行权。这个过程是循环进行的，不断地让不同的线程根据自己的抢占 CPU 执行权的顺序进入同步代码块，直到共享资源被处理完毕或线程执行完所有代码为止。

下面使用同步代码块解决模拟用户从银行取钱案例中的线程安全问题，修改文件 8-7 中的 drawMoney()方法，将取钱时修改余额的代码放入同步代码块中。

```
1   public void drawMoney(double money) {
2       // 获取取钱的用户名，即线程的名字
3       String name = Thread.currentThread().getName();
4       synchronized (this){
5           // 判断账户余额是否足够
6           if(this.money >= money){
7               // 取钱提示信息
8               System.out.println(name + "来取钱成功，取出: " + money);
9               // 更新余额
10              this.money -= money;
11              System.out.println(name + "取钱后剩余: " + this.money);
12          }else {
13              // 余额不足
14              System.out.println(name +"来取钱，余额不足! ");
15          }
16      }
17  }
```

在上述代码中，第 4～16 行定义了一个同步代码块来模拟取钱过程，其中，第 4 行代码使用当前类的对象实例作为锁对象，同一时间只有一个线程能够访问当前对象的同步代码块。

修改后运行文件 8-9，结果如图 8-8 所示。

从图 8-8 中可以看出，两个人都进行取钱操作后，账户余额不再出现负数了。这是因为同步代码块会对

图8-8　文件8-9的运行结果（2）

其代码进行加锁，保证同一时间只有一个线程可以执行其代码。其他线程在锁被释放之前无法执行同步代码块中的内容。这样可以确保在一个线程修改余额的同时，其他线程无法同时进行取钱操作，避免了并发冲突，解决了线程安全问题。

2. 同步方法

除了可以修饰代码块之外，synchronized 关键字还可以用于修饰方法，这种被修饰的方法称为同步方法。和同步代码块类似，同步方法在同一时间只允许一个线程执行。对于实例同步方法，默认使用当前实例对象作为锁对象；而对于静态同步方法，则默认使用类对象作为锁对象，即使用类名.class 对象作为锁对象。

同步方法的 synchronized 关键字需要放在方法的返回值类型之前，具体语法格式如下。

```
[修饰符] synchronized 返回值类型 方法名([参数1,...]){}
```

下面使用同步方法解决模拟用户从银行取钱案例的线程安全问题，将文件 8-7 中的 drawMoney()方法修改为同步方法。

```
1   //用于取钱的同步方法
2   public synchronized void drawMoney(double money) {
3       // 获取取钱的用户名，即线程的名字
4       String name = Thread.currentThread().getName();
5       // 判断账户余额是否足够
6       if(this.money >= money){
7           // 取钱提示信息
8           System.out.println(name + "来取钱成功，取出: " + money);
9           // 更新余额
10          this.money -= money;
11          System.out.println(name + "取钱后剩余: " + this.money);
12      }else {
13          // 余额不足
14          System.out.println(name +"来取钱，余额不足! ");
15      }
16  }
```

在上述代码中，第 2 行代码使用 synchronized 关键字修饰方法，用于对取钱方法进行线程同步管理。

修改后运行文件 8-9，结果如图 8-9 所示。

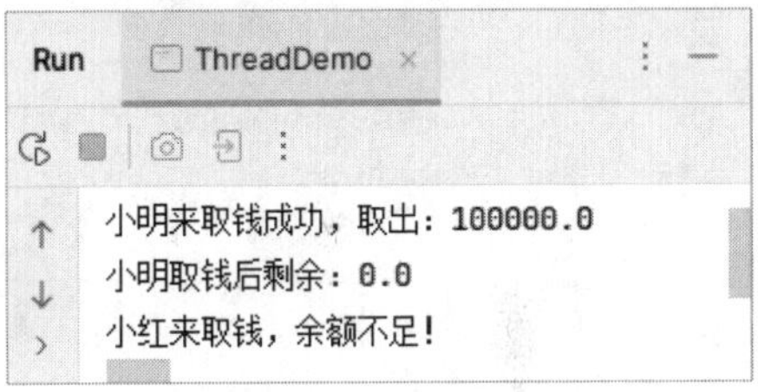

从图 8-9 中可以看出，没有出现账户余额为负数的情况，说明同步方法实现了和同步代码块一样的效果，解决了线程安全问题。

3. Lock 接口

同步代码块和同步方法使用的是封闭式的锁机制，使用起来比较简单，也能够解决线程安全问题，但也存在一些限制，例如，对于等待获取锁的线程，无法中断其等待。即使等待时间很长、没有得到锁，也只能一直等待下去，无法中途终止。这可能会导致系统资源的浪费。

图8-9 文件8-9的运行结果（3）

为了更清晰地表达如何加锁和释放锁，从 Java 5 开始，Java 提供了一种功能强大的线程同步方式，即使用 Lock 接口相应的实现类充当同步锁来实现同步。Lock 对象可以让某个线程在持续获取同步锁失败后返回，而不再继续等待，提供了比同步代码块和同步方法更广泛的锁操作。

Lock 接口不能直接实例化，在实现线程安全的控制中，比较常用的是 Lock 接口的实现类 ReentrantLock（可重入锁）。使用 Lock 对象可以显式地加锁、释放锁，其中加锁的方法为 lock()，释放锁的方法为 unlock()。ReentrantLock 的语法格式如下。

```
1   class 类名 {
2       //定义锁对象
3       private ReentrantLock reentrantLock = new ReentrantLock();
4       //保证线程安全的方法
5       public void 方法名() {
6           //加锁
7           reentrantLock.lock();
8           try {
```

```
9              // 保证线程安全的代码
10             ......
11        } finally {
12             //释放锁
13             reentrantLock.unlock();
14        }
15     }
16 }
```

下面使用 ReentrantLock 解决模拟用户从银行取钱案例的线程安全问题，修改文件 8-7 中的 drawMoney()方法，使用 ReentrantLock 进行加锁。

```
1  // final 修饰后，锁对象是唯一且不可替换的
2  private final Lock lock = new ReentrantLock();
3  public void drawMoney(double money) {
4      // 获取取钱的用户名，即线程名
5      String name = Thread.currentThread().getName();
6      // 加锁
7      lock.lock();
8      try {
9          // 判断余额是否足够
10         if(this.money >= money){
11             // 取钱
12             System.out.println(name+"来取钱, 取出: " + money);
13             // 更新余额
14             this.money -= money;
15             System.out.println(name+"取钱后, 余额剩余: " + this.money);
16         }else{
17             // 余额不足
18             System.out.println(name+"来取钱, 余额不足! ");
19         }
20     } finally {
21         // 释放锁
22         lock.unlock();
23     }
24 }
```

在上述代码中，第 2 行代码定义了一个 ReentrantLock 对象；第 7 行代码执行加锁操作，加锁后其他线程将会被阻塞直到该锁被释放；第 22 行代码用于释放锁。

修改后运行文件 8-9，结果如图 8-10 所示。

由图 8-10 可知，使用 ReentrantLock 对资源进行锁定和使用 synchronized 的结果是一致的。这意味着它们都可以实现线程的安全控制，保护共享资源不被并发访问。需要注意的是，使用可重入锁时，加了几把锁就必须释放几把锁，如果没有正确释放锁，会导致线程处于阻塞状态或其他线程无法获取到该锁。

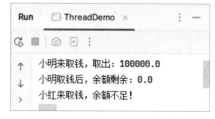

图8-10　文件8-9的运行结果（4）

8.5　线程的控制

多线程程序中的各个线程是并发执行的，但不是在同一时刻执行。要执行某个线程，它

必须获得 CPU 的使用权。JVM 根据特定的机制为程序中的每个线程分配 CPU 的使用权。如果需要在程序中控制线程的执行，可以使用线程的优先级、线程休眠、线程让步和线程插队 4 种方式来实现。下面分别对这 4 种方式控制线程执行的方法进行讲解。

1. 线程的优先级

程序在运行期间，每个线程都有自己的优先级，较高优先级的线程获得 CPU 使用权的概率更大，而较低优先级的线程获得 CPU 使用权的概率相对小一些。为了方便操作线程的优先级，Thread 类提供了 setPriority(int newPriority)方法来设置线程的优先级，同时还提供了 getPriority()方法来获取线程的优先级。

线程的优先级使用 1~10 的整数表示，数字越大表示优先级越高。线程的优先级可以直接使用对应的整数进行设置，也可以使用 Thread 类中的 3 个静态常量进行设置，具体如表 8-5 所示。

表 8-5　Thread 类的静态常量

静态常量	功能描述
int MAX_PRIORITY	表示线程的最高优先级，相当于值 10
int MIN_PRIORITY	表示线程的最低优先级，相当于值 1
int NORM_PRIORIY	表示线程的普通优先级，相当于值 5

下面通过一个案例演示程序中不同优先级线程的运行情况，具体如文件 8-10 所示。

文件 8-10　Example04.java

```
1   public class Example04{
2       public static void main(String[] args) {
3           // 分别创建两个 Thread 线程对象
4           Thread thread1 = new Thread(() -> {
5               for (int i = 0; i < 5; i++) {
6                   System.out.println(Thread.currentThread().getName()
7                       + "正在输出 i: " + i);
8               }
9           },"优先级较低的线程");
10          Thread thread2 = new Thread(() -> {
11              for (int j = 0; j < 5; j++) {
12                  System.out.println(Thread.currentThread().getName()
13                      + "正在输出 j: " + j);
14              }
15          },"优先级较高的线程");
16          // 分别设置线程的优先级
17          thread1.setPriority(Thread.MIN_PRIORITY);
18          thread2.setPriority(10);
19          // 启动两个线程
20          thread1.start();
21          thread2.start();
22      }
23  }
```

在上述代码中，第 4~15 行代码依次创建了两个 Thread 对象，并在重写的 run()方法中循环输出当前线程的名称；第 17~18 行代码分别为 thread1 和 thread2 线程对象设置了对应的优先级；第 20~21 行代码启动两个线程。

运行文件 8-10，结果如图 8-11 所示。

由图 8-11 可知，控制台中先输出了优先级较高的线程的名称，然后输出了优先级较低的线程的名称，说明优先级较高的 thread2 线程会获得更多的机会优先执行。

尽管 Java 提供了 10 个线程优先级来指定线程的执行顺序，但实际上线程优先级的实现依赖于底层操作系统的支持。不同的操作系统对线程优先级的支持是不一样的，并且可能无法精确映射到 Java 中的线程优先级。因此，在设计多线程应用程序时，线程优先级只能作为一种提高程序执行效率的手段，而不能作为实现特定功能的方式，因为线程优先级不能保证跨不同操作系统的一致性和可移植性。

图8-11　文件8-10的运行结果

2. 线程休眠

如果想要人为地控制线程执行顺序，使正在执行的线程暂停，将 CPU 使用权让给其他线程，这时可以使用 Thread 类的 sleep()方法，该方法会使当前线程进入睡眠状态，让出 CPU 使用权，从而让其他线程有机会执行。Thread 的 sleep()方法接收一个表示线程要暂停的时间参数，单位为毫秒。线程在暂停期间不会执行任何操作。到达暂停时间后，线程会重新进入就绪状态，等待 CPU 的调度而再次执行。

sleep()方法可能会抛出 InterruptedException 异常，因此，开发者需要在调用该方法的地方处理或声明 InterruptedException 异常，以便对程序可能出现的中断进行适当的响应。在本章之前的代码中已经使用过 sleep()方法，其使用相对简单，在此就不再进行单独的演示。

3. 线程让步

在 Java 中，线程让步是让当前线程主动放弃对 CPU 的占用，使其他具有相同或更高优先级的线程有机会继续执行的一种操作，其可以通过 Thread 类的 yield()方法实现。yield()方法和 sleep()方法有些类似，都可以让当前正在运行的线程暂停，区别在于 yield()方法不会阻塞该线程，它只是将线程转换成就绪状态，让系统的调度器重新调度一次。当某个线程调用 yield()方法之后，与当前线程优先级相同或者更高的线程可以获得执行的机会。

下面通过一个案例演示 yield()方法的使用，如文件 8-11 所示。

文件 8-11　Example05.java

```java
class YieldThread extends Thread {
    public YieldThread(String name) {
        super(name);
    }
    @Override
    public void run() {
        for (int i = 1; i < 4; i++) {
            String threadName = Thread.currentThread().getName();
            if (i == 2) {
                System.out.println(threadName + "线程让步！");
                Thread.yield(); // 线程运行到此处时做出让步
            }
            System.out.println(threadName + "---" + i);
        }
    }
```

```
16  }
17  public class Example05 {
18      public static void main(String[] args) {
19          // 创建两个线程对象
20          Thread thread1 = new YieldThread("thread1");
21          Thread thread2 = new YieldThread("thread2");
22          // 启动两个线程
23          thread1.start();
24          thread2.start();
25      }
26  }
```

在上述文件中，第 1~16 行代码定义一个线程类，并在重写的 run()方法中循环获取当前线程的名称，如果当前循环次数为第 2 次则线程做出让步的操作。第 20~24 行代码创建两个线程对象，并启动两个线程，这两个线程没有设置优先级，默认两者优先级相同。

运行文件 8-11，结果如图 8-12 所示。

由图 8-12 可知，当线程 thread2 输出第二次后，做出线程让步操作，让步后线程 thread1 获得执行权；同样，线程 thread1 输出第二次后，也做出了线程让步操作，让步后线程 thread2 获得执行权。

需要说明的是，如果线程之间没有设置不同的优先级，它们将以大致相等的机会进行竞争，线程调度器会根据操作系统的调度算法来决定哪个线程获得执行时间片，而不是让步的线程必然不能获得执行时间片。

图8-12　文件8-11的运行结果

4. 线程插队

在 Java 中，线程插队是一种线程控制方式，它允许一个线程等待另一个线程执行结束后，再继续执行。使用 Thread 类中的 join()方法可以实现线程插队的效果，当一个线程对象在当前线程中调用 join()方法后，当前线程会等待调用 join()方法的线程对象所在线程完成执行后再继续执行自己的任务。

下面通过一个案例演示如何使用 join()方法实现线程插队效果，如文件 8-12 所示。

文件 8-12　Example06.java

```
1   class EmergencyThread implements Runnable {
2       @Override
3       public void run() {
4           for (int i = 1; i < 4; i++) {
5               System.out.println(Thread.currentThread().getName()
6                   + "输出: " + i);
7           }
8       }
9   }
10  public class Example06{
11      public static void main(String[] args) throws InterruptedException {
12          // 创建线程对象
13          Thread thread1 = new Thread(new EmergencyThread(), "thread1");
14          thread1.setPriority(1);
15          thread1.start(); // 启动线程
16          for (int i = 1; i < 4; i++) {
17              System.out.println(Thread.currentThread().getName()
```

```
18                    + "输出: " + i);
19           if (i == 2) {
20              thread1.join(); // 调用 join()方法
21           }
22        }
23     }
24 }
```

在上述代码中，第 1～9 行代码定义了一个线程类，并在重写的 run()方法中循环输出当前线程的名称和当前循环的次数；第 13～15 行代码创建了线程对象 thread1，设置其优先级后启动线程；第 16～22 行代码循环输出当前线程的名称，如果当前循环次数为第二次，则让 thread1 线程插队。

运行文件 8-12，结果如图 8-13 所示。

由图 8-13 可以看出，当 main 线程输出 2 以后，thread1 线程就开始执行，直到执行完毕，main 线程才继续执行。说明虽然 main 线程的优先级比 thread1 线程高，但是 thread1 线程在 main 线程中调用 join()方法执行插队操作后，main 线程会被阻塞，直到 thread1 线程执行完毕，实现了线程插队的效果。

图8-13　文件8-12的运行结果

8.6　线程池

在多线程程序中,想要使用线程的时候就创建一个新的线程,这样实现起来非常简便,但是会引发一个问题，由于启动一个新线程的系统成本比较高，如果并发的线程数量很多，频繁创建线程和销毁线程会大大影响系统的性能。在 Java 中可以使用线程池解决这个问题。

线程池是一个可以复用线程的技术，其实就是一个可容纳多个线程的容器，其中的线程可以反复使用，无须反复创建线程而消耗过多资源。在程序启动时，线程池可以预先创建指定数量的线程，并让这些线程处于空闲状态。当程序将一个 Runnable 对象或 Callable 对象传递给线程池时，线程池会启动一个空闲的线程来执行 run()方法或 call()方法。当执行结束后，该线程不会被销毁，而是再次返回线程池并转换为空闲状态，以等待执行下一个任务。

在 Java 中，Executor 接口是线程池的顶级接口，它定义了执行指定任务的方法，但没有规定线程池的具体实现方式，因此它只能算是一个执行线程的工具，而不是严格意义上的线程池。为了满足更加丰富的线程池需求,Executor 接口派生出了子接口 ExecutorService，它扩展了线程池的管理方法和状态信息查询方法，使得系统对线程池的操作和查询更加方便。

线程池对象通常通过 ExecutorService 的实现类 ThreadPoolExecutor 创建,ThreadPoolExecutor 提供了 4 个构造方法来创建线程池对象，它们的区别只是参数的数量和类型不同，其中参数最全的构造方法的语法格式如下。

```
public ThreadPoolExecutor(int corePoolSize,
                          int maximumPoolSize,
```

```
long keepAliveTime,
TimeUnit unit,
BlockingQueue<Runnable> workQueue,
ThreadFactory threadFactory,
RejectedExecutionHandler handler)
```

上述构造方法中的参数所代表的含义如下。

- corePoolSize：线程池的核心线程数量，不能小于 0。
- maximumPoolSize：线程池支持的最大线程数，应大于等于核心线程数量。
- keepAliveTime：临时线程的最大存活时间，不能小于 0。
- unit：存活时间的单位，可以是秒、分、时、天。
- workQueue：任务队列，不能为 null。
- threadFactory：创建线程的线程工厂。
- handler：线程池无法处理新任务时的拒绝策略。当线程池中的线程数已达到最大并且任务队列已满时，新提交的任务就会被拒绝执行。Java 根据不同场景的需求提供了几种 RejectedExecutionHandler 处理策略，具体如表 8-6 所示。

表 8-6　RejectedExecutionHandler 处理策略

策略	说明
ThreadPoolExecutor.AbortPolicy	丢弃任务并抛出 RejectedExecutionException 异常，是 ThreadPoolExecutor 的默认策略
ThreadPoolExecutor.DiscardPolicy	丢弃任务，但是不抛出异常，不推荐使用
ThreadPoolExecutor.DiscardOldestPolicy	新提交的任务将会尝试替换任务队列中最旧的任务，如果替换失败，则丢弃新提交的任务
ThreadPoolExecutor.CallerRunsPolicy	新提交的任务将由提交任务的线程执行。这意味着任务提交的线程会被阻塞，由它自己去执行这个任务

使用 ThreadPoolExecutor 类创建线程池对象时，允许设置的最大线程数可以大于核心线程数，这些多出来的线程被称为临时线程。当新任务提交时，如果当前线程池中的所有核心线程都在执行任务、任务队列已满且当前正在执行的临时线程数量未达到设定的最大线程数，新任务才会被交给临时线程处理。

ExecutorService 接口提供了操作线程和线程池的方法，其中常用的方法如表 8-7 所示。

表 8-7　ExecutorService 接口常用的方法

方法声明	说明
void execute(Runnable command)	用于执行任务或命令，一般用来执行 Runnable 任务
Future<T> submit(Callable<T> task)	用于执行任务或命令，一般用来执行 Callable 任务
void shutdown()	用于等待线程池中的任务执行完毕后关闭线程池
List<Runnable> shutdownNow()	用于立即关闭线程池，停止正在执行的任务，并返回队列中未执行的任务的列表

下面通过一个案例演示如何使用 ThreadPoolExecutor 类创建线程池，并创建 Runnable 任务（交由线程池处理），具体实现如文件 8-13 所示。

文件 8-13　Example07.java

```
1   import java.util.concurrent.*;
2   class MyRunnable02 implements Runnable {
3       @Override
4       public void run() {
5           System.out.println(Thread.currentThread().getName() +
6               "执行任务！");
7       }
8   }
9   public class Example07{
10      public static void main(String[] args) {
11          // 创建线程池对象
12          ExecutorService pool = new ThreadPoolExecutor(2, 4, 6,
13              TimeUnit.SECONDS,
14              new ArrayBlockingQueue<>(2),
15              Executors.defaultThreadFactory(),
16              new ThreadPoolExecutor.AbortPolicy());
17          // 创建 Runnable 任务，交由线程池处理
18          Runnable target = new MyRunnable02();
19          for (int i = 0; i < 5; i++) {
20              //执行任务
21              pool.execute(target);
22          }
23      }
24  }
```

在上述代码中，第 2~8 行代码定义线程类并重写其 run()方法；第 12~16 行代码通过 ThreadPoolExecutor 类的构造方法创建了线程池对象，其中，指定核心线程数为 2，最大线程数为 4，任务队列中存放的线程数量为 2；第 18~22 行代码通过线程池执行 5 个 Runnable 任务。

运行文件 8-13，结果如图 8-14 所示。

由图 8-14 可知，程序启动了 3 个线程执行任务。因为线程池中只有 2 个核心线程，所以当任务队列满了之后，启动了 1 个临时线程，实现了线程池对 Runnable 任务的处理。

图8-14　文件8-13的运行结果

【**案例 8-1**】红绿灯系统

请扫描二维码查看【案例 8-1：红绿灯系统】。

【**案例 8-2**】优惠券活动

请扫描二维码查看【案例 8-2：优惠券活动】。

【**案例 8-3**】注水排水系统

请扫描二维码查看【案例 8-3：注水排水系统】。

本章小结

本章主要讲解了多线程的相关知识，首先讲解了线程与进程的知识、线程的创建和启动；然后讲解了线程的生命周期及状态转换，接着讲解了线程同步、线程的控制，最后讲解了线程池。整个讲解过程中包括 3 个案例，这些案例用于帮助读者对多线程的相关知识进行巩固。通过本章的学习，读者能够对多线程技术有较为深入的了解。

本章习题

请扫描二维码查看本章习题。

第 9 章

拓展阅读

网络编程

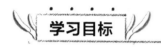

学习目标

知识目标	1. 了解 IP 地址和端口号，能够简述 IP 地址和端口号的作用及表示形式 2. 了解网络通信协议，能够简述 TCP/IP 参考模型的 4 个层次 3. 了解 UDP 与 TCP，能够简述 UDP 与 TCP 各自的特点
技能目标	1. 熟悉 InetAddress 类的使用，能够使用 InetAddress 类的常用方法获取和操作 IP 地址信息 2. 掌握基于 UDP 的网络编程，能够使用 DatagramPacket 类和 DatagramSocket 类编写 UDP 通信程序 3. 掌握基于 TCP 的网络编程，能够使用 ServerSocket 类和 Socket 类编写 TCP 通信程序

计算机网络已经成为人们工作和生活中不可或缺的一部分，通过网络互连的计算机可以完成信息传递、资源共享和协同工作等。而计算机之间要进行通信，需要通过网络程序来实现。下面将对网络编程的相关知识进行详细讲解。

9.1 网络编程基础

网络编程与传统的本地编程有显著区别，网络编程基于计算机网络实现各种功能，需要考虑计算机之间的通信和数据交换。在学习网络编程之前，了解网络编程的基础知识是非常重要的，下面将对网络编程的基础知识进行讲解。

9.1.1 网络编程概述

网络编程是一种编程方式，主要涉及网络协议、套接字编程和数据传输等技术。基于网络编程可以实现应用程序与网络中其他设备上的应用程序之间的交互，实现计算机网络中各设备间的通信和数据交换。网络编程广泛应用于互联网、局域网、内网等不同范围的网络环境中，可用于创建各种应用系统和服务端程序。

进行网络编程之前，通常需要先考虑网络通信的架构，网络通信架构决定了应用程序之间进行通信的方式和模式。常见的网络通信架构包括 CS（Client/Server，客户端/服务器）架构和 BS（Browser/Server，浏览器/服务器）架构，下面对这两种架构分别进行讲解。

1. CS 架构

CS 架构需要用户在自己的计算机或者手机等设备上安装自主开发的客户端程序，用户在客户端中通过客户端程序向服务器发送请求，并接收服务器返回的数据信息。由于客户端程序是自主开发的，因此可以根据具体需求进行优化和定制，从而更好地满足复杂计算和数据处理需求。此外，CS 架构还可以更好地支持分布式系统和多用户环境，适用于需要进行高度交互和实时响应的应用系统。CS 架构的结构如图 9-1 所示。

2. BS 架构

BS 架构是一种广泛应用于 Web 领域的网络通信架构。在 BS 架构中无须开发独立的客户端程序，而是以 Web 浏览器作为客户端。用户只需通过浏览器输入网址或单击链接，发起对服务器的访问请求，服务器就会将相应的数据以网页的形式返回给浏览器，用户可以直接在页面上进行查看和操作。BS 架构的结构如图 9-2 所示。

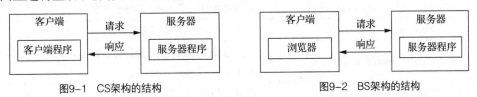

图9-1　CS架构的结构　　　　　　　　　　图9-2　BS架构的结构

BS 架构的优点在于，它提供了良好的跨平台性和可访问性，用户只需使用浏览器即可访问应用程序，无须下载和安装额外的客户端程序。此外，客户端程序是通用的 Web 浏览器，其更新和维护成本相对较低。

BS 架构和 CS 架构是两种不同的网络架构模式，它们有各自的优缺点，网络通信架构的选择取决于应用程序的需求和特点。如果应用程序需要面向广大用户和跨平台访问，并且主要涉及展示和交互，那么 BS 架构是一个不错的选择。而如果应用程序需要进行复杂的计算和数据处理，并且对性能有较高要求，那么 CS 架构可能更适合。本章将基于 BS 架构讲解网络编程。

9.1.2　IP 地址和端口号

网络编程的实现需要一些要素进行支撑，其中 IP 地址和端口号是核心部分，下面对 IP 地址和端口号分别进行讲解。

1. IP 地址

IP（Internet Protocol，互联网协议）地址是互联网协议提供的一种统一的地址格式，用于唯一地标识网络中的通信实体，网络中的请求可以根据这个标识找到具体的通信实体。

互联网协议有多个版本，现有被广泛部署的有 IPv4（Internet Protocol version 4，第 4 版互联网协议）和 IPv6（Internet Protocol version 6，第 6 版互联网协议）。其中，IPv4 使用 4 个字节的二进制数表示 IP 地址，例如 00001010000000000000000000000001。由于二进制形式表示的 IP 地址非常不便于记忆和处理，因此通常会将 IP 地址写成十进制形式，每个字节用一个十进制数字（0~255）表示，数字之间用.分隔，例如 10.0.0.1。IPv6 使用 16 个字节的二进制数表示 IP 地址，它所拥有的地址容量约是 IPv4 的 8×10^{28} 倍，达 2^{128} 个，基于 IPv6 可以解决网络地址资源数量不足的问题。

在计算机网络中，localhost 是一个特殊的主机名，用于表示本地设备或计算机。对应 IPv4 的 IP 地址是 127.0.0.1，而对应 IPv6 的 IP 地址是::1。这些地址被称为回送地址，它们指向本地计算机自身。当程序连接到 localhost 时，实际上是程序与本地计算机进行通信。

Java 中提供了 InetAddress 类来代表 IP 地址，InetAddress 类中提供了一系列与 IP 地址相关的方法，用于获取和操作 IP 地址信息。需要注意的是，InetAddress 类没有提供公开的构造器，而是提供了一些静态方法来获取 InetAddress 对象，InetAddress 类的常用方法如表 9-1 所示。

表 9-1　InetAddress 类的常用方法

方法声明	功能描述
static InetAddress getByName(String host)	获取 host 对应的 InetAddress 对象，host 可以为主机名或 IP 地址
static InetAddress getLocalHost()	获取本地主机的 InetAddress 对象
String getHostName()	获取当前 IP 地址对象的主机名
boolean isReachable(int timeout)	判断在指定毫秒内是否可以连通该 IP 地址对应的主机，连通则返回 true
String getHostAddress()	获取字符串格式的 IP 地址

表 9-1 中列举了 InetAddress 类的常用方法。其中，前两个方法用于获得 InetAddress 实例。通过 InetAddress 实例可以获取指定主机名、IP 地址等。下面通过一个案例来演示 InetAddress 类常用方法的基本使用，如文件 9-1 所示。

文件 9-1　Example01.java

```
1  public class Example01{
2      public static void main(String[] args) throws Exception {
3          // 获取本地主机的 InetAddress 对象
4          InetAddress localAddress = InetAddress.getLocalHost();
5          // 获取主机名为 "www.itcast.cn" 的 InetAddress 对象
6          InetAddress remoteAddress =
7                          InetAddress.getByName("www.itcast.cn");
8          System.out.println("本机的 IP 地址: "
9                          + localAddress.getHostAddress());
10         System.out.println("itcast 的 IP 地址: "
11                         + remoteAddress.getHostAddress());
12         System.out.println("3 秒内是否可以访问: "
13                         + remoteAddress.isReachable(3000));
14         System.out.println("itcast 的主机名为"
15                         + remoteAddress.getHostName());
16     }
17 }
```

运行文件 9-1，结果如图 9-3 所示。

在图 9-3 中，控制台中输出的 itcast 的主机名是域名形式，原因是创建 InetAddress 对象时是基于主机的域名创建的。如果 InetAddress 对象是通过 IP 地址的字符串创建，则获取到的主机名是对应的 IP 地址。

2. 端口号

IP 地址通常用于唯一标识网络中的通信实体，但一个通信实体可能同时有多个程序提供服务。在实现通信时，需要指定数据交给哪个程序处理，这时就需要使用端口。在应用程序领域，端口是应用程序与外界交流的出入口，是一种抽象的软件结构，用于标识应用程序在网络通信中的位置。使用不同的端口号，不同的应用程序可以在同一个网络接口上进行通信。

端口通过端口号进行标记，下面通过一张图描述 IP 地址和端口号的作用，具体如图 9-4 所示。

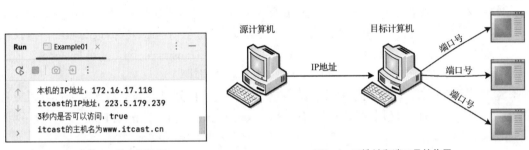

图9-3 文件9-1的运行结果　　　　图9-4 IP地址和端口号的作用

端口号用 0~65535 的整数表示，通常分为以下 3 类。

● 公认端口：端口号在 0 到 1023 之间，被预先定义用于特定网络服务和应用。例如，HTTP（Hypertext Transfer Protocol，超文本传送协议）使用的端口号为 80，FTP（File Transfer Protocol，文件传送协议）使用的端口号为 21。

● 注册端口：端口号在 1024 到 49151 之间，通常被分配给用户进程或特定应用程序。例如，Tomcat 使用的端口号为 8080，MySQL 使用的端口号为 3306。

● 动态端口：端口号在 49152 到 65535 之间，通常被动态分配给客户端应用程序。动态分配可以保证不同应用程序之间不会因为端口冲突而发生通信错误。

读者在开发应用程序时，可以使用 1024~49151 的注册端口。需要注意的是，同一台计算机上不能有两个应用程序同时使用同一个端口，如果一个应用程序尝试绑定一个已经被其他服务或应用程序占用的端口号，那么当前应用程序将会启动失败。

9.1.3 网络通信协议

计算机网络中，位于同一网络中的计算机在进行连接和通信时需要遵守一定的规则，这些规则被称为网络通信协议。网络通信协议定义了数据在网络中的传输格式、传输速率、传输步骤等，通信双方必须同时遵守才能完成数据交互。

网络通信协议目前主要分为两个参考模型：OSI 参考模型和 TCP/IP 参考模型。OSI 参考模型是由国际标准化组织在 20 世纪 80 年代早期制定的一套规范集合，旨在促进全球范围内计算机的开放式通信。然而，它采用了一种 7 层协议结构，这种划分在实际应用中意义不大，反而增加了复杂性。

相比之下，TCP/IP 参考模型将 OSI 参考模型重新划分为 4 个层次，以 TCP/IP 为核心。由于 Internet 网络体系结构以 TCP/IP 为核心，随着互联网的普及和发展，TCP/IP 参考模型得到了广泛应用。TCP/IP 参考模型简化了 OSI 参考模型的层次结构，并明确定义了各层次的功能和作用，使计算机网络的设计、实现和管理变得更加简单和高效。

TCP/IP 参考模型划分的 4 个层次具体如图 9-5 所示。

图 9-5 中，TCP/IP 参考模型划分的层次分别是应用层、传输层、网际互联层和网络接入层，每层分别负责不同的通信功能，具体如下。

图9-5   TCP/IP参考模型划分的4个层次

● 应用层：主要为互联网中的各种网络应用提供服务。在这一层，各种应用程序通过特定的协议（如 HTTP、FTP 等）进行网络通信。

● 传输层：主要为应用层实体提供端到端的通信功能，保证了数据报的顺序传送及数据的完整性。在这一层，主要有两个重要的协议：TCP（Transmission Control Protocol，传输控制协议）和 UDP（User Datagram Protocol，用户数据报协议）。

● 网际互联层：主要用于对传输的数据进行分组，将分组数据发送到目标计算机或者网络。在这一层，主要使用的有 IP 和 IGMP（Internet Group Management Ptotocol，互联网组管理协议）等协议。

● 网络接入层：主要负责监视数据在主机和网络之间的交换。事实上，TCP/IP 参考模型本身并未定义该层的协议，而由参与互连的各网络使用自己的物理层和数据链路层协议。

在 TCP/IP 参考模型中，网际互联层和网络接入层主要用于处理网络硬件和操作系统级别的功能，这些层次的内容超出了 Java 的设计范围。因此，基于 CS 架构进行 Java 网络编程时，主要关注的是传输层中的 UDP 和 TCP 这两个协议。UDP 和 TCP 是面向不同需求的传输协议，应用程序可以根据自身的需求选择适合的协议进行通信。

1. UDP

UDP 是一种无连接通信协议，发送端和接收端在数据传输时不建立逻辑连接。简而言之，发送端向接收端发送数据时，不会确认接收端是否存在，而会直接发送数据；同样，接收端在收到数据时也不会向发送端发送确认信息。

由于 UDP 具有资源消耗小、通信效率高、延迟低的特点，通常在音频、视频和普通数据的传输中使用。例如，视频会议通常使用 UDP，即使偶尔丢失一两个数据包，也不会对接收结果产生太大影响。然而，由于 UDP 无法保证数据的完整性，在传输重要数据时不建议使用 UDP。

2. TCP

TCP 是一种面向连接的通信协议，即在传输数据之前，发送端和接收端先建立逻辑连接，再传输数据。TCP 确保了计算机之间可靠、无差错地数据传输。相比 UDP，TCP 的传输速度较慢，但传输的数据更加可靠，TCP 可以确保传输的数据在发送和接收过程中不丢失、不重复和按顺序到达，保证了传输数据的安全性和完整性。因此，TCP 在文件传输、金融产品等数据通信领域得到广泛应用。

在 TCP 连接中，需要明确客户端和服务器端的角色。连接的建立需要经过"三次握手"：

第一次握手，客户端向服务器端发送连接请求，并等待服务器确认；第二次握手，服务器端向客户端返回一个响应，通知客户端已收到连接请求；第三次握手，客户端再次向服务器端发送确认信息，确认建立连接。TCP"三次握手"的过程如图 9-6 所示。

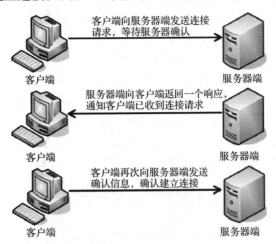

图9-6　TCP"三次握手"的过程

9.2　基于 UDP 的网络编程

基于 UDP 通信的过程就像货运公司在两个码头间发送货物一样，在码头发送和接收货物时需要使用集装箱来装载货物。JDK 中提供了一个 DatagramPacket 类，该类的实例对象就相当于一个集装箱，用于承载 UDP 通信中发送或者接收的数据。然而运输货物仅有"集装箱"是不够的，还需要有码头，以便处理这些货物。为此，JDK 提供了与之对应的 DatagramSocket 类，该类的作用类似于码头，使用这个类的实例对象就可以发送和接收 DatagramPacket 数据报。基于 UDP 通信的过程如图 9-7 所示。

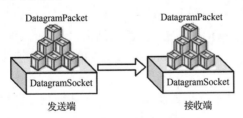

图9-7　基于UDP通信的过程

了解 DatagramPacket 类和 DatagramSocket 类在 UDP 通信过程中的作用后，下面对这两个类进行详细讲解。

1. DatagramPacket 类

DatagramPacket 类用于封装 UDP 通信中的数据，DatagramPacket 对象也称为报文对象。在发送端和接收端创建 DatagramPacket 对象时，使用的构造方法有所不同，接收端的 DatagramPacket 对象只需要接收一个字节数组来存放接收到的数据，而发送端的 DatagramPacket 对象不但要存放被发送的数据，还需要指定数据的目标 IP 地址和端口号。DatagramPacket 类常用的构造方法如下。

● DatagramPacket(byte[] buf,int length)：创建一个 DatagramPacket 对象，用于接收长度为 length 的数据包。其中，length 参数必须小于或等于 buf 参数的长度。

● DatagramPacket(byte[] buf,int offset,int length)：该构造方法与第 1 个构造方法类似，只不过在第 1 个构造方法的基础上增加了一个 offset 参数，该参数用于指定传入数据报的缓冲区 buf 的偏移量为 offset，即从 offset 位置开始接收数据。

● DatagramPacket(byte[] buf,int length,InetAddress addr,int port)：创建一个 DatagramPacket 对象，并指定发送或接收的数据、数据的长度、目标主机的 IP 地址和端口号。

● DatagramPacket(byte[] buf,int offset,int length,InetAddress addr,int port)：该构造方法与第 3 个构造方法类似，只不过在第 3 个构造方法的基础上增加了一个 offset 参数，该参数用于指定一个数组中发送数据的偏移量为 offset，即从 offset 位置开始发送数据。

DatagramPacket 类提供了一些用于操作 UDP 通信的方法，其中常用的方法如表 9-2 所示。

表 9-2   DatagramPacket 类中常用的方法

方法声明	功能描述
InetAddress getAddress()	用于获取发送端或者接收端的 IP 地址，如果是发送端的 DatagramPacket 对象，则获取接收端的 IP 地址；否则获取发送端的 IP 地址
int getPort()	用于获取发送端或者接收端的端口号，如果是发送端的 DatagramPacket 对象，则获取接收端的端口号；否则获取发送端的端口号
byte[] getData()	用于获取将要发送或者接收到的数据，如果是发送端的 DatagramPacket 对象，则获取将要发送的数据；否则获取接收到的数据
int getLength()	用于获取将要发送或者接收到的数据的长度，如果是发送端的 DatagramPacket 对象，则获取将要发送的数据长度；否则获取接收到的数据长度

2. DatagramSocket 类

DatagramSocket 类用于创建基于 UDP 通信时的发送端对象和接收端对象，DatagramSocket 提供了多个构造方法用于创建发送端对象和接收端对象，其中常用的构造方法如下。

● DatagramSocket()：创建一个未绑定到任何地址和端口的 DatagramSocket 对象。

● DatagramSocket(int port)：创建一个绑定到指定端口的 DatagramSocket 对象。

● DatagramSocket(int port,InetAddress addr)：创建一个绑定到指定地址 addr 和端口 port 的 DatagramSocket 对象。

DatagramSocket 类提供了发送和接收 UDP 数据报的一系列方法，其中常用的方法如表 9-3 所示。

表 9-3   DatagramSocket 类中常用的方法

方法声明	功能描述
void receive(DatagramPacket p)	用于接收 DatagramPacket 数据报，在接收到数据之前会一直处于阻塞状态，如果发送消息的长度比数据报长，则消息将会被截取
void send(DatagramPacket p)	用于发送 DatagramPacket 数据报，发送的数据报中包含将要发送的数据、数据的长度、目标主机的 IP 地址和端口号
void close()	关闭当前的 Socket，通知驱动程序释放为这个 Socket 保留的资源

下面通过一个案例演示如何基于 DatagramPacket 类和 DatagramSocket 类实现 UDP 通信。

在一个完整的 UDP 通信过程中，至少需要一个发送端和一个接收端。本案例演示一个发送端和一个接收端的通信情况，具体实现如下。

首先编写接收端程序，具体如文件 9-2 所示。

文件 9-2　UDPServer.java

```java
import java.net.DatagramPacket;
import java.net.DatagramSocket;
public class UDPServer {
    public static void main(String[] args) throws Exception {
        System.out.println("=====服务端启动======");
        // 创建接收端对象
        DatagramSocket socket = new DatagramSocket(8888);
        // 创建一个数据报对象来接收数据
        byte[] buffer = new byte[1024 * 64];
        DatagramPacket packet = new DatagramPacket(buffer, buffer.length);
        // 等待接收数据
        socket.receive(packet);
        // 获取接收到的数据，获取多少输出多少
        int len = packet.getLength();
        String rs = new String(buffer,0, len);
        System.out.println("收到了: " + rs);
        socket.close();
    }
}
```

在上述代码中，第 7 行代码创建了一个 DatagramSocket 对象，并绑定 8888 端口；第 9 行代码定义了一个用于接收数据的字节数组；第 10 行代码定义了一个 DatagramPacket 对象，在对象初始化时传入了 buffer 数组来接收数据；第 12 行代码通过 DatagramSocket 对象 socket 调用 receive()方法来接收数据，如果没有接收到数据，程序会处于阻塞状态，以等待数据的接收。如果接收到数据，则执行后续代码，DatagramSocket 对象会将数据填充到 DatagramPacket 对象的数据缓冲区 buffer 中。

文件 9-2 的运行结果如图 9-8 所示。

由图 9-8 可以看出，文件 9-2 运行后，程序一直处于阻塞状态，这是因为 DatagramSocket 的 receive()方法在等待接收发送端发送过来的数据，只有接收到发送端发送的数据，该方法才会结束这种阻塞状态，程序才能继续向下执行。

图9-8　文件9-2的运行结果

接着编写发送端程序，用于给接收端发送数据，具体如文件 9-3 所示。

文件 9-3　UDPClient.java

```java
import java.net.DatagramPacket;
import java.net.DatagramSocket;
import java.net.InetAddress;
public class UDPClient {
    public static void main(String[] args) throws Exception {
        System.out.println("=====客户端启动======");
        // 创建发送端对象
        DatagramSocket socket= new DatagramSocket(7777);
        // 创建一个数据报对象来封装数据
        byte[] buffer = "我是发送端的信息！".getBytes();
        DatagramPacket packet = new DatagramPacket( buffer, buffer.length,
```

```
12                    InetAddress.getLocalHost() , 8888);
13        // 发送数据
14        socket.send(packet);
15        System.out.println("数据已经发出！");
16        socket.close();
17    }
18 }
```

在上述代码中，第 8 行代码创建了一个 DatagramSocket 对象 socket，并指定了监听的端口号为 7777；第 10～12 行代码定义了要发送的字符串数据并创建了一个要发送的数据报对象 DatagramPacket，数据报包含数据的内容、数据的长度、接收端的 IP 地址以及端口号。第 14 行代码调用 DatagramSocket 的 send()方法发送数据。

文件 9-3 的运行结果如图 9-9 所示。

由图 9-9 可知，客户端程序启动后将消息成功发送出去，此时接收端程序就会收到发送端发送的数据并结束阻塞状态，然后输出接收到的数据，如图 9-10 所示。

图9-9　文件9-3的运行结果

图9-10　接收端输出接收到的数据

由图 9-10 可以看到，控制台输出了发送端发送过来的所有数据，说明使用 DatagramPacket 类和 DatagramSocket 类实现了基于 UDP 的通信。

9.3　基于 TCP 的网络编程

相对于 UDP，TCP 传输的数据更可靠，当对数据传输的可靠性要求较高时，基于 TCP 编程可以实现更高质量的数据传输。下面将对基于 TCP 的网络编程相关知识进行讲解。

TCP 通信

TCP 通信严格区分客户端和服务器端，JDK 中提供了 Socket 类和 ServerSocket 类分别表示客户端和服务器端。基于 TCP 编写程序时，可以先创建一个表示服务器端的 ServerSocket 对象，开启一个服务并等待客户端连接；然后创建一个表示客户端的 Socket 对象，并向服务器端发送连接请求；服务器端接收到请求后，如果同意建立连接，则会向客户端发送确认建立连接的数据包；客户端收到确认数据包后双方建立连接，正式进行通信。基于 TCP 通信时，需要由客户端去连接服务器端，而服务器端不能主动连接客户端，Socket 和 ServerSocket 的通信过程如图 9-11 所示。

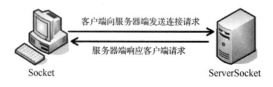

图9-11　Socket和ServerSocket的通信过程

本节将对 ServerSocket 类和 Socket 类进行详细讲解。

1. ServerSocket 类

ServerSocket 类的主要作用是接收客户端的连接请求，它提供了多个构造方法来创建服务器端对象，其中常用的构造方法如下。

● ServerSocket()：创建一个不与任何端口绑定的 ServerSocket 对象，这样的 ServerSocket 对象默认没有监听任何端口，不能接收客户端的连接请求，需要调用 bind(SocketAddress endpoint) 方法将其绑定到指定的端口号后，它才能监听指定的端口，并接受客户端的连接请求。

● ServerSocket(int port)：创建一个 ServerSocket 对象，并在指定的 port 端口上监听连接请求。

● ServerSocket(int port, int backlog)：该构造方法在第 2 个构造方法的基础上增加了一个 backlog 参数，该参数用于指定最大连接数，即可以同时连接的客户端数量。

● ServerSocket(int port, int backlog, InetAddress bindAddr)：该构造方法在第 3 个构造方法的基础上增加了一个 bindAddr 参数，该参数用于指定监听发出连接请求的客户端的 IP 地址。

ServerSocket 类提供了一些用于监听来自客户端的连接请求和建立与客户端通信通道的方法，其中常用的方法如表 9-4 所示。

表 9-4　ServerSocket 类的常用方法

方法名称	功能描述
Socket accept()	用于等待客户端的连接请求，在客户端完成连接之前会一直处于阻塞状态，当有客户端连接到服务器端时，就会返回一个与之对应的 Socket 对象
InetAddress getInetAddress()	用于获取 ServerSocket 对象所绑定的 IP 地址
boolean isClosed()	该方法用于判断 ServerSocket 对象是否为关闭状态，如果是关闭状态则返回 true，否则返回 false
void bind(SocketAddress endpoint)	用于将 ServerSocket 对象绑定到指定的 IP 地址和端口号，其中参数 endpoint 封装了 IP 地址和端口号

2. Socket 类

Socket 类用于建立客户端与服务器之间的连接，可以通过该连接进行数据传输。在客户端程序中，通常需要先创建一个 Socket 对象来与服务器建立连接，然后使用该对象的 I/O 流来发送和接收数据。Socket 类常用的构造方法如下。

● Socket()：创建一个没有指定 IP 地址和端口号的 Socket 对象，这意味着只创建了客户端对象，并不会建立实际的连接。

● Socket(String host, int port)：根据指定的主机名 host 和端口号 port 创建一个 Socket 对象。

● Socket(InetAddress address, int port)：该方法在使用上与第 2 个构造方法类似，根据指定的服务器地址 address 和端口号 port 创建一个 Socket 对象。

Socket 类提供了一些方法，用于与服务器端进行通信，其中常用的方法如表 9-5 所示。

表 9-5　Socket 类的常用方法

方法声明	功能描述
int getPort()	用于获取 Socket 对象与服务器端连接的端口号
SocketAddress getRemoteSocketAddress()	用于获取与 Socket 对象连接的远程服务器的网络地址，返回一个 SocketAddress 对象
void close()	用于关闭 Socket 连接，结束本次通信。在关闭 Socket 之前，应将与 Socket 相关的所有的输入流/输出流全部关闭
InputStream getInputStream()	用于获取与当前 Socket 关联的 InputStream 对象，读取发送过来的数据。如果是客户端 Socket，可以通过该 InputStream 对象从服务器端读取数据；而如果是服务器端 Socket，可以通过该 InputStream 对象从客户端读取数据
OutputStream getOutputStream()	用于获取与当前 Socket 关联的 OutputStream 对象，向远程主机发送数据。如果是客户端 Socket，可以通过该 OutputStream 对象向服务器端发送数据；而如果是服务器端 Socket，可以通过该 OutputStream 对象向客户端发送数据

表 9-5 中列举了 Socket 类的常用方法，其中 getInputStream()方法和 getOutputStream()方法分别用于获取输入流和输出流。当客户端和服务器端建立连接后，数据以输入/输出流的形式进行交互，从而实现通信。客户端和服务器端的数据传输如图 9-12 所示。

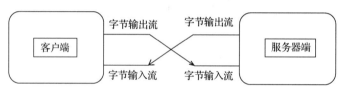

图9-12　客户端和服务器端的数据传输

下面基于图 9-12 中客户端和服务器端的数据传输，对 TCP 通信的步骤进行说明。

① 客户端和服务器端分别创建一个 Socket 对象，用于建立数据通信的管道，这样在客户端和服务器端都有一个 Socket 对象来访问该通信管道。

② 客户端向服务器端发送数据时，先通过 Socket 对象获取一个字节输出流，然后使用字节输出流将数据写入服务器端。

③ 服务器端通过 Socket 对象获取字节输入流，然后使用字节输入流读取客户端发送过来的数据，并对数据进行处理。

④ 服务器端处理完数据后，如果需要返回信息给客户端，服务器端可以通过 Socket 对象获取一个字节输出流，并将数据写入客户端。

⑤ 客户端再次通过 Socket 对象获取字节输入流，使用字节输入流读取服务器端发送过来的数据。

下面通过一个案例演示如何基于 Socket 类和 ServerSocket 类实现 TCP 通信。在一个完整的 TCP 通信过程中，至少需要一个客户端和一个服务器端。本案例演示一个客户端和一个服务器端的通信情况，具体实现如下。

首先编写服务器端程序，在服务器端程序中等待客户端的连接请求，并在获取到客户端连接请求后，获取并在控制台中输出客户端发送过来的数据；然后发送一些数据到客户端，具体如文件 9-4 所示。

文件 9-4 TCPServer.java

```java
1   import java.io.*;
2   import java.net.ServerSocket;
3   import java.net.Socket;
4   public class TCPServer {
5       public static void main(String[] args) {
6           try {
7               System.out.println("===服务端启动成功===");
8               // 创建指定端口号的 ServerSocket 对象
9               ServerSocket serverSocket = new ServerSocket(7777);
10              // 等待接收客户端的 Socket 连接请求，建立 Socket 通信管道
11              Socket socket = serverSocket.accept();
12              // 从 Socket 通信管道中获取字节输入流和字节输出流
13              InputStream is = socket.getInputStream();
14              OutputStream os = socket.getOutputStream();
15              // 将字节输入流包装成数据输入流，用于后续接收数据
16              DataInputStream dis = new DataInputStream(is);
17              // 将字节输出流包装成数据输出流，用于后续发送数据
18              DataOutputStream dos = new DataOutputStream(os);
19              // 读取客户端发送过来的数据
20              String rs = dis.readUTF();
21              System.out.println("数据已经收到！");
22              System.out.println(socket.getRemoteSocketAddress() +
23                  "说了：" + rs);
24              // 写入需要发送给客户端的数据
25              dos.writeUTF("北京收到！");
26              //释放资源
27              dos.close();
28              dis.close();
29              socket.close();
30          } catch (Exception e) {
31              e.printStackTrace();
32          }
33      }
34  }
```

在文件 9-4 中，第 9 行代码创建了一个表示服务器端对象的 ServerSocket 对象，并指定端口号为 7777；第 11 代码使用 ServerSocket 对象调用 accept()方法以等待客户端的连接；当客户端连接到服务器端后，获取对应的 Socket 对象；第 13～18 行代码根据获取到的 Socket 对象获取对应的字节输入流和字节输出流，并包装为对应的数据输入流和数据输出流，便于后续处理数据；第 20～25 行代码通过数据输入流读取客户端发送过来的数据，将其输出到控制台，并通过数据输出流将一些数据发送给客户端。

文件 9-4 的运行结果如图 9-13 所示。

由图 9-13 可以看出，服务端已经启动成功，但控制台中的光标一直在闪烁，这是因为服务器端此时暂未和客户端建立连接，所调用的 accept()方法在执行时发生阻塞，直到客户端连接完成之后才会结束这种阻塞状态。

下面编写客户端程序，在客户端程序中向服务器端发

图9-13 文件9-4的运行结果

送数据，然后获取服务器端发送过来的数据，并输出到控制台，具体如文件 9-5 所示。

文件 9-5　TCPClient.java

```java
1  import java.io.*;
2  import java.net.Socket;
3  public class TCPClient {
4      public static void main(String[] args) {
5          try {
6              System.out.println("====客户端启动===");
7              // 创建一个 Socket 对象，并指定目标服务器的 IP 地址和端口号
8              Socket socket = new Socket("127.0.0.1", 7777);
9              // 从 Socket 通信管道中获取字节输入流和字节输出流
10             OutputStream os = socket.getOutputStream();
11             InputStream is = socket.getInputStream();
12             // 将字节输入流包装成数据输入流，用于后续接收数据
13             DataInputStream dis = new DataInputStream(is);
14             // 将字节输出流包装成数据输出流，用于后续发送数据
15             DataOutputStream dos = new DataOutputStream(os);
16             // 写入需要发送的数据
17             dos.writeUTF("我是天宫空间站，我运行正常！");
18             System.out.println("数据已经发出！");
19             // 读取客户端发送过来的数据
20             String rs = dis.readUTF();
21             System.out.println(socket.getRemoteSocketAddress() +
22                     "说了: " + rs);
23             //释放资源
24             dos.close();
25             dis.close();
26             socket.close();
27         } catch (Exception e) {
28             e.printStackTrace();
29         }
30     }
31 }
```

在文件 9-5 中，第 8 行代码创建了一个 Socket 对象，并指定该对象要连接的服务器端的 IP 地址和端口号；第 10～15 行代码通过 Socket 对象获取对应的字节输入流和字节输出流，并包装为对应的数据输入流和数据输出流，便于后续处理数据；第 17～22 行代码通过数据输出流向服务器端发送数据，然后通过数据输入流读取服务器端发送过来的数据，并输出到控制台。

文件 9-5 的运行结果如图 9-14 所示。

由图 9-14 可以看到，控制台中提示数据已经发送，并且收到服务器端返回的数据。说明客户端启动后客户端往服务器端发送信息，客户端创建的 Socket 对象与服务器端建立连接，通过 Socket 对象获得输入流，并成功读取服务器端发来的数据。

此时，服务器端控制台的输出结果如图 9-15 所示。

图9-14　文件9-5的运行结果

图9-15　服务器端控制台的输出结果

　　由图 9-15 可以看到，控制台中提示数据已经收到，并且收到的数据和客户端发送的数据一致，说明服务器端成功和客户端建立连接。

　　【案例 9-1】简易版 BS 架构程序

　　请扫描二维码查看案例【9-1：简易版 BS 架构程序】。

　　【案例 9-2】"时代先锋研习社"聊天室

　　请扫描二维码查看案例【9-2："时代先锋研习社"聊天室】。

项目实践：黑马网盘

　　请扫描二维码查看【项目实践：黑马网盘】

本章小结

　　本章主要介绍了网络编程的知识，首先讲解了网络编程的基础知识，然后讲解了基于 UDP 的网络编程，接着讲解了基于 TCP 的网络编程，并通过两个案例提高读者对 TCP 编程的实际应用能力，最后通过一个实践项目帮助读者对网络编程的相关知识进行巩固。通过本章的学习，读者能够对网络编程技术有较为深入的理解，为后续项目的开发和知识的学习打下良好的基础。

本章习题

　　请扫描二维码查看本章习题。

第 10 章

数据库编程

拓展阅读

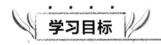

知识目标	1. 了解 JDBC，能够简述 JDBC 的概念及优点
	2. 掌握 JDBC 的常用 API，能够简述 JDBC 常用 API 的作用
	3. 熟悉 DbUtils 的作用，能够简述 QueryRunner 类中执行查询、插入、更新和删除操作的方法，以及 ResultSetHandler 接口中常用实现类封装结果集的特点
技能目标	1. 熟悉数据库连接池，能够在 JDBC 程序中使用数据库连接池
	2. 掌握 JDBC 编程，能够独立编写 JDBC 程序来操作数据库中的数据
	3. 掌握 DbUtils 的使用方法，能够使用 DbUtils 进行数据的增删改查

　　为了满足业务需求，应用程序通常需要存储和管理数据。考虑到高效性、便捷性和安全性，大多数应用程序都会选择将数据存储在数据库中进行管理。在与数据库交互时，应用程序需要使用特定的技术来连接和操作数据库中的数据。其中，JDBC 是 Java 用于访问关系数据库的一种技术。本章将讲解使用 JDBC 在 Java 应用程序中进行数据库编程的相关知识。

10.1　JDBC 简介

10.1.1　JDBC 概述

　　数据库编程是指使用编程语言与数据库进行交互的过程，主要涉及与数据库建立连接、执行 SQL 语句、读取和写入数据等操作。其中，驱动程序是根据数据库的规范和要求实现的程序，是连接和操作数据库的必要组件，不同的数据库可能有不同的规范和要求，因此提供的驱动程序也会有所差异。在 JDBC（Java Database Connectivity，Java 数据库互连）出现之前，各数据库厂商提供自己独立的数据库驱动程序，如果开发人员想要操作不同类型的数据库，就需要编写专门针对每个数据库的程序。例如，要访问 MySQL 数据库需要编写一种程序，要访问 Oracle 数据库就需要编写另一种程序。在这种情况下，应用程序的可移植性非常差，因为每次切换数据库都需要修改程序。

JDBC 的出现解决了上述问题，JDBC 是一套访问数据库
的标准 Java 类库，它定义了应用程序访问和操作数据库的
API。通过 JDBC，开发人员可以使用相同的 API 操作 MySQL、
Oracle 或其他关系数据库。Java 应用程序通过 JDBC 访问不
同关系数据库的流程如图 10-1 所示。

由图 10-1 可以看出，JDBC 充当应用程序与数据库之
间的桥梁。当应用程序使用 JDBC 访问数据库时，只需提
供相应的驱动程序，应用程序就可以连接到数据库并对其

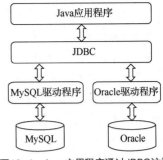

图10-1　Java应用程序通过JDBC访问
不同关系数据库的流程

中的数据进行操作。这样，开发人员无须关注各个数据库之间的细节差异，而是使用统一的
API 与不同类型的数据库进行交互，提高了应用程序的可移植性和开发效率。

10.1.2　JDBC 常用 API

JDBC 的 API 主要位于 java.sql 包中，该包定义了一系列访问数据库的接口和类，Java
程序开发人员可以利用这些接口和类编写操作数据库中数据的 JDBC 程序。下面将对 java.sql
包内常用的接口和类进行讲解。

（1）Driver 接口

Driver 接口是 JDBC 驱动程序的核心接口之一，它定义了与数据库驱动程序进行通信的方
法。每个数据库厂商都会提供自己的驱动程序并实现 Driver 接口，以支持应用程序与数据库的
连接。在编写 JDBC 程序时，需要把所使用的数据库驱动程序或类库加载到项目的 classpath 中。

（2）DriverManager 类

DriverManager 类是用于管理 JDBC 驱动程序的类，该类中定义了注册驱动程序及获取数
据库连接对象的静态方法，其常用方法如表 10-1 所示。

表 10-1　DriverManager 类的常用方法

方法声明	功能描述
static void registerDriver(Driver driver)	用于在 DriverManager 中注册指定的 JDBC 驱动程序
static Connection getConnection (String url,String user,String password)	用于建立和数据库的连接，并返回表示连接的 Connection 对象

虽然 DriverManager 类提供的 registerDriver()方法可以用于注册 JDBC 驱动程序，但是编
写代码时，一般不会使用这个方法注册驱动程序。因为 DriverManager 类中有一个静态代码
块，该静态代码块内部会执行 DriverManager 对象的 registerDriver()方法注册驱动程序，所以，
如果手动使用 registerDriver()方法注册驱动程序，相当于注册了两次驱动程序。对此，如果
想手动注册驱动程序，只需要加载 Driver 类就可以实现。

手动注册驱动程序的示例如下。

```
Class.forName("com.mysql.cj.jdbc.Driver");
```

在上述代码中，com.mysql.cj.jdbc.Driver 为需要注册到 DriverManager 的驱动程序类。需
要注意的是，使用 Class 类的 forName()方法注册驱动程序时，其参数中指定的驱动程序类必
须是类的全限定名。

JDBC 根据 URL（Uniform Resource Locator，统一资源定位符）的信息与数据库建立连

接，其中，URL 需要按照特定的语法格式进行配置。具体的 URL 格式会根据不同的数据库类型和驱动程序而有所变化，其中，连接到 MySQL 数据库的 URL 语法格式如下。

```
jdbc:mysql://[hostname]:[port]/database-name[?参数键值对1&参数键值对2&…]
```

在上述语法格式中，"jdbc:mysql://"表示 JDBC 驱动程序使用 MySQL 协议进行连接，即使用 MySQL 提供的网络协议与数据库通信。[]表示可选项，"hostname"是数据库的主机名或 IP 地址，"port"是数据库的端口号，如果连接的是本机 MySQL 数据库，并且使用 MySQL 的默认端口号 3306，则 URL 中的 "[hostname]:[port]" 可以省略。

"database-name"为数据库名称，如果需要在 URL 中定制连接的一些属性和配置，可以在数据库名称后面使用问号（？）进行声明，如果需要添加多个参数键值对，参数键值对之间使用&进行连接。

编写 JDBC 程序时，注册驱动程序和获取数据库连接的示例代码如下。

```
//注册驱动程序
Class.forName("com.mysql.cj.jdbc.Driver");
//数据库的连接路径
String url = "jdbc:mysql://localhost:3306/jdbc";
String username = "root";
String password = "root";
//获取数据库连接
Connection conn = DriverManager.getConnection(url, username, password);
```

在上述代码中，"com.mysql.cj.jdbc.Driver"为需要注册到 DriverManager 的驱动程序类，必须是驱动程序类的全限定名；"url"为数据库连接的 URL，用于指定数据库的位置和其他连接参数；"username"是连接数据库使用的账号，"password"是连接数据库的账号对应的密码。

> !!! 小提示
>
> 如果 JDBC 程序使用的数据库驱动程序为 MySQL 5 及以上版本，则可以省略手动注册驱动程序的步骤。程序执行时会自动加载驱动程序包的 META-INF/services/java.sql.Driver 文件中的驱动程序类。MySQL 5 的驱动程序类为 com.mysql.jdbc.Driver，MySQL 8 的驱动程序类为 com.mysql.cj.jdbc.Driver。

（3）Connection 接口

Connection 接口用于表示与数据库的连接，是进行数据库操作的主要入口点。获得 Connection 对象后，可以通过该对象与数据库建立连接，并进行各种数据库操作，包括执行 SQL 查询、更新数据和进行事务管理等。Connection 接口的常用方法如表 10-2 所示。

表 10-2　Connection 接口的常用方法

方法声明	功能描述
Statement createStatement()	用于创建一个 Statement 对象，Statement 对象可以执行静态 SQL 语句
PreparedStatement prepareStatement(String sql)	用于创建一个 PreparedStatement 对象，PreparedStatement 对象可以执行预编译的 SQL 语句
void commit()	用于提交事务，使所有上一次提交/回滚后进行的更改成为持久更改，并释放当前 Connection 对象持有的所有数据库锁
void setAutoCommit(boolean autoCommit)	用于设置是否关闭自动提交模式

续表

方法声明	功能描述
void roolback()	用于回滚事务，用于取消在当前事务中进行的所有更改，并释放当前 Connection 对象持有的所有数据库锁
void close()	用于关闭与数据库的连接并释放资源

默认情况下，Connection 对象处于自动提交模式，这意味着每次执行语句后都会自动提交更改。如果禁用了自动提交模式，就需要显式地调用 commit()方法来提交事务，否则对数据的修改操作将不会被保存。编写 JDBC 程序时，通过 Connection 接口进行事务管理的示例如下所示。

```
Connection conn = DriverManager.getConnection(url, username, password);
//定义 SQL 语句
String sql = "SELECT * FROM user WHERE id = 1";
//获取执行 SQL 语句的对象 Statement
Statement stmt = conn.createStatement();
try {
    // 关闭事务的自动提交，手动提交事务
    conn.setAutoCommit(false);
    //执行 SQL 语句
    stmt.executeUpdate(sql);
    // 提交事务
    conn.commit();
} catch (Exception throwables) {
    // 回滚事务
    conn.rollback();
    throwables.printStackTrace();
}
//释放资源
stmt.close();
conn.close();
```

（4）Statement 接口

Statement 接口是 Java 中用于执行 SQL 语句的重要接口之一，该接口的实例可以通过 Connection 对象的 createStatement()方法获取，通过该接口实例可以将静态 SQL 语句发送到数据库中进行编译与执行，并返回数据库的处理结果。其中，静态 SQL 语句是指在编译时就确定好的 SQL 语句，其结构和内容在程序运行期间不会发生变化。Statement 接口提供了 3个常用方法来执行 SQL 语句，具体如表 10-3 所示。

表 10-3　Statement 接口的常用方法

方法	功能描述
boolean execute(String sql)	用于执行 SQL 语句，该方法执行 SQL 语句后可能会返回多个结果，如果执行后结果为 ResultSet 对象，则返回 true；如果执行后结果为受影响的行数或没有任何结果，则返回 false
int executeUpdate(String sql)	用于执行 SQL 中的 INSERT、UPDATE 和 DELETE 语句。该方法返回一个 int 类型的值，表示数据库中受 SQL 语句影响的行数
ResultSet executeQuery(String sql)	用于执行 SQL 中的 SELECT 语句，该方法返回一个表示查询结果的 ResultSet 对象

（5）PreparedStatement 接口

JDBC API 中的 Statement 接口可以用于执行 SQL 语句，从而实现对数据库的操作。然而，当使用 Statement 接口执行用户输入的 SQL 语句时，如果不对输入的 SQL 语句进行把控，就可能受到 SQL 注入攻击。攻击者可以通过恶意构造的输入来改变 SQL 语句的逻辑结构，导致不安全的操作发生。同时，手动拼接 SQL 语句会使代码变得冗长，难以阅读和维护。为了解决这些问题，JDBC API 提供了扩展的 PreparedStatement 接口。

PreparedStatement 接口是 Statement 接口的子接口，PreparedStatement 对象可以执行预编译的 SQL 语句。预编译的 SQL 语句是指在执行 SQL 语句之前，先将 SQL 语句发送到数据库进行编译，生成一个预编译的执行计划，再执行。预编译的 SQL 语句在每次执行时只需传递参数，而无须重新解析和编译 SQL 语句，可以在 SQL 语句中使用占位符来代替具体的参数值。使用占位符将参数与 SQL 语句分离，提高了代码的可读性和安全性。

同时，PreparedStatement 接口还提供了一系列 setter 方法，例如 setString()、setIntg()、setDoubleg()等，用于将具体的参数值赋给指定的占位符。这样做的好处是不需要手动拼接 SQL 语句，同时还可以避免 SQL 注入攻击。

PreparedStatement 接口的常用方法如表 10-4 所示。

表 10-4　PreparedStatement 接口的常用方法

方法声明	功能描述
int executeUpdate()	用于执行 INSERT、UPDATE 或 DELETE 语句
ResultSet executeQuery()	用于执行 SELECT 语句，并返回结果集
void setInt(int parameterIndex, int x)	用于将 SQL 语句中 parameterIndex 位置的占位符赋值为 int 类型的参数 x
void sctFloat(int parameterIndex,float f)	用于将 SQL 语句中 parameterIndex 位置的占位符赋值为 float 类型的参数 f
void setLong(int parameterIndex,long l)	用于将 SQL 语句中 parameterIndex 位置的占位符赋值为 long 类型的参数 l
void setDouble(int parameterIndex,double d)	用于将 SQL 语句中 parameterIndex 位置的占位符赋值为 double 类型的参数 d
void setBoolean(int parameterIndex,boolean b)	用于将 SQL 语句中 parameterIndex 位置的占位符赋值为 boolean 类型的参数 b
void setString(int parameterIndex,String x)	用于将 SQL 语句中 parameterIndex 位置的占位符赋值为 String 类型的参数 x
void setObject(int parameterIndex,Object o)	用于将 SQL 语句中 parameterIndex 位置的占位符赋值为 Object 类型的参数 o

通过表 10-4 中提供的方法为 SQL 语句中的占位符赋值时，可以使用兼容的 setter 方法输入参数类型。例如，占位符需要赋值的参数类型为 int 时，可以使用 setInt()方法或 setObject()方法将参数值赋给对应的占位符。

下面通过一个示例演示如何使用不同类型的 setter 方法为 SQL 语句中的占位符赋值。

```
String sql = "INSERT INTO user(id,name) VALUES(?,?)";
PreparedStatement  preStmt = conn.prepareStatement(sql);
preStmt.setInt(1, 1);                      //为第 1 个占位符赋 int 类型的值 1
```

```
preStmt.setString(2, "zhangsan");     //为第 2 个占位符赋 String 类型的值"zhangsan"
preStmt.executeUpdate();              //执行 SQL 语句
```

（6）ResultSet 接口

ResultSet 接口是 JDBC 中用于表示数据库查询结果集的接口，执行数据库查询语句得到的结果集会被封装到一个 ResultSet 对象中。可以将 ResultSet 对象看作一个包含多个数据行的表格，每一行代表结果集中的一条记录，每一列代表每个字段的值。

ResultSet 接口内部维护着一个游标，用于指示当前行的位置。初始化 ResultSet 对象时，游标位于第一行之前的位置。通过调用 next()方法，可以将游标移动到下一行，并使用 ResultSet 对象提供的方法访问和操作数据。ResultSet 接口的常用方法如表 10-5 所示。

表 10-5　ResultSet 接口的常用方法

方法声明	功能描述
String getString(int columnIndex)	通过字段的索引获取 String 类型的值，参数 columnIndex 代表字段在查询结果中的索引
String getString(String columnName)	通过字段的名称获取 String 类型的值，参数 columnName 代表字段的名称
int getInt(int columnIndex)	通过字段的索引获取 int 类型的值，参数 columnIndex 代表字段在查询结果中的索引
int getInt(String columnName)	通过字段的名称获取 int 类型的值，参数 columnName 代表字段的名称
boolean absolute(int row)	将游标移动到结果集的第 row 条记录
boolean previous()	将游标从结果集的当前位置移动到上一条记录
boolean next()	将游标从结果集的当前位置移动到下一条记录
void beforeFirst()	将游标移动到结果集开头（第一条记录之前）
void afterLast()	将游标移动到结果集末尾（最后一条记录之后）
boolean first()	将游标移动到结果集的第一条记录
boolean last()	将游标移动到结果集的最后一条记录
int getRow()	返回当前记录的行号
Statement getStatement()	返回生成结果集的 Statement 对象
void close()	释放当前 ResultSet 对象的数据库和 JDBC 资源

由表 10-5 可以看出，ResultSet 接口中定义了一些 getter 方法，而采用哪种 getter 方法获取数据取决于字段的数据类型。程序既可以通过字段的名称来获取指定数据，又可以通过字段的索引来获取指定的数据，字段的索引是从 1 开始的。例如，数据表的第 1 列字段名为 id，字段类型为 int，那么既可以使用 getInt(1)获取该列的值，也可以使用 getInt("id")获取该列的值。

移动结果集中的游标和获取结果集中的数据的示例如下所示。

```
//执行 SQL 语句并获取结果集
ResultSet rs = stmt.executeQuery(sql);
// 游标向下移动一行，并且判断当前行是否有数据
while (rs.next()){
        //根据字段的名称获取结果集中的数据
        int id = rs.getInt("id");
        String name = rs.getString("username");
```

```
              //根据字段的索引获取结果集中的数据
              String pwd = rs.getString(3);
      }
      //释放资源
      rs.close();
```

10.2 JDBC 编程

通过前面的讲解，读者应对 JDBC 及其常用 API 已经有了大致的了解。使用 JDBC 的常用 API 编写 JDBC 程序的步骤大致如下。

（1）加载并注册数据库驱动程序。

（2）通过 DriverManager 类获取数据库连接。

（3）通过 Connection 对象获取 Statement 对象。

（4）执行 SQL 语句。

（5）操作 ResultSet 结果集。

（6）关闭连接，释放资源。

下面根据上述步骤编写一个 JDBC 程序，用于查询数据库中的数据并输出到控制台。需要说明的是，Java 中的 JDBC 用来连接数据库从而执行相关数据操作，因此在使用 JDBC 时，读者需要确保已经拥有可以正常使用的数据库。常用的关系数据库有 MySQL 和 Oracle，其中 MySQL 体积较小、功能强大且使用方便，本书 JDBC 的相关案例都将基于 MySQL 8.0.23 进行实现。本案例的具体实现如下。

（1）搭建数据库环境。

在 MySQL 中创建一个名称为"jdbc_demo"的数据库，然后在 jdbc_demo 数据库中创建一个 tb_space 表，用于存储航天里程碑的信息，创建数据库和表的 SQL 语句如下。

```
CREATE DATABASE IF NOT EXISTS jdbc_demo CHARACTER SET utf8mb4;
USE jdbc_demo;
CREATE TABLE tb_space(
        id INT PRIMARY KEY AUTO_INCREMENT,
        name VARCHAR(40),
        launchtime DATE
);
```

在上述语句中，创建的 tb_space 表中的 id、name、launchtime 字段分别表示编号、名称和发射时间。

为了便于后续测试，在 tb_space 表中插入 3 条数据，插入数据的 SQL 语句如下。

```
INSERT INTO tb_space(name,launchtime)
        VALUES ('东方红一号','1970-4-24'),
        ('神舟五号','2003-10-15'),
              ('嫦娥一号','2007-10-24');
```

为了查看数据是否插入成功，使用 SELECT 语句查询 tb_space 表中的数据，执行结果如图 10-2 所示。

由图 10-2 可知，查询出的结果和插入的数据一致，说明数据插入成功。

（2）创建项目，导入数据库驱动程序。

在 IDEA 中创建一个名称为"chapter10"的 Java 项目，在该项目的根目录下创建文件夹

lib，在 lib 文件夹中导入数据库驱动程序的 JAR 包，读者可以自行在网上下载数据库驱动程序的 JAR 包，也可以在本书提供的资源中获取。

右击 lib 文件夹，在弹出的快捷菜单中选择 "Add as Library..." 命令，弹出 "Create Library" 对话框，如图 10-3 所示。

图10-2　tb_space表中的数据

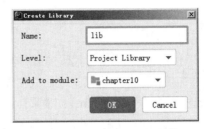

图10-3　"Create Library" 对话框

单击 "OK" 按钮，使 lib 文件夹内的 JAR 包在项目中生效。

（3）编写 JDBC 程序。

在项目 chapter10 的 src 目录下创建一个名称为 "com.itheima.jdbc" 的包，并在该包中创建类 Example01。在 Example01 类中读取 jdbc_demo 数据库下 tb_space 表中的所有数据，并将读取结果输出到控制台，如文件 10-1 所示。

文件 10-1　Example01.java

```java
1   import java.sql.*;
2   public class Example01 {
3       public static void main(String[] args) throws SQLException {
4           Connection conn =null;
5           Statement stmt =null;
6           ResultSet rs =null;
7           try {
8               // 加载并注册数据库驱动程序
9               Class.forName("com.mysql.cj.jdbc.Driver");
10              // 通过 DriverManager 类获取数据库连接
11              String url = "jdbc:mysql://localhost:3306/jdbc_demo";
12              String username = "root";
13              String password = "root";
14              conn = DriverManager.getConnection(url,username, password);
15              // 通过 Connection 对象获取 Statement 对象
16              stmt = conn.createStatement();
17              // 执行 SQL 语句
18              String sql = "SELECT * FROM tb_space";
19              rs = stmt.executeQuery(sql);
20              // 操作 ResultSet 结果集
21              System.out.println("id   |    name       |    launchtime");
22              while (rs.next()) {
23                  int id = rs.getInt("id");    // 通过列名获取指定字段的值
24                  String name = rs.getString("name");
25                  Date launchtime= rs.getDate("launchtime");
26                  System.out.println(id + "|   " + name + " |    "
27                      + launchtime);
28              }
29          } catch (Exception e) {
```

```
30                e.printStackTrace();
31            } finally {
32                // 关闭连接，释放资源
33                if(rs !=null){ rs.close(); }
34                if(stmt !=null){ stmt.close(); }
35                if(conn !=null){ conn.close(); }
36            }
37        }
38 }
```

在上述代码中，第 9 行代码加载并注册 MySQL 数据库驱动程序；第 11～14 行代码指定数据库的连接信息，并根据指定的数据库连接信息获取数据库连接对象 conn；第 16 行代码通过 conn 对象获取 Statement 对象；第 18～19 行代码定义查询数据的 SQL 语句并使用 Statement 对象执行 SQL 语句；第 22～28 行代码操作 ResultSet 结果集，并将结果集中的数据输出到控制台；第 33～35 行代码关闭数据库连接，释放资源。

运行文件 10-1，结果如图 10-4 所示。

Run
Example01
id | name | launchtime
1 | 东方红一号 | 1970-04-24
2 | 神舟五号 | 2003-10-15
3 | 嫦娥一号 | 2007-10-24

图10-4　文件10-1的运行结果

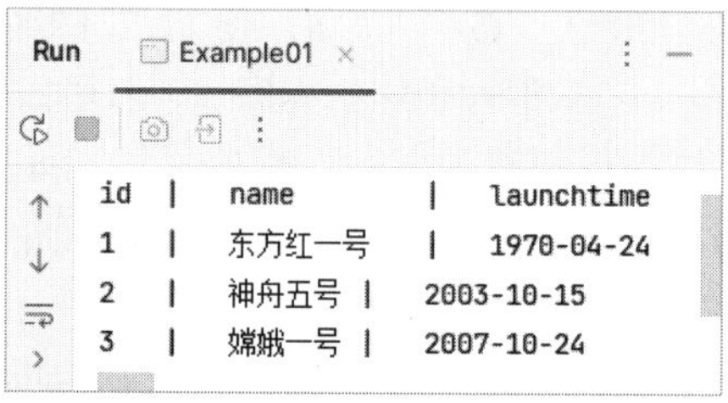

由图 10-4 可以看出，控制台中输出了 jdbc_demo 数据库下 tb_space 表中的所有数据。至此，通过 JDBC 程序实现了对数据库中数据的查询。

10.3　数据库连接池

在之前的讲解中，每次连接数据库都会创建一个 Connection 对象，使用完毕就会将其销毁。每一个数据库连接对象都对应一个物理的数据库连接，这样的重复创建与销毁过程会造成系统性能低下，对此可以使用数据库连接池。

数据库连接池是一个容器，负责分配、管理数据库连接对象，通过数据库连接池，程序可以复用连接对象，而不是每次连接数据库都重新创建和销毁数据库连接对象，这可以大大提高系统的性能和效率。下面通过图 10-5 描述使用数据库连接池操作数据库的过程。

数据库连接池
连接对象
连接对象
连接对象
连接对象
连接对象
连接对象
获取
还回
程序启动时
用户1
用户2
用户3
用户4
应用程序
数据库

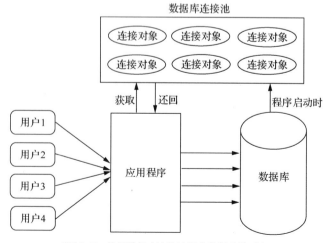

图10-5　使用数据库连接池操作数据库的过程

由图 10-5 可知，采用数据库连接池操作数据库时，程序会创建一批数据库连接对象，

并将其存放在数据库连接池中。当用户需要数据库连接对象时，可以从数据库连接池中获取一个可用的连接对象。使用完毕后，不会销毁该连接对象，而是将其还回数据库连接池供其他用户使用。这样做的好处是减少了数据库连接对象的创建和销毁次数，提高了连接对象的复用性。相比每次都重新创建连接对象，直接从数据库连接池中获取连接对象能够显著提高程序的执行效率。

为了更加方便地使用和管理数据库连接池，Java 提供了 DataSource 接口，该接口为应用程序提供了标准化和可重用的方式管理和提供数据库连接。目前，许多厂商和组织已经实现了 DataSource 接口并提供了相应的数据库连接池，常见的数据库连接池包括 DBCP、C3P0和 Druid 等。不同厂商提供的数据库连接池的底层实现可能存在一些差异，但它们的使用方法基本相似，下面以 Druid 为例讲解数据库连接池的使用。

Druid 是阿里巴巴公司旗下开源的数据库连接池项目，功能强大，性能优秀，其使用步骤如下。

（1）导入 JAR 包

在项目 chapter10 的 lib 文件夹中添加 Druid 的 JAR 包，并使 lib 文件夹内的 JAR 包在项目中生效。让 JAR 包在项目中生效的具体操作可以参考前面的相关内容。

（2）创建配置文件

在项目的 src 目录下创建配置文件 druid.properties，用于存放数据库连接信息，具体如文件 10-2 所示。

文件 10-2　druid.properties

```
1   driverClassName=com.mysql.cj.jdbc.Driver
2   url=jdbc:mysql://localhost:3306/jdbc_demo?useSSL=true&serverTimezone=UTC
3   username=root
4   password=root
5   # 初始化连接数量
6   initialSize=5
7   # 最大连接数
8   maxActive=10
9   # 最大等待时间
10  maxWait=3000
```

（3）测试数据库连接池

创建一个测试类 Example02，并在该类的 main()方法中加载数据库连接池的配置文件，根据配置文件的信息创建数据库连接池对象，并通过数据库连接池对象获取数据库连接对象，具体如文件 10-3 所示。

文件 10-3　Example02.java

```
1   public class Example02{
2      public static void main(String[] args) throws Exception {
3         //加载配置文件
4         Properties prop = new Properties();
5         prop.load(new FileInputStream("src/druid.properties"));
6         //创建数据库连接池对象
7          DataSource dataSource =
8              DruidDataSourceFactory.createDataSource(prop);
9         //获取数据库连接对象
10        Connection connection = dataSource.getConnection();
```

```
11          System.out.println(connection);
12     }
13 }
```

在上述代码中，第 4~5 行代码用于加载配置文件，获取配置的数据库连接的信息；第 7~10 行代码用于创建数据库连接池对象并获取连接对象。

运行文件 10-3，结果如图 10-6 所示。

图10-6　文件10-3的运行结果

由图 10-6 可以看出，控制台输出了一个 com.mysql.cj.jdbc.ConnectionImpl 对象，该对象就是从数据库连接池中获取到的一个数据库连接对象。

10.4　DbUtils

JDBC 对 Java 程序访问数据库进行了规范，它提供了查询和更新数据库中数据的方法，然而，直接使用 JDBC 进行开发时，向 SQL 语句中传递参数值以及处理结果集的代码比较烦琐，冗余代码较多。对此，可以将 JDBC 常用的一些功能进行封装，以提高使用 JDBC 编程的效率。

Apache 组织提供了一个开源的 JDBC 工具类库 Commons DbUtils（本书后续简称为 DbUtils）。DbUtils 对 JDBC 进行了简单的封装，极大地简化了 JDBC 的数据查询和记录读取操作，并且不会影响程序的性能。下面对 DbUtils 提供的核心接口和类进行讲解。

1. QueryRunner 类

QueryRunner 类提供了对 SQL 语句进行操作的 API，它封装了查询、插入、更新和删除等数据库操作方法，可以更方便地进行数据库操作，让开发人员能够更专注于业务逻辑而不用去处理复杂的数据库操作细节。QueryRunner 类常用的构造方法和方法如表 10-6 所示。

表 10-6　QueryRunner 类常用的构造方法和方法

方法声明	功能描述
QueryRunner()	用于创建一个与数据库无关的 QueryRunner 对象，后续再操作数据库时，需要手动提供一个 Connection 对象
QueryRunner(DataSource ds)	用于根据数据源 ds 创建 QueryRunner 对象
int update(Connection conn,String sql, Object... params)	用于执行增加、删除和更新数据等操作，其中传入的参数 params 会赋给 SQL 语句的占位符，并根据数据库连接对象执行 SQL 语句
int update(String sql, Object... params)	用于执行增加、删除和更新数据等操作，和上一行方法的区别在于它需要从构造方法的数据源 DataSource 中获得 Connection 对象
query(Connection conn, String sql, ResultSetHandler<T> rsh, Object... params)	用于执行表中数据的查询操作，其中传入的 params 参数会赋给 SQL 语句的占位符，并使用结果集处理器 rsh 处理查询结果
query(String sql, ResultSetHandler<T> rsh, Object... params)	用于执行表中数据的查询操作，与上一行方法的区别在于它需要从构造方法的数据源 DataSource 中获得 Connection 对象

2. ResultSetHandler 接口

ResultSetHandler 是一个用于处理 JDBC 查询操作结果集的接口，它定义了一系列方法来将结果集中的数据转换为特定的对象或数据结构，从而使程序能够更方便地处理和使用这些数据。为了满足对结果集进行多种形式的封装的需求，Dbutils 中提供了很多 ResultSetHandler 接口的实现类，常见的如下所示。

- ArrayHandler：将结果集中的第一条记录封装到一个 Object[]数组中，数组中的元素分别表示该记录中每一个字段的值。
- ArrayListHandler：将结果集中的所有记录封装到 List<Object[]> 集合中，其中每个 Object[] 数组表示一条记录。
- BeanHandler：将结果集中第一条记录封装到一个指定的 JavaBean 中。
- BeanListHandler：将结果集中的每一条记录封装到指定的 JavaBean 中，再将这些 JavaBean 封装到 List 集合中。
- ColumnListHandler：将结果集中指定字段的值封装到一个 List 集合中。
- ScalarHandler：将结果集的第一行第一列封装到一个 Object 对象中。

项目实践：航天史里程碑管理

请扫描二维码查看【项目实践：航天史里程碑管理】。

本章小结

本章主要对数据库编程进行了讲解。首先讲解了 JDBC 的基础知识；然后讲解了 JDBC 编程；接着讲解了数据库连接池和 DbUtils；最后通过项目实践（航天史里程碑管理）对数据库编程整体知识的应用进行了演示。通过本章的学习，读者可以对 JDBC 有较为深入的了解，为后续项目的开发和知识的学习打下良好的基础。

本章习题

请扫描二维码查看本章习题。

第**11**章

拓展阅读

Java的反射机制

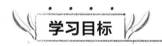

学习目标

知识目标	了解 Java 的反射机制，能够简述什么是反射机制
技能目标	1. 掌握 Class 类，能够在程序中通过 Class 类的常用方法操作类的相关信息 2. 掌握基于反射操作修饰符和构造方法，能够通过 Modifier 类和 Constructor 类的常用方法操作修饰符和构造方法 3. 掌握基于反射操作成员方法，能够通过 Method 类的常用方法操作成员方法 4. 掌握基于反射操作成员变量，能够通过 Field 类的常用方法操作成员变量

在之前的学习过程中，我们使用 new 关键字来创建类的实例。然而，在某些情景下这种方式无法满足对应的需求，例如，需要在程序运行时根据条件动态地创建对象时，使用 new 关键字就无法实现。对此可以使用 Java 提供的反射机制。通过反射机制，开发人员可以在程序运行时动态地获取类的信息，进而创建对象、调用方法等。本章将对 Java 的反射机制及其应用进行讲解。

11.1 反射机制概述

反射在日常生活中是一种常见的物理现象，通过反射可以将一个虚像映射到实物，从而获取实物的某些形态特征。例如，通过镜子可以观察到物体的形态。而 Java 中也提供了一种类似的机制，即反射机制。

Java 程序的运行过程主要分为两个阶段：编译期和运行期。其中，编译期主要完成代码的翻译功能，并没有将代码加载到内存中运行。运行期是指将编译后的文件提交给计算机执行，直到程序运行结束。在这个阶段，已经编译的代码被加载到内存中并开始执行。Java 的反射机制允许在程序运行期间动态地获取程序的信息，并实现动态调用对象的以下功能。

- 在程序运行状态下，构造任意类的对象。
- 在程序运行状态下，获取任意对象所属的类的信息。
- 在程序运行状态下，调用任意类的成员变量和方法。
- 在程序运行状态下，获取任意对象的属性和方法。

反射机制为软件的维护和升级提供了便利，特别是在 Java EE 的开发中，反射的灵活性表现得十分明显。例如，在大型软件开发中，往往无法一次性将程序设计得完美无缺。当程序已经编译并发布上线后，需要更新某些功能时，如果采用静态编译，需要重新编译整个程序才能实现功能的更新。这样，用户就需要卸载旧版本并重新安装新版本。然而，如果使用反射机制，则能够在程序运行时动态加载并执行代码，无须重新编译整个程序，实现了更灵活的功能更新。

11.2　Class 类

在 Java 程序运行时，JVM 会先将扩展名为.java 的源码文件编译成字节码文件，即扩展名为.class 的文件。JVM 会将这些字节码文件中的字节码加载到内存中，解析成 JVM 内部使用的数据结构，并为每个类生成一个对应的 Class 对象。Class 对象中封装了类的构造方法、方法和属性等信息。因此，要完成反射操作，首先需要先学习 Class 类的相关知识。

Class 是 JDK 提供的类，Class 类提供了多个方法，用于操作类的相关信息。Class 类的常用方法如表 11-1 所示。

表 11-1　Class 类的常用方法

方法声明	功能描述
forName(String className)	用于加载指定名称的类，并返回对应的 Class 对象。传入的类名需要包含完整的包名和类名
getConstructors()	用于获取类中所有的公共构造方法
getConstructor(Class<?>... parameterTypes)	用于获取指定参数类型的公共构造方法
getDeclaredConstructors()	用于获取类中所有的构造方法，包括私有的构造方法
getDeclaredConstructor(Class<?>... parameterTypes)	用于获取指定参数类型的构造函数
getDeclaredFields()	用于获取本类中声明的所有属性，包括私有属性
getFields()	用于获取本类及由父类继承而来的所有公共属性
getMethods()	用于获取本类及由父类继承而来的所有公共方法
getMethod(String name, Class...parameter Type)	用于根据方法名和参数类型获取 Method 对象，只能获取由 public 修饰的 Method 对象
getDeclaredMethods()	用于获取类声明的所有方法，包括公共、私有方法和继承的方法
getDeclaredMethod(String name, Class<?>...parameterTypes)	用于获取具有指定名称和参数类型的方法，包括公共方法、私有方法和继承的方法
getInterfaces()	用于获取类中实现的全部接口
getClass()	用于获取当前对象的运行时类的 Class 对象

方法声明	功能描述
getName()	用于获取包括包名和类名的完整类名
getSimpleName()	用于获取不包含包名的类的名称
getPackage()	用于获取类所属的包名称
getSuperclass()	用于获取类的父类，只能获取直接父类的 Class 对象
newInstance()	用于调用类的默认构造方法实例化一个 Class 对象，相当于创建该类的一个实例对象
getComponentType()	用于获取数组类型的 Class 对象
isArray()	用于判断当前 Class 对象是否是数组类型

Class 类本身没有定义任何构造方法，因此不能直接使用构造方法来实例化 Class 对象。开发者使用反射机制创建类的实例时，实际是通过调用类的构造方法来创建对象的。读者可以通过表 11-1 中的 forName()方法和 getClass()方法获取类的 Class 对象，也可以通过调用类的 class 属性来获取相应的 Class 对象。使用这 3 种方式获取类的 Class 对象的示例如下。

（1）通过 forName()方法获取类的 Class 对象

```
Class stuClass = Class.forName("com.itheima.Student");
```

在上述代码中，获取了 com.itheima.Student 类的 Class 对象，并将其赋给了 stuClass 变量。其中 com.itheima.Student 为 com.itheima 包下 Student 类的完整类名，该类需要是一个已存在的类，如果不存在，创建该类的 Class 对象时会抛出 ClassNotFoundException 异常。

（2）通过 getClass()方法获取类的 Class 对象

```
Class stuClass = new Student().getClass();
```

在上述代码中，通过 getClass()方法获取了 Student 类的 Class 对象，并将其赋给了 stuClass 变量。getClass()方法是继承自 java.lang.Object 类的方法，所有的 Java 对象都可以调用该方法来获取当前对象所属类的 Class 对象。

（3）通过调用类的 class 属性获取类的 Class 对象

```
Class stuClass = Student.class;
```

在上述代码中，直接调用 Student 类的 class 属性获取了 Student 类的 Class 对象。

下面通过案例演示如何获取类的 Class 对象及其基本类信息。在 com.itheima.example 包下创建一个 Animal 接口、一个 Cat 类、一个 Example01 类。其中，Example01 类继承了 Cat 类并实现了 Animal 接口，如文件 11-1 所示。

文件 11-1　Example01.java

```
1   class Cat{
2   }
3   interface Animal{
4   }
5   public class Example01 extends Cat implements Animal{
6       public static void main(String[] args) {
7           Class  exClass= Example01.class;
8           System.out.println("exClass 对象的类名称: "+
9                   exClass.getName());
10          System.out.println("exClass 对象是否为数组类型: "+
11                  exClass.isArray());
```

```
12          System.out.println("exClass 对象所属类的包名: "+
13                  exClass.getPackage());
14          System.out.println("exClass 对象所属类的父类: "+
15                  exClass.getSuperclass());
16          Class[] interfaces = exClass.getInterfaces();
17          System.out.print("exClass 对象所属类实现的接口: ");
18          for(Class c:interfaces){
19              System.out.println(c.getName()+" ");
20          }
21      }
22  }
```

在上述代码中，第 7 行代码调用 Example01 类的 class 属性获取类的 Class 对象 exClass；第 9 行代码用于获取 exClass 对象的完整类名称；第 11 行代码用于判断 exClass 对象是否为数组类型；第 13 行代码用于获取 exClass 对象所属类的包名；第 15 行代码用于获取 exClass 对象所属类的父类；第 16 行代码用于获取 exClass 对象所属类实现的接口。

文件 11-1 的运行结果如图 11-1 所示。

由图 11-1 可以看到，控制台中输出了 exClass 对象对应的类信息。其中，获取到的 exClass 对象的类名称、exClass 对象所属类的父类、exClass 对象所属类实现的接口都为完整的类名称。

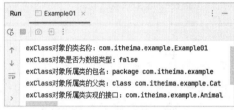

图11-1　文件11-1的运行结果

11.3　反射的常见操作

基于反射机制，开发人员可以在程序运行时获取和修改类的信息，包括构造方法、成员变量、成员方法，以及它们的访问修饰符，下面对反射的常见操作进行讲解。

11.3.1　基于反射操作修饰符和构造方法

Java 中的修饰符在运行时会被转换为对应的整数常量，这些常量定义在 java.lang.reflect.Modifier 类中。Modifier 类是 java.lang.reflect 中的一个工具类，它提供了一组静态方法，用于处理 Java 代码中的类、变量、方法等元素的访问修饰符，Modifier 类的常用方法如表 11-2 所示。

表 11-2　Modifier 类的常用方法

方法声明	功能描述
isPublic(int modifiers)	用于检查修饰符是否包含公共修饰符 public
isProtected(int modifiers)	用于检查修饰符是否包含受保护修饰符 protected
isPrivate(int modifiers)	用于检查修饰符是否包含私有修饰符 private
isAbstract(int modifiers)	用于检查修饰符是否包含抽象修饰符 abstract
isStatic(int modifiers)	用于检查修饰符是否包含静态修饰符 static
toString(int modifiers)	用于将修饰符的整数表示转换为字符串表示

Java 的反射包 java.lang.reflect 中提供了用于反射的一组类，其中 Constructor 类用于描述类的构造方法。Constructor 类提供了一系列方法来操作类的构造方法。使用 Constructor 类，程序可以在运行时动态地获取和创建对象的实例。Constructor 类的常用方法如表 11-3 所示。

表 11-3　Constructor 类的常用方法

方法声明	功能描述
getName()	用于获取构造方法的名称
getModifiers()	用于获取构造方法的修饰符
getParameterCount()	用于获取构造方法的参数个数
getParameterTypes()	用于获取构造方法参数列表中的参数数据类型
newInstance(Object...initargs)	用于根据 initargs 参数列表对应的构造方法创建一个新的实例对象
setAccessible(boolean flag)	用于设置 Constructor 对象的可访问标志，设置可访问标志为 true 时可以访问非公开的构造方法

表 11-3 中，getModifiers()方法返回的是一个整数，该整数用于表示当前构造方法包含的所有修饰符，想要获得该整数对应的字符串形式的修饰符，可以使用 Modifier 类的 toString() 方法进行转换。

下面通过案例演示 Constructor 类常用方法的使用，如文件 11-2 所示。

文件 11-2　Example02.java

```java
1  public class Example02 {
2      private Integer id;
3      private String name;
4      public Example02(Integer id, String name) {
5          this.id = id;
6          this.name = name;
7      }
8      @Override
9      public String toString() {
10         return "Example02{" +
11             "id=" + id +
12             ", name='" + name + '\'' +
13             '}';
14     }
15     public static void main(String[] args) throws Exception {
16         // 获取构造方法
17         Constructor[] ctors = Example02.class.getDeclaredConstructors();
18         for(Constructor ctor:ctors){
19             // 获取构造方法的名称
20             String ctorName = ctor.getName();
21             System.out.println("构造方法的名称: " + ctorName);
22             // 获取构造方法的修饰符
23             int modifiers = ctor.getModifiers();
24             String modifierString = Modifier.toString(modifiers);
25             System.out.println("构造方法的修饰符: " + modifierString);
26             // 获取构造方法的参数数量
27             int parameterCount = ctor.getParameterCount();
28             System.out.println("构造方法的参数数量: " + parameterCount);
29             // 获取构造方法参数列表中的参数数据类型
```

```
30              Class<?>[] parameterTypes = ctor.getParameterTypes();
31              System.out.println("构造方法参数列表中的参数数据类型: ");
32              for (Class<?> paramType : parameterTypes) {
33                  System.out.println(paramType.getName());
34              }
35              // 通过构造方法创建新对象
36              Example02 ex= (Example02) ctor.newInstance(1,"天和核心舱");
37              System.out.println("创建的对象: " + ex);
38          }
39      }
40  }
```

在上述代码中，第 4~7 行代码创建了具有两个参数的公有构造方法；第 9~14 行代码重写了 toString()方法；第 17 行代码获取了 Example02 类中的所有构造方法；第 18~38 行代码循环获取 Example02 类中所有构造方法的基本信息并输出，以及创建实例对象。其中，第 20 行代码获取当前构造方法的名称；第 23~24 行代码获取当前构造方法的修饰符；第 27 行代码获取当前构造方法的参数数量；第 30~34 行代码获取当前构造方法参数列表中的参数数据类型，并输出到控制台；第 36 行代码根据参数列表中参数数据类型依次为 Integer 和 String 类型的构造方法创建对应的实例对象。

文件 11-2 的运行结果如图 11-2 所示。

由图 11-2 可以看到，控制台中输出了 Example02 类的构造方法对应的信息。其中，修饰符成功转换为字符串形式。

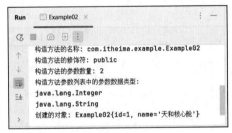

图11-2　文件11-2的运行结果

11.3.2　基于反射操作成员方法

Method 类是 java.lang.reflect 包中的一个核心类，它用于表示 Java 方法。通过 Method 对象，开发者可以方便地获取方法的各种元数据，例如方法名称、参数类型、返回值类型以及方法体等。Method 类的常用方法如表 11-4 所示。

表 11-4　Method 类的常用方法

方法	描述
getName()	用于获取方法的名称
getParameterTypes()	用于获取方法参数列表中所有参数的数据类型
getReturnType()	用于获取方法的返回值类型
getModifiers()	用于获取方法的修饰符
getDeclaringClass()	用于获取声明方法的类对象
invoke(Object obj, Object... args)	用于在指定对象 obj 上执行当前方法，方法传入的参数为 args
getExceptionTypes()	用于获取方法声明的所有异常类型
setAccessible(boolean flag)	用于设置 Method 对象的可访问标志，设置可访问标志为 true 时可以访问非公开的方法

　　表 11-4 中，getModifiers()方法返回的是一个整数，可以通过 java.lang.reflect 包中 Modifier 类的 toString()方法将该整数转换成可读性更高的字符串修饰符。

　　下面通过案例演示 Method 类常用方法的使用，如文件 11-3 所示。

文件 11-3　Example03.java

```java
import java.lang.reflect.Method;
import java.lang.reflect.Modifier;
class MyClass {
    public MyClass() {
    }
    public String myMethod(int num, String str) throws NullPointerException{
        return "myMethod()方法执行----" + num + ", " + str;
    }
}
public class Example03 {
    public static void main(String[] args) {
        try {
            Class clazz = MyClass.class;
            // 获取方法对象
            Method method = clazz.getDeclaredMethod("myMethod",
                    int.class, String.class);
            // 获取方法名称
            String methodName = method.getName();
            System.out.println("方法的名称: " + methodName);
            // 获取方法的参数数据类型数组
            Class<?>[] parameterTypes = method.getParameterTypes();
            System.out.println("方法参数列表中的参数数据类型:");
            for (Class<?> paramType : parameterTypes) {
                System.out.println(paramType.getName());
            }
            //获取方法的返回值类型
            Class<?> rt = method.getReturnType();
            System.out.println("方法的返回值类型: " + rt.getName());
            // 获取方法的修饰符
            int modifiers = method.getModifiers();
            String modifierStr = Modifier.toString(modifiers);
            System.out.println("方法的修饰符: " + modifierStr);
            // 获取声明方法的类对象
            Class<?> decClass = method.getDeclaringClass();
            System.out.println("声明方法的类: " + decClass.getName());
            // 调用方法
            Object obj= clazz.getConstructor().newInstance();
            Object result = method.invoke(obj, 2,"问天实验舱");
            System.out.println("方法调用结果: " + result);
            // 获取方法可能抛出的异常类型数组
            Class[] exceptionTypes = method.getExceptionTypes();
            System.out.println("方法可能抛出的异常:");
            for (Class<?> exceptionType : exceptionTypes) {
                System.out.println(exceptionType.getName());
            }
        } catch (Exception e) {
            e.printStackTrace();
        }
```

```
49    }
50 }
```

在上述代码中，第 3～9 行代码定义了 MyClass 类，该类中定义了一个 myMethod()方法，在定义该方法时声明抛出的异常类型为 NullPointerException。第 15～16 行代码根据方法的名称和方法的参数列表获取对应的方法对象；第 18 行代码获取方法的名称；第 21～25 行代码获取方法参数列表中所有参数的数据类型，并输出到控制台；第 27 行代码获取方法的返回值类型；第 30～31 行代码获取方法的修饰符；第 34 行代码获取声明当前方法的类对象；第 37～38 行代码获取 MyClass 类的实例并基于该实例执行当前方法；第 41～45 行代码获取方法可能抛出的异常并输出到控制台。

文件 11-3 的运行结果如图 11-3 所示。

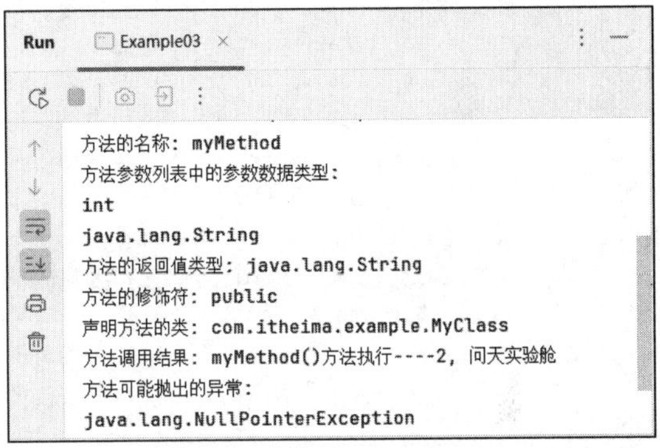

由图 11-3 可以看到，控制台输出了 MyClass 类中 myMethod()方法对应的信息。其中，修饰符成功转换为字符串形式。

```
方法的名称：myMethod
方法参数列表中的参数数据类型：
int
java.lang.String
方法的返回值类型：java.lang.String
方法的修饰符：public
声明方法的类：com.itheima.example.MyClass
方法调用结果：myMethod()方法执行----2，问天实验舱
方法可能抛出的异常：
java.lang.NullPointerException
```

图11-3　文件11-3的运行结果

11.3.3　基于反射操作成员变量

Java 的 java.lang.reflect 包中提供了 Field 类来表示成员变量，该类中提供了一系列用于操作成员变量的方法，其中常用方法如表 11-5 所示。

表 11-5　Field 类的常用方法

方法声明	功能描述
getName()	用于获取成员变量的名称
getType()	用于获取成员变量的数据类型
getModifiers()	用于获取成员变量的修饰符
getDeclaringClass()	用于获取成员变量所属的类
get(Object obj)	用于从对象 obj 中获取成员变量的值
set(Object obj, Object value)	用于将对象 obj 中的成员变量的值设置为 value
setAccessible(boolean flag)	用于设置 Field 对象的可访问标志，设置可访问标志为 true 时可以访问非公开的属性

表 11-5 中，getModifiers()方法返回的是一个整数，可以通过 java.lang.reflect 包中 Modifier 类的 toString()方法将该整数转换成可读性更高的字符串修饰符。

下面通过案例演示 Field 类常用方法的使用，如文件 11-4 所示。

文件 11-4　Example04.java

```
1  import java.lang.reflect.Field;
2  import java.lang.reflect.Modifier;
3  public class Example04 {
4      private String name;
5      public Example04(String name) {
6          this.name = name;
7      }
```

```
8    public static void main(String[] args) throws Exception {
9        Class exClass = Example04.class;
10       Object obj = exClass.getConstructor(String.class)
11               .newInstance("梦天实验舱");
12       // 获取类中的 name 成员变量
13       Field nameField = obj.getClass().getDeclaredField("name");
14       // 获取成员变量的名称、数据类型、修饰符、声明类
15       System.out.println("成员变量的名称: " + nameField.getName());
16       System.out.println("成员变量的数据类型: " +
17               nameField.getType().getName());
18       int m = nameField.getModifiers();
19       System.out.println("成员变量的修饰符: " + Modifier.toString(m));
20       System.out.println("成员变量所在的类: " +
21               nameField.getDeclaringClass().getName());
22       // 获取 obj 对象中 name 的值
23       System.out.println("成员变量的值: " + nameField.get(obj));
24       // 修改 obj 对象中 name 的值
25       nameField.set(obj, "巡天光学舱");
26       System.out.println("成员变量修改后的值: " + nameField.get(obj));
27   }
28 }
```

在上述代码中，第 4 行代码定义了成员变量 name；第 5～7 行代码定义了 Example04 类的构造方法，在构造方法中将传入的参数赋给成员变量 name；第 10～11 行代码根据构造方法创建了一个 Example04 类的实例对象 obj；第 13 行代码获取成员变量 name 对应的 Field 对象；第 15～21 行代码依次获取成员变量的名称、数据类型、修饰符和声明该成员变量的类，并输出到控制台；第 23 行代码获取 obj 对象中成员变量 name 的值；第 25～26 行代码设置 obj 对象中成员变量 name 的值，并将修改后的值输出到控制台。

文件 11-4 的运行结果如图 11-4 所示。

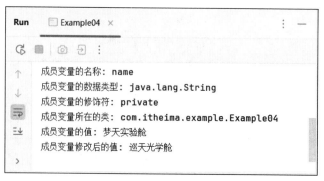

图11-4　文件11-4的运行结果

由图 11-4 可以看到，控制台中成功输出了成员变量对应的信息。

【案例 11-1】对象映射工具

请扫描二维码查看【案例 11-1：对象映射工具】。

【**案例 11-2**】自动建表

请扫描二维码查看【案例 11-2：自动建表 】。

【**案例 11-3**】对象序列化和反序列化

请扫描二维码查看【案例 11-3：对象序列化和反序列化 】。

本章小结

　　本章主要对 Java 的反射机制进行了讲解。首先讲解了反射机制的概念；然后讲解了 Class 类；接着讲解了反射的常见操作，包括基于反射操作修饰符和构造方法、基于反射操作成员方法、基于反射操作成员变量。通过本章的学习，相信读者可以对 Java 的反射机制有初步的了解，为后续学习 Java 相关知识打下良好的基础。

本章习题

　　请扫描二维码查看本章习题。

第 12 章

图形用户界面

拓展阅读

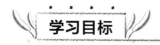
知识目标	1. 了解 Swing，能够简述 Swing 的作用 2. 熟悉 Swing 顶级容器，能够简述 JFrame 和 JDialog 的作用与使用方法 3. 熟悉 Swing 常用组件，能够简述面板组件、标签组件、文本组件、按钮组件的作用与使用方法 4. 了解布局管理器，能够简述布局管理器的作用，以及边界布局管理器、流式布局管理器、网格布局管理器的特点 5. 熟悉 JavaFX 和可视化布局工具的安装，能够简述 JavaFX 是什么，并对 JavaFX 和 Scene Builder 进行安装、配置
技能目标	1. 掌握 Swing 顶级容器的使用方法，能够通过 JFrame 和 JDialog 创建窗口和对话框 2. 掌握 Swing 常用组件的使用方法，能够在程序中创建并使用面板组件、标签组件、按钮组件、下拉列表框组件和文件对话框组件 3. 掌握事件处理机制，能够为 Swing 常用组件注册事件监听器 4. 掌握 JavaFX 应用程序的基础知识，能够基于 JavaFX 和 Scene Builder 实现 JavaFX 入门程序

用户往往更喜欢使用界面友好的应用程序，而不是采用命令行的应用程序。图形用户界面（Graphical User Interface，GUI）使用图形的方式，借助窗口中的菜单、按钮等界面元素和鼠标操作，实现用户与计算机的交互。为了便于用户开发 GUI，Java 提供了生成各种 GUI 元素和处理 GUI 事件的类库，本章将对 GUI 开发进行详细讲解。

12.1 Swing 概述

在 JDK 1.0 发布之初，Sun 公司提供了一套基本的 GUI 类库——AWT（Abstract Window

Toolkit）。AWT 旨在实现跨平台的界面风格一致性，即在不同操作系统上使用 AWT 创建的 GUI 应用程序与所在操作系统保持相对一致的外观。例如，在 Windows 操作系统上呈现 Windows 风格，在 UNIX 操作系统上呈现 UNIX 风格。由于 AWT 要适应所有主流操作系统的界面设计，因此它只支持这些操作系统中 GUI 组件的交集，无法充分利用特定操作系统提供的复杂 GUI 组件。在实际应用中，使用 AWT 创建的 GUI 在各个平台的表现效果并不令人满意。为了满足更具美观性和灵活性的 GUI 设计需求，Sun 公司在 AWT 的基础上推出了 Swing。

　　相比于 AWT，Swing 是一套更轻量的 GUI 类库，它提供了更丰富的组件和更强大的功能，使开发人员能够创建出更为精美、更具个性化的界面。与 AWT 不同，Swing 组件是基于 Java 绘图实现的，而不依赖于底层操作系统的 GUI 组件。这使得 Swing 能够提供一致且独立于操作系统的外观和行为，跨平台性能较好。需要注意的是，Swing 并不是对 AWT 进行替代，而是在 AWT 的基础之上进行了扩展和增强。

　　在 Java 中，Swing 的相关组件都保存在 javax.swing 包中，为了加深读者对 Swing 组件的认识，下面通过一张图描述 Swing 中的主要组件和它们的继承关系，具体如图 12-1 所示。

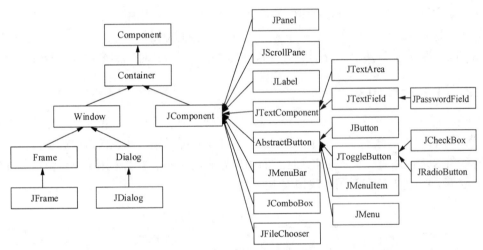

图12-1　Swing中的主要组件和它们的继承关系

　　在图 12-1 中，Component 类是 AWT 的抽象类，它封装了 AWT 组件的通用功能。Container 类是用于组织和管理图形用户界面组件的重要容器类，同时也是 Component 类的子类，这意味着 Container 类既可以作为容器包含其他组件，也可以单独作为一个组件。JComponent 类是 Container 类的子类，它是 AWT 和 Swing 的关键联系之一，绝大多数的 Swing 组件是 JComponent 类的直接子类或间接子类。

　　Component 类作为 AWT 组件的基类，提供了设置组件大小、位置和可见性等的方法，而 Container 类作为容器父类，提供了访问容器的方法。Swing 组件作为 Component 类和 Container 类的子类，自动继承了这两个类的方法，这意味着 Swing 组件可以同时设置组件和访问容器。Swing 组件的常用方法如表 12-1 所示。

表 12-1　Swing 组件的常用方法

方法声明	功能描述
setLocation(int x, int y)	设置组件的位置，通过横坐标 x 和纵坐标 y 设置组件左上角的坐标

方法声明	功能描述
setSize(int width, int height)	设置组件的大小，width 为组件的宽度，height 为组件的高度，单位为像素
setBounds(int x, int y, int width, int height)	同时设置组件的位置和大小
setVisible(boolean b)	设置组件的可见性，参数 b 为 true 时表示可见，为 false 时表示不可见
add(Component comp)	向容器中添加组件 comp
Component[] getComponents()	返回容器内的所有组件

12.2　Swing 顶级容器

Swing 顶级容器是指 Swing 界面中的最高层级的容器，它们用于创建和管理整个 GUI。Swing 顶级容器类实现了 java.awt.Window 类，可以作为独立的窗口或应用程序的主窗口。常用的 Swing 顶级容器有两个，分别是 JFrame 和 JDialog，下面对这两个顶级容器进行介绍。

12.2.1　JFrame

JFrame 是 Swing 中的一个独立顶级容器，不能放在其他容器中，主要用于创建具有窗口管理特性的 GUI 应用程序窗口。使用 JFrame，开发者可以轻松地在窗口中添加按钮、文本框和标签等 Swing 组件，从而构建交互式的用户界面。JFrame 提供了用于设置窗口属性的方法，JFrame 的构造方法和常用方法如表 12-2 所示。

表 12-2　JFrame 的构造方法和常用方法

方法声明	功能描述
JFrame()	创建一个初始不可见的窗口
JFrame(String title)	创建一个初始不可见、具有指定标题 title 的窗口
setTitle(String title)	设置窗口的标题
setDefaultCloseOperation(int operation)	设置窗口关闭时的操作，operation 为代表不同的操作的整数。JFrame 定义了一些常量来表示相应的操作，例如 JFrame.EXIT_ON_CLOSE 表示退出应用程序、JFrame.DO_NOTHING_ON_CLOSE 表示忽略窗口关闭事件

表 12-2 中列举了 JFrame 的两个常用构造方法，这两个构造方法的区别在于创建窗口时是否指定窗口的标题。

下面通过案例演示 JFrame 的使用效果，如文件 12-1 所示。

文件 12-1　Example01.java

```
1  import javax.swing.*;
2  public class Example01 {
3      public static void main(String[] args) {
4          //创建并设置 JFrame 窗口
5          JFrame frame = new JFrame("JFrameDemo");
```

```
6              //设置关闭窗口时的默认操作
7              frame.setDefaultCloseOperation(JFrame.EXIT_ON_CLOSE);
8              //设置窗口的尺寸
9              frame.setSize(350, 200);
10             //设置窗口可见
11             frame.setVisible(true);
12         }
13     }
```

　　文件 12-1 中，第 5 行代码通过 JFrame 类创建了一个窗口，在创建窗口的同时指定了窗口的标题为"JFrameDemo"。第 7 行代码设置了窗口关闭时的默认操作，JFrame.EXIT_ON_CLOSE 表示窗口关闭时退出应用程序。第 9 行代码设置了窗口的尺寸，第 11 行代码设置了窗口可见。

　　文件 12-1 的运行结果如图 12-2 所示。

　　由图 12-2 可以看到，窗口的标题为"JFrameDemo"，说明根据设置成功创建了窗口。此时关闭该窗口，应用程序也将关闭。

12.2.2　JDialog

　　JDialog 是 Swing 中的一个顶级容器，主要用于创建对话框，对话框可以分为模态对话框和非模态对话框。其中，模态对话框是指用户需要等待处理完当前对话框后才能继续与其他窗口交互，而非模态对话框则允许用户在处理当前对话框的同时与其他窗口进行交互。如果希望在执行某项任务时阻止用户与其他窗口进行交互，可以使用模态对话框；如果希望用户在处理当前对话框的设置时仍然能够进行其他操作，则可以使用非模态对话框。

图12-2　文件12-1的运行结果

　　JDialog 提供了创建对话框的构造方法和一系列设置对话框属性的方法，JDialog 的构造方法和常用方法如表 12-3 所示。

表 12-3　JDialog 的构造方法和常用方法

方法声明	功能描述
JDialog(Frame owner)	创建一个绑定到窗口 owner 且不带标题的非模态对话框
JDialog(Frame owner,String title)	创建一个绑定到窗口 owner 且标题为 title 的非模态对话框
JDialog(Frame owner, String title, boolean modal)	创建一个指定模态性的对话框，并且绑定到窗口 owner，标题为 title。其中，modal 为 true 表示对话框是模态的；为 false 表示对话框是非模态的
void setModal(boolean modal)	设置对话框的模态性，modal 为 true 表示设置对话框为模态对话框；为 false 表示设置对话框为非模态对话框
void setDefaultCloseOperation(int operation)	设置对话框关闭时的操作，operation 为代表不同的操作的整数。JDialog 定义了一些常量来表示相应的操作，例如 JDialog.EXIT_ON_CLOSE 表示关闭对话框并退出应用程序、JDialog.DISPOSE_ON_CLOSE 表示关闭对话框但不终止应用程序、JDialog.HIDE_ON_CLOSE 表示关闭对话框时隐藏对话框
void setTitle(String title)	设置对话框的标题

　　表 12-3 中列举了 JDialog 的 3 个常用构造方法，这 3 个构造方法都需要接收一个 Frame 类型的对象，表示对话框所有者。

　　下面通过一个案例来学习 JDialog 的使用方法，如文件 12-2 所示。

文件 12-2　Example02.java

```
1  import javax.swing.*;
2  public class Example02 {
3      public static void main(String[] args) {
4          //创建并设置JFrame窗口
5          JFrame frame = new JFrame("JFrameDemo");
6          //设置关闭窗口时退出应用程序
7          frame.setDefaultCloseOperation(JFrame.EXIT_ON_CLOSE);
8          //设置窗口的尺寸
9          frame.setSize(350, 200);
10         //设置窗口可见
11         frame.setVisible(true);
12         //创建模态对话框，并将其绑定到窗口
13         JDialog jDialog = new JDialog(frame, "JDialog对话框", true);
14         //设置关闭对话框时隐藏对话框
15         jDialog.setDefaultCloseOperation(JDialog.HIDE_ON_CLOSE);
16         //设置对话框的尺寸
17         jDialog.setBounds(40,40,200, 150);
18         //设置对话框可见
19         jDialog.setVisible(true);
20     }
21 }
```

　　文件 12-2 中，先后创建并设置了 JFrame 对象和 JDialog 对象，从代码中可以看出这两种容器对象的创建方式基本相同。第 13 行代码创建了模态对话框。

　　运行文件 12-2 后将显示一个窗口和一个对话框，如图 12-3 所示。

　　在 GUI 中用于显示和容纳用户界面元素的可视化容器通常称为窗体。从图 12-3 中可以看出，虽然使用 JFrame 和 JDialog 都可以创建窗体，但使用 JDialog 创建的窗体右上角没有"最大化"按钮和"最小化"按钮。由于创建的是模态对话框，因此关闭 JDialog 对话框之前无法操作"JFrameDemo"窗口。

图12-3　文件12-2的运行结果

12.3　Swing 常用组件

　　Swing 提供了丰富的组件来构建交互式的 GUI，其中常用的组件有面板组件、标签组件、文本组件、按钮组件、下拉列表框组件和文件对话框组件。下面对这些常用组件进行讲解。

12.3.1　面板组件

　　Swing 中的面板组件好比绘图面板，它是一种容器组件，用于添加和组织 GUI 的各种组件。Swing 中的面板组件主要有两种，分别是 JPanel 和 JScrollPane，具体介绍如下。

1. JPanel

JPanel 是 Swing 中的普通面板组件，是一个轻量级容器，它不提供窗口管理、标题栏和边框等功能，无法单独显示，通常被添加到一个顶层容器（如 JFrame）中进行显示。JPanel 常用的构造方法如表 12-4 所示。

表 12-4　JPanel 常用的构造方法

方法声明	功能描述
JPanel()	使用默认的布局管理器创建新面板，默认布局管理器是 FlowLayout
JPanel(LayoutManagerLayout layout)	创建指定布局管理器的面板

2. JScrollPane

JScrollPane 是带有滚动条的面板，它只能添加一个组件，如果想在 JScrollPane 中添加多个组件，需要先将组件添加到 JPanel 中，然后将 JPanel 添加到 JScrollPane 中。

JScrollPane 常用的构造方法如表 12-5 所示。

表 12-5　JScrollPane 常用的构造方法

方法声明	功能描述
JScrollPane()	创建一个使用默认滚动策略的滚动面板
JScrollPane(Component view)	创建一个视口视图为 view 的滚动面板，视口视图是滚动面板中实际显示的组件，当视口视图的大小不足以完全显示内容时，滚动条会出现在滚动面板的边缘
JScrollPane(Component view, int vsbPolicy,int hsbPolicy)	创建视口视图为 view 的滚动面板，并指定其垂直滚动条策略为 vsbPolicy，水平滚动条策略为 hsbPolicy

JScrollPane 提供了一些常量来表示垂直滚动条和水平滚动条的显示策略，这些常量可以在构造函数或其他方法中使用，以控制滚动面板的行为。以下是其中常用的常量。

● VERTICAL_SCROLLBAR_ALWAYS：始终显示垂直滚动条，无论内容是否超出视口的高度。

● VERTICAL_SCROLLBAR_NEVER：从不显示垂直滚动条，即使内容超出视口的高度。

● VERTICAL_SCROLLBAR_AS_NEEDED：根据需要显示垂直滚动条，仅当内容超出视口的高度时才显示垂直滚动条。

● HORIZONTAL_SCROLLBAR_ALWAYS：始终显示水平滚动条，无论内容是否超出视口的宽度。

● HORIZONTAL_SCROLLBAR_NEVER：从不显示水平滚动条，即使内容超出视口的宽度。

● HORIZONTAL_SCROLLBAR_AS_NEEDED：根据需要显示水平滚动条，仅当内容超出视口的宽度时才显示水平滚动条。

如果在构造方法中没有指定显示的组件和滚动条的策略，可以使用 JScrollPane 提供的方法进行设置，如表 12-6 所示。

表 12-6　JScrollPane 的方法

方法声明	功能描述
setHorizontalBarPolicy(int policy)	指定水平滚动条策略，即水平滚动条何时显示在滚动面板上
setVerticalBarPolicy(int policy)	指定垂直滚动条策略，即垂直滚动条何时显示在滚动面板上
setViewportView(Component view)	设置滚动面板的视口视图，即要在滚动面板中显示的组件

下面通过一个案例来演示面板的使用，为了更好地展示滚动面板的滚动条效果，在滚动面板中添加一个普通面板，在普通面板中添加 3 个按钮组件（按钮组件的具体内容在后续会详细讲解，在此只需创建并添加到面板中即可），具体如文件 12-3 所示。

文件 12-3　Example03.java

```
1    import javax.swing.*;
2    public class Example03 extends JFrame {
3        public Example03() {
4            this.setTitle("PanelDemo");
5            // 创建滚动面板
6            JScrollPane scrollPane = new JScrollPane();
7            // 设置水平滚动条策略——在需要时显示水平滚动条
8            scrollPane.setHorizontalScrollBarPolicy
9                    (JScrollPane.HORIZONTAL_SCROLLBAR_AS_NEEDED);
10           // 设置垂直滚动条策略—— 始终显示垂直滚动条
11           scrollPane.setVerticalScrollBarPolicy
12                   (JScrollPane.VERTICAL_SCROLLBAR_ALWAYS);
13           // 创建 JPanel 面板
14           JPanel panel = new JPanel();
15           // 在 JPanel 面板中添加 3 个按钮
16           panel.add(new JButton("按钮1"));
17           panel.add(new JButton("按钮2"));
18           panel.add(new JButton("按钮3"));
19           // 设置 JPanel 面板在滚动面板中显示
20           scrollPane.setViewportView(panel);
21           // 将滚动面板添加到窗口中
22           this.add(scrollPane);
23           //设置窗口关闭时退出应用程序
24           this.setDefaultCloseOperation(JFrame.EXIT_ON_CLOSE);
25           //设置窗口的尺寸
26           this.setSize(200, 150);
27           this.setVisible(true);
28       }
29       public static void main(String[] args) {
30           new Example03 ();
31       }
32   }
```

上述代码中，第 2～32 行代码定义了一个继承了 JFrame 的类 Example03。其中，第 3～28 行代码定义了 Example03 类的构造方法；第 6～12 行代码创建了一个滚动面板，并设置了滚动面板在水平方向上无法完整显示其内部放置的组件时，才会显示出水平滚动条，垂直滚动条始终显示；第 14～18 行代码创建了一个 JPanel 面板和 3 个按钮，并将这 3 个按钮添加到 JPanel 面板中；第 20 行代码设置 JPanel 面板在滚动面板中显示；第 22 行代码将滚动面板添加到窗口中。

运行文件 12-3 后会显示一个窗口，如图 12-4 所示。

由图 12-4 可以看到，窗口中展示了 3 个按钮，但是第 3 个按钮并未在视口中完全展示。此时，滚动面板中显示了水平滚动条，向右拖动水平滚动条可以查看滚动面板中的剩余内容；而垂直方向的视口虽然可以完全展示滚动面板的内容，但是也显示了垂直滚动条，说明根据指定的滚动条显示策略创建滚动面板成功。

图12-4　文件12-3的运行结果

12.3.2　标签组件

Swing 中的标签组件是用于显示静态文本或图像的组件。Swing 中常用的标签组件是 JLabel。JLabel 主要用于在界面中显示信息说明，可以显示纯文本、HTML（Hypertext Markup Language，超文本标记语言）文本和图像等内容。JLabel 不具备键盘焦点，并且没有内置的交互功能，所以用户无法通过键盘输入或单击等操作与 JLabel 进行交互。

JLabel 常用的构造方法如表 12-7 所示。

表 12-7　JLabel 常用的构造方法

方法声明	功能描述
JLabel()	创建一个没有任何文本或图像的标签
JLabel(Icon image)	创建具有指定图像 image 的标签
JLabel(String text)	创建具有指定文本 text 的标签

JLabel 还提供了一些操作标签的常用方法，具体如表 12-8 所示。

表 12-8　JLabel 提供的操作标签的常用方法

方法声明	功能描述
setText(String text)	设置标签的文本内容为 text
setIcon(Icon image)	设置标签的图像为 image
getText()	返回标签的文本内容

下面通过一个案例演示 JLabel 的使用，案例中通过 JFrame 创建一个窗口，然后向窗口中添加两个标签，这两个标签分别使用不同的构造方法创建，具体如文件 12-4 所示。

文件 12-4　Example04.java

```
1   import javax.swing.*;
2   public class Example04 {
3       public static void main(String[] agrs) {
4           //创建 JFrame 窗口
5           JFrame frame = new JFrame("JLabel 标签");
6           //创建面板
7           JPanel jp = new JPanel();
8           //创建标签
9           JLabel label1 = new JLabel("中国航天");
10          //创建含有图像的标签
11          ImageIcon img = new ImageIcon("src\\space.png");
12          //创建既含有文本内容又含有图像的标签
```

```
13          JLabel label2 = new JLabel(img);
14          label2.setText("中国空间站模拟构型图");
15          //添加标签到面板
16          jp.add(label1);
17          jp.add(label2);
18          frame.add(jp);
19          frame.setBounds(300, 200, 350, 350);
20          frame.setVisible(true);
21          frame.setDefaultCloseOperation(JFrame.EXIT_ON_CLOSE);
22      }
23  }
```

在上述代码中，第 7 行代码创建了一个面板 jp；第 9 行代码创建了一个具有指定文本内容的标签；第 11～13 行代码创建了一个具有指定图像的标签；第 14 行代码设置了标签的文本内容；第 16～17 行代码将创建的两个标签添加到面板中。

运行文件 12-4 后会显示一个窗口，如图 12-5 所示。

由图 12-5 可知，窗口展示了具有指定内容的标签，说明成功设置了包含文本和图像的标签。

图12-5　文件12-4运行结果

12.3.3　文本组件

Swing 中的文本组件指的是用于显示和输入文本的组件。为了满足显示和输入各种文本的需求，Swing 提供了多种文本组件，其中常见的有 JTextField 和 JTextArea，这些文本组件都有一个共同父类 JTextComponent。JTextComponent 类是一个抽象类，它提供了文本组件的常用方法，如表 12-9 所示。

表 12-9　JTextComponent 类提供的文本组件的常用方法

方法声明	功能描述
setText(String text)	设置文本组件的文本内容为 text
getText()	获取文本组件的文本内容
setEditable(boolean b)	设置文本组件是否可编辑，true 为可编辑，false 为不可编辑
getSelectedText()	获取当前所选文本内容
selectAll()	选择文本组件的所有文本内容
replaceSelection(String text)	用指定的文本内容 text 替换当前所选文本内容

表 12-9 中列出了文本组件常用的几种操作方法，其中包括选择文本内容、设置文本内容以及获取文本内容等。JTextField 和 JTextArea 这两个文本组件虽然都继承了 JTextComponent 类，但是在使用上，JTextField 和 JTextArea 还有一定的区别，下面对这两个文本组件进行详细讲解。

1. JTextField

JTextField 表示单行文本框，用于输入和编辑单行文本。JTextField 常用的构造方法如表 12-10 所示。

表 12-10　JTextField 常用的构造方法

方法声明	功能描述
JTextField ()	创建一个初始内容为空的文本框
JTextField (String text)	创建一个初始内容为 text 的文本框
JTextField (int columns)	创建一个列数为 columns 的文本框。列数也就是文本框的宽度，即可显示的最大字符数
JTextField(String text,int columns)	创建一个列数为 columns、初始内容为 text 的文本框

JTextField 有一个用于显示密码输入框的子类 JPasswordField。与 JTextField 不同的是，JPasswordField 在显示用户输入的文本时会使用指定的回显字符（如 "*"）代替真实的文本，以提高密码的保密性。JPasswordField 和 JTextField 的构造方法相似，这里就不再介绍。但JPasswordField 提供了独有的方法来操作密码输入框，其中常用的方法如表 12-11 所示。

表 12-11　JPasswordField 的常用方法

方法声明	功能描述
getPassword()	以数组形式获取用户在密码输入框中输入的字符
setEchoChar(char echoChar)	设置回显字符，即代替真实文本显示的字符
getEchoChar()	获取当前密码输入框的回显字符

2. JTextArea

JTextArea 也称文本域，用于显示和编辑多行文本。JTextArea 常用的构造方法如表 12-12所示。

表 12-12　JTextArea 常用的构造方法

方法声明	功能描述
JTextArea()	创建一个初始内容为空的文本域
JTextArea(String text)	创建一个初始内容为 text 的文本域
JTextArea(int rows,int columns)	创建一个行数为 rows、列数为 columns 的文本域
JTextArea(String text,int rows,int columns)	创建一个行数为 rows、列数为 columns、初始内容为 text 的文本域

接下来通过一个案例演示文本组件 JTextField 和 JTextArea 的基本用法，在该案例中将设计一个聊天窗口，如文件 12-5 所示。

文件 12-5　Example05.java

```
1  import javax.swing.*;
2  public class Example05 extends JFrame{
3      public Example05() {
4          //设置窗口的标题
5          this.setTitle("强国论坛");
6          //设置窗口的位置和尺寸
7          setBounds(300, 200,400, 300);
8          setDefaultCloseOperation(JFrame.EXIT_ON_CLOSE);
```

```
9              // 创建一个文本域，用来显示多行聊天信息
10             JTextArea showArea = new JTextArea(12, 34);
11             //设置文本域中的初始内容
12             showArea.setText("欢迎进入强国论坛");
13             // 设置文本域不可编辑
14             showArea.setEditable(false);
15             // 创建一个滚动面板，将文本域作为其显示组件
16             JScrollPane scrollPane = new JScrollPane(showArea);
17             // 创建一个文本框，用来输入单行聊天信息
18             JTextField inputField = new JTextField(20);
19             // 创建一个 JPanel 面板
20             JPanel panel = new JPanel();
21             JButton btn = new JButton("发送");
22             JLabel label = new JLabel("聊天信息");
23             // 将滚动面板、标签、文本框和按钮添加到 JPanel 面板
24             panel.add(scrollPane);
25             panel.add(label);
26             panel.add(inputField);
27             panel.add(btn);
28             //将 JPanel 面板添加到窗口
29             this.add(panel);
30             //设置窗口可见
31             this.setVisible(true);
32      }
33      public static void main(String[] args) {
34             new Example05();
35      }
36 }
```

在上述代码中，第 2～36 行代码定义了一个继承了 JFrame 的类 Example05。其中，第 3～32 行代码定义了 Example05 类的构造方法，第 10 行代码创建了一个指定行数和列数的文本域；第 12～14 行代码设置了文本域的初始内容，并设置了文本域的状态为不可编辑；第 16 行代码创建了一个滚动面板，并将文本域设置为该滚动面板的显示组件；第 18 行代码创建了一个指定列数的文本框；第 20～27 行代码依次创建了 JPanel 面板、按钮、标签，并将滚动面板、标签、文本框和按钮添加到 JPanel 面板。

运行文件 12-5 后会显示一个窗口，如图 12-6 所示。

从图 12-6 中可以看出，窗口中包含文本域、文本框等组件。其中，文本域中显示了设置的初始内容，单击该文本域可以发现无法对其进行编辑，说明文本组件按既定设计被成功创建。

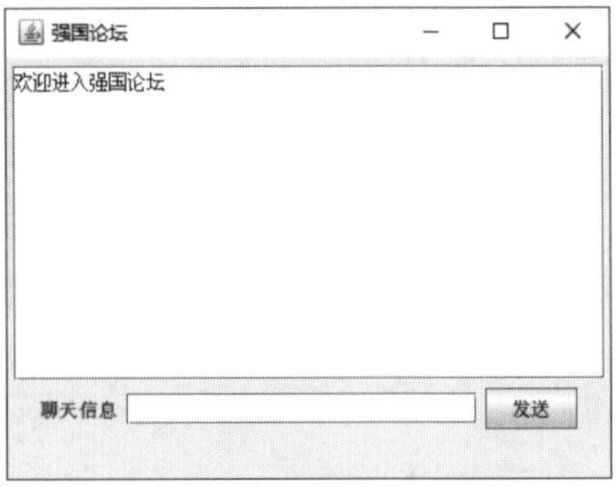

图12-6　文件12-5的运行结果

12.3.4　按钮组件

Swing 中的按钮组件主要用于触发 GUI 的交互操作，可以添加到任何容器中，例如 JFrame、JPanel、JDialog 等。常见的按钮组件包括普通按钮、单选按钮、复选框、菜单和菜单项等。这些按钮都是抽象类 AbstractButton 的直接子类或间接子类。AbstractButton 类的常用方法如表 12-13 所示。

表 12-13　AbstractButton 类的常用方法

方法声明	功能描述
setText(String text)	设置按钮的文本内容为 text
getText()	获取按钮的文本内容
setEnabled(boolean enabled)	设置按钮是否可用，enabled 为 true 则按钮可用，为 false 则按钮不可用
isEnabled()	判断按钮是否可用
setSelected(boolean selected)	设置按钮的选中状态，仅适用于部分按钮类型，如 JRadioButton、JCheckBox
isSelected()	判断按钮是否被选中
setIcon(Icon icon)	设置按钮的图标
getIcon()	获取按钮的图标
addActionListener(ActionListener listener)	为按钮添加监听器，以便在按钮被单击时执行相应的操作
removeActionListener(ActionListener listener)	移除按钮的监听器

普通按钮、单选按钮、复选框、菜单和菜单项虽然都继承了 AbstractButton 类，但是它们在使用上还有一定的区别，下面对这些按钮组件进行详细讲解。

1. JButton

JButton 是最简单的一种按钮组件，它允许用户通过单击进行交互。在 Swing 中通过 JButton 创建普通按钮。JButton 常用的构造方法如表 12-14 所示。

表 12-14　JButton 常用的构造方法

方法声明	功能描述
JButton()	创建一个没有文本内容和图标的按钮
JButton(Icon icon)	创建一个图标为 icon 的按钮
JButton(String text)	创建一个文本内容为 text 的按钮
JButton(String text,Icon icon)	创建一个文本内容为 text、图标为 icon 的按钮

在表 12-14 中，列举了 4 个 JButton 常用的构造方法，可以根据要创建按钮的描述选择合适的构造方法。

下面通过一个案例演示 JButton 的使用，具体如文件 12-6 所示。

文件 12-6　Example06.java

```
1   import javax.swing.*;
2   public class Example06 {
3       public static void main(String[] args) {
4           //创建 JFrame 窗口
5           JFrame frame = new JFrame("JButton 按钮组件");
6           //创建 JPanel 对象
7           JPanel jp = new JPanel();
8           //创建 JButton 对象
9           JButton btn1 = new JButton("我是普通按钮");
10          JButton btn2 = new JButton("我是不可用按钮");
```

```
11        JButton btn3 = new JButton(new ImageIcon("src\\btn.png"));
12        //设置按钮不可用
13        btn2.setEnabled(false);
14        jp.add(btn1);
15        jp.add(btn2);
16        jp.add(btn3);
17        frame.add(jp);
18        frame.setBounds(300, 200, 300, 200);
19        frame.setVisible(true);
20        frame.setDefaultCloseOperation(JFrame.EXIT_ON_CLOSE);
21    }
22 }
```

在上述代码中，第 5～7 行代码依次创建了 JFrame 对象 frame 和 JPanel 对象 jp；第 9～
13 行代码分别创建了 3 个按钮，其中，创建 btn1 和 btn2 时设置了文本内容，创建 btn3 时
设置了图标，并设置了 btn2 不可用；第 14～17 行依次将按钮添加到面板中，再将面板添
加到窗口中。

运行文件 12-6 后会弹出一个窗口，如图 12-7 所示。

由图 12-7 可以看出，窗口中显示了 3 个按钮，其中一个为
普通按钮，可以正常单击，另一个为禁用状态的按钮，无法正常
单击，还有一个为图标格式的按钮，说明使用 JButton 成功创建
了各种按钮。

2. JRadioButton

图12-7   文件12-6的运行结果

单选按钮是一种可以在多个选项中选择一个选项的按钮，通常用于组织选项并要求用户
只能选择其中一个选项的场景，就像烤箱提供烘烤、烧烤、解冻等功能，当选择其中一个功
能时，之前选择的功能就会自动取消，以确保只有一个功能被选择。

在 Swing 中使用 JRadioButton 创建单选按钮，但是 JRadioButton 本身并不能直接实现只
能选择一个单选按钮的功能。为了实现单选按钮之间的互斥，需要使用 ButtonGroup 类。
ButtonGroup 是一个不可见的组件，它在逻辑上表示一个单选按钮组，要实现按钮的单选功
能，可以将多个单选按钮添加到同一个 ButtonGroup 对象中。这样，ButtonGroup 对象会确保
只有一个单选按钮能够被选中。JRadioButton 常用的构造方法如表 12-15 所示。

表 12-15   JRadioButton 常用的构造方法

方法声明	功能描述
JRadioButton ()	创建一个文本内容为空、初始状态为未被选择的单选按钮
JRadioButton (String text)	创建一个文本内容为 text、初始状态为未被选择的单选按钮
JRadioButton (String text,boolean selected)	创建一个文本内容为 text、指定初始状态的单选按钮，其中 selected 为 true，则单选按钮默认会被选择，selected 为 false，则单选按钮默认不会被选择

下面通过一个案例演示 JRadioButton 的使用，具体如文件 12-7 所示。

文件 12-7   Example07.java

```
1  import javax.swing.*;
2  import java.awt.*;
3  public class Example07 {
```

```
4      public static void main(String[] agrs) {
5          //创建 JFrame 窗口
6          JFrame frame = new JFrame("JRadioButton 示例");
7          //创建面板
8          JPanel panel = new JPanel();
9          JLabel label1 = new JLabel("中国行星探测任务的命名：");
10         //创建 JRadioButton 对象
11         JRadioButton rb1 = new JRadioButton("谷神星系列");
12         JRadioButton rb2 = new JRadioButton("快舟系列");
13         JRadioButton rb3 = new JRadioButton("长征系列");
14         JRadioButton rb4 = new JRadioButton("天问系列", true);
15         //修改文字样式
16         label1.setFont(new Font("黑体", Font.BOLD, 16));
17         ButtonGroup group = new ButtonGroup();
18         //添加 JRadioButton 对象到 ButtonGroup 对象中
19         group.add(rb1);
20         group.add(rb2);
21         group.add(rb3);
22         group.add(rb4);
23         panel.add(label1);
24         panel.add(rb1);
25         panel.add(rb2);
26         panel.add(rb3);
27         panel.add(rb4);
28         frame.add(panel);
29         frame.setBounds(300, 200, 600, 100);
30         frame.setVisible(true);
31         frame.setDefaultCloseOperation(JFrame.EXIT_ON_CLOSE);
32     }
33 }
```

在上述代码中，第 11～13 行代码通过指定单选按钮的文本内容的方式创建了 3 个单选按钮；第 14 行代码创建了一个具有指定文本内容和初始状态的单选按钮；第 16 行代码为标签 label1 的文本内容设置了文字样式，第 19～22 行代码分别将单选按钮 rb1、rb2、rb3、rb4 添加到 ButtonGroup 对象中。

运行文件 12-7 后会弹出一个窗口，如图 12-8 所示。

图12-8　文件12-7的运行结果

由图 12-8 可以看出，窗口中分别显示了 4 个单选按钮，"天问系列"单选按钮处于选中状态。此时，单击其他单选按钮，被单击的单选按钮变为选中状态，之前选择的单选按钮变为未选中状态，说明使用 JRadioButton 成功创建单选按钮。

3. JCheckBox

复选框是一种用于同时选择多个选项的组件，具有选中和取消选中两种状态。在 Swing 中使用 JCheckBox 创建复选框，JCheckBox 常用的构造方法如表 12-16 所示。

表 12-16　JCheckBox 常用的构造方法

方法声明	功能描述
JCheckBox()	创建一个文本内容为空，初始状态为取消选中的复选框
JCheckBox(String text)	创建一个文本内容为 text，初始状态为取消选中的复选框
JCheckBox(String text, boolean selected)	创建一个文本内容为 text，指定初始状态的复选框，其中 selected 为 true，则复选框默认选中，selected 为 false，则复选框默认取消选中

表 12-16 中列出了用于创建 JCheckBox 对象的 3 个构造方法。其中，第 1 个构造方法没有指定复选框的文本内容以及初始状态，如果想设置文本内容或状态，可以通过调用 JCheckBox 从父类继承的方法来进行设置。例如，调用 setText(String text)方法来设置复选框的文本内容，调用 setSelected(boolean b)方法来设置复选框的状态（是否被选中），也可以调用 isSelected()方法来判断复选框是否被选中。第 2 个和第 3 个构造方法都指定了复选框的文本内容，而且第 3 个构造方法还指定了复选框的初始状态。

下面通过一个案例演示 JCheckBox 的基本用法，如文件 12-8 所示。

文件 12-8　Example08.java

```java
1   import javax.swing.*;
2   import java.awt.*;
3   public class Example08 {
4       public static void main(String[] agrs) {
5           //创建 JFrame 窗口
6           JFrame frame = new JFrame("JCheckBox 复选框组件");
7           //创建面板
8           JPanel jp = new JPanel();
9           JLabel label = new JLabel("中国空间站的组成模块有：");
10          //修改文字样式
11          label.setFont(new Font("楷体", Font.BOLD, 16));
12          //创建具有指定文本内容和初始状态的复选框
13          JCheckBox chkbox1 = new JCheckBox("天和核心舱", true);
14          JCheckBox chkbox2= new JCheckBox("梦天实验舱",true);
15          //创建具有指定文本内容的复选框
16          JCheckBox chkbox3 = new JCheckBox("问天实验舱");
17          //设置复选框的状态为选中
18          chkbox3.setSelected(true);
19          JCheckBox chkbox4 = new JCheckBox("玉兔二号");
20          jp.add(label);
21          jp.add(chkbox1);
22          jp.add(chkbox2);
23          jp.add(chkbox3);
24          jp.add(chkbox4);
25          frame.add(jp);
26          frame.setBounds(300, 200, 600, 100);
27          frame.setVisible(true);
28          frame.setDefaultCloseOperation(JFrame.EXIT_ON_CLOSE);
29      }
30  }
```

在上述代码中，第 13~14 行代码创建了两个复选框，并且指定了复选框的文本内容和初始状态（选中）；第 16～19 行代码分别创建了两个具有指定文本内容的复选框，其中设置复选框 chkbox3 的状态为选中；第 21～24 行代码将创建的复选框依次添加到 jp 面板中。

运行文件 12-8 后会弹出一个窗口，如图 12-9 所示。

图12-9　文件12-8的运行结果

从图 12-9 中可以看到，窗口中包含 4 个复选框，其中只有"玉兔二号"处于取消选中状态。如果想选中或取消选中某个复选框，只需单击对应的复选框即可改变其状态，说明使用 JCheckBox 成功创建复选框。

4. JMenu 和 JMenuItem

JMenu 和 JMenuItem 是 Swing 中用于创建菜单和菜单项的组件。其中，JMenuItem 用于创建菜单项，用于在菜单中表示一个可执行的选项。JMenu 用于创建菜单，通常作为菜单栏或其他菜单中的一个父菜单项。JMenu 可以包含一组相关的菜单项，使用户能够方便地浏览和选择。

将 JMenu 和 JMenuItem 结合使用可以创建出菜单系统，但通常这两者还会结合 JMenuBar 一起使用。JMenuBar 并不是按钮组件，它是 Swing 中用于创建菜单栏的组件。制作完整的菜单系统通常采用的方式是使用 JMenuBar 包含多个 JMenu，每个 JMenu 包含多个 JMenuItem。下面对这 3 种组件进行详细讲解。

（1）JMenuBar

JMenuBar 表示一个水平的菜单栏，用来管理一组菜单，不参与用户的交互式操作。菜单栏可以放在容器的任何位置，但在通常情况下会使用顶级容器（如 JFrame、JDialog）的 setJMenuBar()方法将菜单栏放置在顶级容器的顶部。

JMenuBar 有一个无参构造方法，创建菜单栏时，只需要使用 new 关键字创建 JMenubar 对象即可。创建完菜单栏后，可以通过调用 add(JMenu c)方法为菜单栏添加 JMenu 菜单。

（2）JMenu

JMenu 表示一个菜单，它用来整合菜单项。菜单可以是单一层次的结构，也可以是多层次的结构。在通常情况下，使用构造函数 JMenu(String text)创建 JMenu 菜单，参数 text 表示菜单的文本内容。

除了构造方法，JMenu 还提供了一些常用的方法，具体如表 12-17 所示。

表 12-17　JMenu 的常用方法

方法声明	功能描述
JMenuItem add(JMenuItem menuItem)	将菜单项添加到菜单末尾，返回此菜单项
void addSeparator()	将分隔符添加到菜单的末尾
JMenuItem getItem(int pos)	返回指定索引处的菜单项，第一个菜单项的索引为 0
int getItemCount()	返回菜单的项数，菜单项和分隔符都计算在内

续表

方法声明	功能描述
JMenuItem insert(JMenuItem menuItem,int pos)	在指定索引处插入菜单项
void insertSeparator(int pos)	在指定索引处插入分隔符
void remove(int pos)	从菜单中移除指定索引处的菜单项
void remove(JMenuItem menuItem)	从菜单中移除指定的菜单项
void removeAll()	从菜单中移除所有的菜单项

（3）JMenuItem

JMenuItem 表示菜单项，是下拉式菜单系统中的基本组件之一。JMenuItem 可以包含一个标签，用于显示菜单项的文本内容，可以添加图标，并且可以启用或禁用，以控制菜单项的可用性。在创建菜单项时，通常使用构造方法 JMenuItem(String text)为菜单项指定文本内容。

除了构造方法，JMenuItem 还提供了一些常用的方法，具体如表 12-18 所示。

表 12-18　JMenuItem 的常用方法

方法声明	功能描述
addActionListener(ActionListener l)	用于为菜单项注册一个动作监听器
setActionCommand(String actionCommand)	用于设置菜单项的动作命令，通过获取菜单项的动作命令可以区分不同的菜单项，并执行相应的操作

下面通过一个案例演示 JMenuItem、JMenu 结合 JMenuBar 的基本使用，如文件 12-9 所示。

文件 12-9　Example09.java

```
1   import javax.swing.*;
2   public class Example09 {
3       public static void main(String[] args) {
4           // 创建 JFrame 窗口
5           JFrame f = new JFrame("记事本");
6           f.setBounds(300, 200,350, 200);
7           f.setDefaultCloseOperation(JFrame.EXIT_ON_CLOSE);
8           // 创建菜单栏
9           JMenuBar menuBar = new JMenuBar();
10          // 创建 2 个菜单，并将其加入菜单栏中
11          JMenu menu1 = new JMenu("文件(F)");
12          JMenu menu2 = new JMenu("帮助(H)");
13          menuBar.add(menu1);
14          menuBar.add(menu2);
15          // 创建 2 个菜单项，并将其加入菜单中
16          JMenuItem item1 = new JMenuItem("新建(N)");
17          JMenuItem item2 = new JMenuItem("退出(X)");
18          menu1.add(item1);
19          // 设置分隔符
20          menu1.addSeparator();
21          menu1.add(item2);
```

```
22              // 向 JFrame 窗口中加入菜单栏
23              f.setJMenuBar(menuBar);
24              f.setVisible(true);
25      }
26  }
```

在上述代码中，第 9 行代码创建了一个菜单栏；第 11～12 行代码创建了两个菜单，并且指定了菜单的文本内容；第 13～14 行代码将创建的两个菜单添加到菜单栏中；第 16～21 行代码创建了两个菜单项，并将这两个菜单项添加到菜单 menu1 中；第 23 行代码将菜单栏添加到窗口中。

运行文件 12-9 后会弹出一个窗口，如图 12-10 所示。

从图 12-10 中可以看到，窗口中包含一个菜单栏，菜单栏中包含两个菜单。此时单击"文件"菜单，效果如图 12-11 所示。

图12-10　文件12-9的运行结果

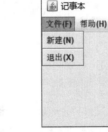

图12-11　单击"文件"菜单

由图 12-11 可以看到，"文件"菜单下方展示出两个菜单项，说明使用 JMenuItem、JMenu 和 JMenuBar 成功创建出菜单项、菜单和菜单栏。

12.3.5　下拉列表框组件和文件对话框组件

1. 下拉列表框组件

下拉列表框是一种常见的 GUI 组件，它包含一个可展开的选项列表，默认显示的是选项列表中的第一个选项。当用户单击下拉列表框的下拉按钮时，会出现选项列表，用户可以从中选择一项，完成选择后，选项列表会隐藏，下拉列表框中显示用户选择的选项。

Swing 中使用 JComboBox 创建下拉列表框，下拉列表框分为可编辑和不可编辑两种，对于不可编辑的下拉列表框，用户只能选择现有的选项；对于可编辑的下拉列表框，用户既可以选择现有的选项，也可以自己输入新的内容。需要注意的是，自己输入的内容只能作为当前项显示，并不会被添加到下拉列表框的选项列表中。JComboBox 常用的构造方法如表 12-19 所示。

表 12-19　JComboBox 常用的构造方法

方法声明	功能描述
JComboBox()	创建一个没有可选项的下拉列表框
JComboBox(Object[] items)	创建一个下拉列表框，将 Object 数组中的元素作为选项列表中的选项

除了构造方法，JComboBox 还提供了一系列管理下拉列表框的方法。JComboBox 常用的方法如表 12-20 所示。

表 12-20　JComboBox 常用的方法

方法声明	功能描述
addItem(Object anObject)	添加一个选项到选项列表的末尾
insertItemAt(Object anObject, int index)	在索引 index 处插入选项 anObject
getItemAt(int index)	获取索引 index 处的选项，第一个选项的索引为 0
getItemCount()	获取选项列表中选项的数目
getSelectedItem()	获取当前选择的选项
removeAllItems()	删除选项列表中所有的选项
removeItem(Object object)	删除选项列表中的 object 选项
removeItemAt(int index)	删除索引 index 处的选项
setEditable(boolean aFlag)	设置下拉列表框的选项是否可编辑，aFlag 为 true 则可编辑，为 false 则不可编辑

表 12-20 中列举了 JComboBox 常用的方法，下面通过一个案例演示这些方法的使用，具体如文件 12-10 所示。

文件 12-10　Example10.java

```
1   import javax.swing.*;
2   public class Example10 {
3       public static void main(String[] args) {
4           JFrame frame = new JFrame("JComboBox 下拉列表框");
5           //创建面板
6           JPanel jp = new JPanel();
7           //创建标签
8           JLabel label = new JLabel("想要了解的中国航天事业：");
9           jp.add(label);
10          //创建下拉列表框
11          JComboBox cmb = new JComboBox();
12          //向下拉列表框的选项列表中添加选项
13          cmb.addItem("--请选择--");
14          cmb.addItem("神舟号");
15          cmb.addItem("嫦娥号");
16          cmb.addItem("天问系列");
17          cmb.addItem("北斗导航系统");
18          jp.add(cmb);
19          frame.add(jp);
20          frame.setBounds(300, 200, 350, 200);
21          frame.setVisible(true);
22          frame.setDefaultCloseOperation(JFrame.EXIT_ON_CLOSE);
23      }
24  }
```

在上述代码中，第 11～17 行代码创建了一个下拉列表框 cmb，并向其选项列表中添加了 5 个选项；第 18 行代码将下拉列表框添加到面板中。

运行文件 12-10 后会弹出一个窗口，如图 12-12 所示。

从图 12-12 中可以看到，窗口中显示了一个下拉列表框，默认显示"--请选择--"选项，说明下拉列表框默认显示选项列表中第一项的内容。

单击下拉列表框的下拉按钮后的效果如图 12-13 所示。

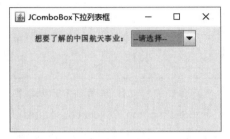

图12-12　文件12-10的运行结果

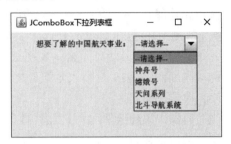

图12-13　单击下拉按钮后的效果

由图 12-13 可知，单击下拉列表框的下拉按钮后显示了选项列表，说明使用 JComboBox 成功创建了下拉列表框。

2. 文件对话框组件

JFileChooser 用于创建一个文件对话框，允许用户浏览和选择文件或目录。JFileChooser 常用的方法如表 12-21 所示。

表 12-21　**JFileChooser 常用的方法**

方法声明	功能描述
JFileChooser()	创建 JFileChooser 对象
setDialogTitle(String dialogTitle)	用于设置文件对话框的标题为 dialogTitle
showSaveDialog(Component parent)	用于弹出保存文件的文件选择器对话框
getSelectedFile()	用于获取用户选择的文件或目录

12.4　布局管理器

Swing 是一种用于开发 GUI 的工具，开发人员需要将组件放置在容器中，以实现美观的界面。然而，向容器中加入组件时，需要考虑组件的位置和大小，计算各组件间的距离。这样虽然可以灵活掌控组件的位置，但实现起来却非常麻烦。

为了提高开发效率，Swing 提供了布局管理器（Layout Manager）。布局管理器是 Swing 编程中用于管理和控制组件布局的工具。布局管理器可以自动地计算和调整组件的位置和大小，以实现界面的自动布局和排列。这样，开发人员便不需要手动计算和调整组件的位置，大大简化了界面开发的工作。常见的布局管理器有边界布局管理器（BorderLayout）、流式布局管理器（FlowLayout）、网格布局管理器（GridLayout），下面对这 3 种布局管理器进行说明。

1. 边界布局管理器

边界布局管理器是 Swing 中 Window、JFrame 和 JDialog 默认的布局管理器，通过 BorderLayout 类实现。边界布局管理器将窗口分为 5 个区域：North（上）、South（下）、East（右）、West（左）和 Center（中心）。每个区域可以放置一个组件，组件可以占据对应区域的全部空间。其布局效果如图 12-14 所示。

BorderLayout 类的常用构造方法如下。

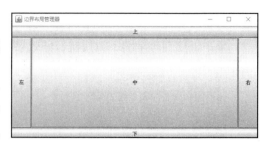

图12-14　边界布局管理器的布局效果

● BorderLayout()：创建一个边界布局管理器，该布局管理器所管理的组件之间没有间隙。

● BorderLayout(int hgap,int vgap)：创建一个边界布局管理器。其中，hgap 参数表示组件之间的横向间隔；vgap 参数表示组件之间的纵向间隔，单位是像素。

当向容器中添加组件时，开发者可以使用 add(Component comp, Object constraints)方法来指定组件的位置和布局方式。其中，comp 参数表示要添加的组件对象，constraints 参数用于确定组件在容器中的位置和布局方式。当容器使用边界布局管理器时，可以使用 BorderLayout 类提供的 5 个常量作为 constraints 参数的值，具体如下。

● BorderLayout.NORTH：将组件放置在容器的北部（上）。

● BorderLayout.SOUTH：将组件放置在容器的南部（下）。

● BorderLayout.WEST：将组件放置在容器的西部（左）。

● BorderLayout.EAST：将组件放置在容器的东部（右）。

● BorderLayout.CENTER：将组件放置在容器的中心位置。

2. 流式布局管理器

流式布局管理器是将组件按照从左到右的规则排列的布局管理器，是 JPanel 的默认布局管理器，通过 FlowLayout 类实现。流式布局管理器会将组件按照从左到右的顺序放置在容器中，当组件到达容器边界时，会自动将下一个组件放置在下一行的起始位置。这种布局方式允许组件按照左对齐、居中对齐或右对齐的方式排列。

与其他布局管理器不同的是，流式布局管理器不限制所管理组件的大小，而是允许它们具有自己的最佳大小。这意味着组件的大小可以根据其内容自动调整，以适应布局的需要。FlowLayout 类常用的构造方法如下。

● FlowLayout()：创建一个流式布局管理器，默认组件的横向和纵向间隔都是 5 像素。

● FlowLayout(int align)：创建一个流式布局管理器，align 参数用于指定组件的对齐方式。

● FlowLayout(int align, int hgap, int vgap)：创建一个流式布局管理器，并指定组件的对齐方式为 align，横向间隔为 hgap，纵向间隔为 vgap，单位为像素。

在上述构造方法中，用于设置对齐方式的常量值可以是 FlowLayout.LEFT、FlowLayout.RIGHT 和 FlowLayout.CENTER，分别表示左对齐、右对齐和居中对齐。

3. 网格布局管理器

网格布局管理器通过 GridLayout 类实现，它以网格的形式管理容器中组件的布局。网格布局管理器使用纵线与横线将容器分成多行和多列大小相等的网格，每个网格放置一个组件，添加到容器的组件首先放置在第 1 行第 1 列的网格中，然后在第 1 行的网格中从左到右依次放置其他组件。一行放满后，继续在下一行从左到右放置组件。网格布局管理器的管理方式与流式布局管理器类似，但与流式布局管理器不同的是，网格布局管理器管理的组件将自动占据网格的整个区域。

GridLayout 类常用的构造方法如下。

● GridLayout(int rows,int cols)：创建一个指定行数和列数的网格布局管理器，布局中所有组件大小一样，组件之间没有间隔。

● GridLayout(int rows,int cols,int hgap,int vgap)：创建一个指定行数和列数的网格布局管理器，并且可以指定各组件横向（hgap）和纵向（vgap）的间隔，单位是像素。

布局管理器的使用相对比较简单，只需使用对应的构造方法创建布局管理器，然后在创建容器时添加布局管理器即可。下面以使用边界布局管理器为例，演示布局管理器的使用。

创建一个窗口，通过 BorderLayout 类的构造方法将窗口分割为 5 个区域，并在每个区域添加一个按钮，实现代码如文件 12-11 所示。

文件 12-11　Example11.java

```
1   import javax.swing.*;
2   import java.awt.*;
3   public class Example11{
4       public static void main(String[] agrs) {
5           //创建 JFrame 窗口
6           JFrame frame = new JFrame("边界布局管理器");
7           frame.setSize(400, 200);
8           //为窗口添加边界布局管理器
9           frame.setLayout(new BorderLayout());
10          JButton button1 = new JButton("上");
11          JButton button2 = new JButton("左");
12          JButton button3 = new JButton("中");
13          JButton button4 = new JButton("右");
14          JButton button5 = new JButton("下");
15          frame.add(button1, BorderLayout.NORTH);
16          frame.add(button2, BorderLayout.WEST);
17          frame.add(button3, BorderLayout.CENTER);
18          frame.add(button4, BorderLayout.EAST);
19          frame.add(button5, BorderLayout.SOUTH);
20          frame.setBounds(300, 200, 600, 300);
21          frame.setVisible(true);
22          frame.setDefaultCloseOperation(JFrame.EXIT_ON_CLOSE);
23      }
24  }
```

在上述代码中，第 6～9 行代码创建了一个 JFrame 窗口，并指定其布局管理器为边界布局管理器；第 10～19 行代码依次创建了文本内容为"上""左""中""右""下"的按钮，并指定每个按钮在窗口中的布局位置。

运行文件 12-11 后弹出的窗口如图 12-15 所示。

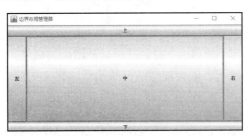

图12-15　文件12-11的运行结果

在文件 12-11 中，如果未设置边界布局管理器的 North 区域，即去掉第 15 行代码，West、Center、East 和 South 区域依旧会根据设置进行布局，如图 12-16 所示。

边界布局管理器并不要求所有区域都必须有组件，如果四周的区域（North、South、East 和 West 区域）没有组件，则由 Center 区域的组件填充。如果单个区域中添加的组件不止一个，那么后来添加的组件将会覆盖原来的组件，使该区域中只显示最后添加的一个组件。

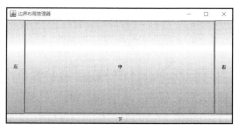

图12-16　未设置North区域

12.5 事件处理机制

经过之前的讲解，读者应该已经具备基于 Swing 开发 GUI 的能力。然而，当前 GUI 仅是静态的，不能与用户进行交互。如果想要使 GUI 具有交互性，需要为组件添加事件驱动。Swing 采用事件驱动的编程模型，通过事件驱动，程序可以捕捉和响应用户在界面上的各种操作，从而实现与用户的交互。例如，捕捉并响应用户的单击、按键等操作。

事件驱动的编程模型主要有以下 3 个组成部分。

● 事件源（Event Source）：事件发生的场所，通常就是产生事件的组件，例如窗口、按钮、菜单等。

● 事件对象（Event）：GUI 组件上发生的特定事件，通常就是用户的一次操作。

● 监听器（Listener）：负责监听事件源上发生的事件，并对各种事件做出相应处理的对象。

上面提到的事件源、事件对象、监听器在整个事件处理过程中都起着非常重要的作用，它们彼此之间有着非常紧密的联系。事件处理机制的工作流程如图 12-17 所示。

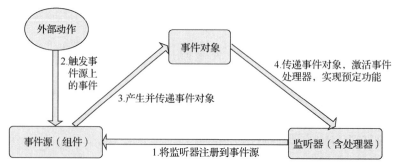

图12-17　事件处理机制的工作流程

在图 12-17 中，事件源指的是用户操作的组件，例如按钮、文本框、滚动条等。当用户在这些组件上进行一些操作（如单击）时，就会触发相应的事件。如果事件源注册了监听器，事件发生时，相应的事件监听器就会被激活，并执行预定义的处理代码。

不同的事件需要使用不同的监听器进行监听，不同的监听器需要实现不同的监听器接口。监听器接口中定义了一个或者多个抽象的事件处理方法，每个方法处理的事件和触发的时机都不相同，通常将监听器中重写监听器接口的方法称为事件处理器。当指定事件发生后，监听器就会调用所包含的事件处理器来处理事件。下面通过表 12-22 展示常见的事件、监听器接口和处理器之间的对应关系。

表 12-22　事件、监听器接口和处理器之间的对应关系

事件	监听器接口	事件处理器	触发时机
ActionEvent	ActionListener	actionPerformed()	按钮、文本框、菜单项被单击时触发
MouseEvent	MouseListener	mouseClicked()	在某个组件上单击时触发
		mouseEntered()	鼠标指针进入某个组件时触发
		mouseExited()	鼠标指针离开某个组件时触发
		mousePressed()	在某个组件上按下鼠标左键时触发
		mouseReleased()	在某个组件上释放鼠标时触发
	MouseMotionListener	mouseDragged()	在某个组件上移动鼠标指针，且按下鼠标左键时触发
		mouseMoved()	在某个组件上移动鼠标指针，且没有按下鼠标左键时触发
KeyEvent	KeyListener	keyPressed()	按下某个键时触发
		keyReleased()	释放某个键时触发
		keyType()	按某个键时触发
FocusEvent	FocusListener	focusGained()	组件获取焦点时触发
		focusLost()	组件失去焦点时触发

需要给指定的组件（事件源）注册监听器时，可以通过 addXxx()方法实现。其中，Xxx 为监听器接口的名称。例如，btn 为按钮，btn.addActionListener()用于为按钮 btn 注册动作监听器。当事件源发生特定事件时，被注册到该组件的事件监听器里的事件处理器将被触发。

为了帮助读者更好地理解事件处理机制，下面以按钮的单击事件为例讲解动作事件监听器的应用，具体代码如文件 12-12 所示。

文件 12-12　Example12.java

```
1   import javax.swing.*;
2   import java.awt.event.ActionEvent;
3   import java.awt.event.ActionListener;
4   public class Example12 extends JFrame {
5       JLabel label;
6       JButton btn;
7       //助力次数
8       int clicks = 0;
9       public Example12() {
10          setTitle("动作事件监听器");
11          setDefaultCloseOperation(JFrame.EXIT_ON_CLOSE);
12          setBounds(100, 100, 400, 100);
13          JPanel panel = new JPanel();
14          this.add(panel);
15          label = new JLabel("");
16          panel.add(label);
17          //创建 JButton 对象
18          btn = new JButton("助力");
19          panel.add(btn);
20          btn.addActionListener(new ActionListener() {
21              @Override
```

```
22          public void actionPerformed(ActionEvent e) {
23              label.setText("为环保助力了 " + (++clicks) + " 次");
24          }
25      });
26    }
27    public static void main(String[] args) {
28        Example12 frame = new Example12();
29        frame.setVisible(true);
30    }
31 }
```

在上述代码中，第 13～14 行代码创建了一个面板 panel，并将该面板添加到窗口中；第 15～19 行代码创建了一个标签 label 和一个按钮 btn，并将其添加到面板 panel；第 20～25 行代码为按钮 btn 添加了动作事件监听器，单击 btn 按钮后，会执行重写的 actionPerformed() 方法，重写的 actionPerformed()方法会对 label 的文本内容进行重新设置。

运行文件 12-12 后弹出的窗口如图 12-18 所示。

单击"助力"按钮后的效果如图 12-19 所示。

图12-18　文件12-12的运行结果　　　　　　图12-19　单击"助力"按钮后的效果

在单击"助力"按钮后，面板中多了一个标签，而且每次单击"助力"按钮后，标签的文本内容都会发生变化，说明单击该按钮后，执行了动作监听器中重写的 actionPerformed() 方法，成功为按钮注册了动作事件监听器。

【案例 12-1】简易记事本

请扫描二维码查看【案例 12-1：简易记事本】。

【案例 12-2】会员充值窗口

请扫描二维码查看【案例 12-2：会员充值窗口】。

12.6　JavaFX

12.6.1　JavaFX 简介和可视化布局工具的安装

除了 Swing，Java 还提供了另一种 GUI 开发的选择——JavaFX。JavaFX 是 Java 平台上的富客户端开发工具包，它提供了丰富的、现代化的、可扩展的 GUI 组件。同时，相较于

Swing，JavaFX 在视觉效果、性能和功能方面有多项改进和提升。此外，JavaFX 引入了基于 XML（Extensible Markup Language，可扩展标记语言）的 FXML，FXML 可用于描述 JavaFX 界面的结构和属性，程序基于 FXML 可以实现界面布局和逻辑处理的分离，使得界面设计和开发可以更好地组织和管理。

尽管 JavaFX 提供了丰富的 GUI 控件、布局和样式表等功能，结合 FXML 可以轻松地实现界面布局，然而对不熟悉 FXML 的开发人员来说这种方式可能相对较为烦琐。为了更便捷地设计和布局 JavaFX 界面，开发者可以使用 JavaFX 官方提供的可视化布局工具——Scene Builder。Scene Builder 是一个用于创建 JavaFX 界面的可视化布局工具。基于 Scene Builder，开发人员可以通过拖放的方式轻松创建和组织 GUI 的各种组件；完成界面的设计后，Scene Builder 将自动生成对应的 FXML 文件，开发者可以将这些 FXML 文件与 Java 代码进行集成，并使用集成后的代码来构建完整的应用程序。

本节将基于 JavaFX 和 Scene Builder 实现 GUI，对此，在开发之前需要对 JavaFX 和 Scene Builder 进行安装配置，具体说明如下。

（1）安装 JavaFX

本书使用的 IDEA 版本为 ideaIC-2023.2.1，该版本的 IDEA 默认集成了 JavaFX 插件，无须额外进行安装操作即可使用 JavaFX。如果读者使用的 IDEA 未集成 JavaFX 插件，可自行在 IDEA 中安装 JavaFX 插件。

启动 IDEA 后单击左侧的"Plugins"，右侧会显示插件管理界面，默认显示的是当前已安装的插件，具体如图 12-20 所示。

在搜索框中输入"JavaFX"，查看是否已经安装好 JavaFX 插件。已安装 JavaFX 插件的效果如图 12-21 所示。

图12-20　当前已安装的插件　　　　　　　图12-21　已安装JavaFX插件的效果

如果没有安装 JavaFX 插件，可以选择"Marketplace"，在搜索框中输入"JavaFX"，找到对应的插件后单击"Install"进行安装。

（2）安装和配置 Scene Builder

JavaFX 官网或 Oracle 官网都提供了 Scene Builder 的下载途径，读者可以访问这两个网站以下载 Scene Builder，也可以在本书提供的资源中找到 Scene Builder 的安装包。获取 Scene Builder 的安装包后，根据安装向导的提示完成安装即可。Scene Builder 的安装过程相对比较简单，不再详细介绍。

为了使 JavaFX 可以和 Scene Builder 自动结合使用，在安装好 Scene Builder 后需要对 JavaFX 与 Scene Builder 进行关联。启动 IDEA 后单击左侧的 "Customize"，在右侧的界面中单击 "All settings"，打开 "Settings" 对话框，在 "Settings" 对话框中依次选择 "Languages & Frameworks" → "JavaFX"，进入设置 Scene Builder 路径的界面，具体如图 12-22 所示。

在 "Path to SceneBuilder" 文本框中设置 Scene Builder 的路径，具体如图 12-23 所示。

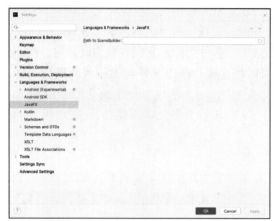

图12-22　设置Scene Builder路径的界面

图12-23　设置Scene Builder的路径

单击 "OK" 按钮，完成 JavaFX 和 Scene Builder 的关联。

12.6.2　JavaFX 应用程序入门

结合使用 JavaFX 和 Scene Builder 可以帮助开发者轻松地设计 JavaFX 界面，下面基于 JavaFX 和 Scene Builder 实现一个 JavaFX 入门程序，该程序需要设计一个用户登录界面，并实现用户登录功能。

1. 创建项目

在 IDEA 中创建一个名称为 "chapter1202" 的 Java 项目，然后在项目的 src 目录下创建包 com.itheima，并在该包下依次创建文件 LoginApp.java、LoginController.java、login.fxml。其中，LoginApp.java 文件用于启动用户登录程序，LoginController.java 文件用于实现用户登录界面登录时对应的业务逻辑，login.fxml 文件用于实现用户登录界面的布局。

使用 JavaFX 开发应用程序时，需要将 JavaFX 对应的 JAR 文件添加到项目中，这些 JAR 文件读者可以从 JavaFX 官网获取，也可以在本书提供的配套资源中获取。在项目的根路径创建一个名称为 "lib" 的文件夹，将程序运行所需的 JavaFX 对应的 JAR 文件添加到 "lib" 文件夹，并右击 "lib" 文件夹，在弹出的快捷菜单中选择 "Add as Library" 命令，将文件夹中的 JAR 文件应用到项目中。此时，项目的目录结构如图 12-24 所示。

2. 设计用户登录界面

右击 login.fxml，在弹出的快捷菜单中选择 "Open In SceneBuilder" 命令，使用 Scene Builder 打开 login.fxml 文件，如图 12-25 所示。

图12-24　项目的目录结构

图12-25　使用Scene Builder打开login.fxml文件

Scene Builder 主要分为 4 个区域：顶部的菜单栏、左侧的容器和组件区域、中间的界面设计区域、右侧的属性和布局区域。读者可以在左侧的组件区域手动查找所需的组件，也可以在搜索框中输入关键字进行查找。

将用户登录界面所需的组件拖动到中间的界面设计区域，并进行位置的调整。调整用户登录界面后的 login.fxml 窗口如图 12-26 所示。

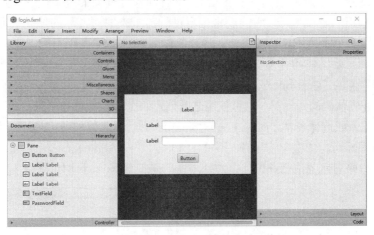

图12-26　login.fxml窗口（1）

从窗口左侧的"Hierarchy"卷展栏中可以看出，用户登录界面由一个包含 1 个按钮、3 个标签、1 个文本框、1 个密码输入框的面板组成。

为了使用户登录界面更美观，以及后续更好地操作界面中的组件，需要对组件的一些属性进行设置，并添加对应的监听器，具体步骤如下。

（1）在窗口左侧的"Hierarchy"卷展栏中双击标签和按钮组件以修改组件的"text"属性值，此处将这些组件的"text"属性值分别修改为"用户登录""用户名:""密　码:"和"登录"。

（2）为了后续能更好地在代码中访问和操作组件，可以对组件进行自定义标识。单击窗口右侧的 Code 选项卡，在 Code 选项卡下 fxid 对应的输入框中为文本框、密码输入框和按钮指定对应的标识"username""psw"和"loginBtn"。

（3）选择按钮后，单击窗口右侧的 Code 选项卡，在 Code 选项卡下 onAction 对应的输入框中指定单击按钮时执行的方法名为"login"。

修改用户登录界面后，login.fxml 窗口如图 12-27 所示。

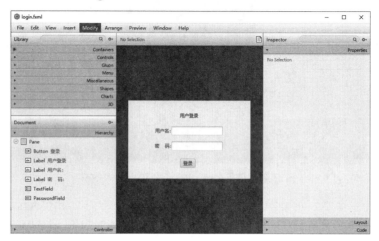

图12-27　login.fxml窗口（2）

3. 实现界面布局管理的业务逻辑

在 Scene Builder 中可以生成一个 FXML 文件对应处理器的骨架代码，生成的骨架代码并不包含任何真正的逻辑（开发者需要根据自己的需求来编写实际的事件处理逻辑、数据绑定逻辑和其他业务逻辑），但可以减少一些初始设置和手动编写代码的工作量。这使得开发者能够更快速地开始构建和开发 JavaFX 应用程序的界面和逻辑。

展开窗口左侧的"Controller"卷展栏，在"Controller class"文本框中输入或选择 login.fxml 文件对应业务逻辑代码的处理器。这里使用.之前创建的 LoginController.java 处理用户登录界面的业务逻辑，输入或选择 com.itheima.LoginController 即可，具体如图 12-28 所示。

指定好处理器后，依次单击菜单栏中的"View"→"Show Sample Controller Skeleton"，会弹出一个窗口来显示 login.fxml 对应的处理器的骨架代码，具体如图 12-29 所示。

图12-28　指定处理器

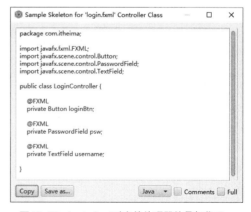

图12-29　login.fxml对应的处理器的骨架代码

图 12-29 中，@FXML 是 JavaFX 中用于标记 FXML 文件中 GUI 组件（如 Button、TextField 等）与 Java 代码中对应变量、关联方法的注释符号。当使用@FXML 标记变量时，可以通过

变量访问和操作 FXML 文件中 fx:id 属性与其对应的组件；而使用@FXML 标记方法时，可以将方法与 FXML 文件中的 GUI 组件事件进行关联，在方法中，可以编写处理组件事件的逻辑。这样的设计使得用户与 FXML 文件的组件和事件进行交互变得更加容易和直观。

将图 12-29 中的代码复制到 IDEA 的 LoginController 类中，在 Scene Builder 中按"Ctrl+S"组合键，保存对 login.fxml 文件的修改。此时，IDEA 中的 login.fxml 文件中会自动添加界面布局的代码，以及关联 LoginController 处理器。

在 LoginController.java 文件中编写用户登录的业务代码，当用户单击"登录"按钮时，对输入的用户名和密码进行校验，并根据校验结果弹出对话框进行提示。这里设定用户名为 admin，密码为 123，具体如文件 12-13 所示。

文件 12-13　LoginController.java

```java
1  import javafx.event.ActionEvent;
2  import javafx.fxml.FXML;
3  import javafx.scene.control.Alert;
4  import javafx.scene.control.Button;
5  import javafx.scene.control.PasswordField;
6  import javafx.scene.control.TextField;
7  public class LoginController {
8      @FXML
9      private Button loginBtn;
10     @FXML
11     private PasswordField psw;
12     @FXML
13     private TextField username;
14     @FXML
15     void login(ActionEvent event) {
16         //获取用户名文本框的内容
17         String un = username.getText();
18         //获取密码文本框的内容
19         String p = psw.getText();
20         //创建对话框
21         Alert alert = new Alert(Alert.AlertType.INFORMATION);
22         if ("admin".equals(un) && "123".equals(p)) {
23             alert.setContentText("登录成功！");
24         } else {
25             alert.setContentText("用户名或密码错误！");
26         }
27         alert.show();
28     }
29  }
```

在上述代码中，第 8～13 行代码分别使用@FXML 声明了按钮、密码输入框和文本框；第 15～28 行代码定义了单击"登录"按钮时执行的方法，其中，第 21 行代码创建了一个信息对话框，第 22～26 行代码验证用户输入的用户名和密码，如果用户名和密码都输入正确，在对话框中提示"登录成功！"，否则提示"用户名或密码错误！"。

4. 创建程序入口

JavaFX 应用程序的启动类需要继承 javafx.application.Application 类，并重写其 start()方法。Application 类提供了 launch()方法，用于启动 JavaFX 应用程序框架并自动调用重写的 start()方法来启动应用程序。对此，开发者可以在重写的 start()方法中加载 login.fxml 文件，将之前设计的用户登录界面在程序启动时进行展示。

JavaFX 中提供了 Stage 类和 Scene 类来构建应用程序的 GUI，下面对这两个类的作用和用法进行说明。

（1）Stage 类

Stage 类是 JavaFX 应用程序的顶层容器，它代表一个窗口。通常一个 JavaFX 应用程序至少有一个窗口。Stage 类具有以下一些重要的特点和用法。

● 创建窗口。可以使用 Stage 类的构造方法创建新的窗口，也可以通过 Application 类的 start()方法的参数 primaryStage 来引用应用程序的初始窗口。

● 设置窗口的相关属性。Stage 类提供了一系列方法来设置窗口的属性，例如设置窗口标题、图标、大小、位置等，对应的方法为 setTitle()、setIcon()、setWidth()和 setHeight()、setX()和 setY()。

● 设置窗口的场景。Scene 类用于组织和呈现 GUI 组件。使用 setScene()方法可以将 Scene 对象设置为窗口的场景。

（2）Scene 类

Scene 类表示 JavaFX 应用程序的一个场景，它是窗口中的内容区域。一个窗口可以有多个场景，但一次只能显示一个场景。Scene 类具有以下一些重要的特点和用法。

● 创建场景。可以使用 Scene 类的构造方法来创建新的场景，需要指定场景的根节点（顶层组件）以及场景的宽度和高度。

● 设置场景的样式表。可以使用 setStylesheet()方法来设置场景的样式表，从而对场景中的组件进行样式设置。

● 呈现场景。将场景设置给窗口后，可以调用 Stage 对象的 show()方法将窗口显示出来，如果 Stage 对象不调用 show()方法，则程序启动后将不会显示任何界面。

下面根据 JavaFX 应用程序的启动思路，以及 Stage 类和 Scene 类创建加载用户登录窗口的程序启动类。

首先，在 LoginApp.java 文件中使 LoginApp 继承 Application 类，并在重写的 start()方法中加载 login.fxml 文件，具体如文件 12-14 所示。

文件 12-14　LoginApp.java

```
1   import javafx.application.Application;
2   import javafx.fxml.FXMLLoader;
3   import javafx.scene.Scene;
4   import javafx.stage.Stage;
5   import java.io.IOException;
6   public class LoginApp extends Application {
7       @Override
8       public void start(Stage stage) throws IOException {
9           FXMLLoader fxmlLoader = new FXMLLoader(
10              LoginApp.class.getResource("login.fxml"));
11          Scene scene = new Scene(fxmlLoader.load(), 380, 240);
12          stage.setTitle("用户登录");
13          stage.setScene(scene);
14          stage.show();
15      }
16  }
```

在上述代码中，第 9~11 行代码加载 login.fxml 中的界面布局，并根据加载的内容创建 Scene 对象；第 13~14 行代码将 Scene 对象设置到 Stage 对象中，并进行展示。

接着在 com.itheima 包下创建一个主程序类 MainApp，在该类的 main()方法中启动 JavaFX 应用程序，具体如文件 12-15 所示。

文件 12-15　MainApp.java

```
1  import javafx.application.Application;
2  public class MainApp{
3      public static void main(String[] args) {
4          Application.launch(LoginApp.class);
5      }
6  }
```

在上述代码中，第 4 行代码调用 Application 类的 launch()方法，在其中加载 LoginApp 类来启动 JavaFX 应用程序。

5. 测试用户登录界面

运行文件 12-15，运行结果如图 12-30 所示。

输入错误的用户名或密码进行登录，结果如图 12-31 所示。

图12-30　文件12-15的运行结果

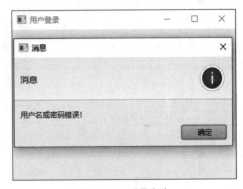

图12-31　登录失败

输入正确的用户名和密码进行登录，结果如图 12-32 所示。

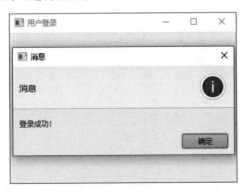

图12-32　登录成功

至此，使用 JavaFX 编写简单的用户登录程序已经完成。

【案例 12-3】添加图书

请扫描二维码查看【案例 12-3：添加图书】。

本章小结

　　本章首先介绍了 GUI 的常用容器和组件，包括 Swing 容器、JPanel 容器、JLabel 组件、JButton 组件、JTextField 组件、JCheckBox 组件、JRadioButton 组件；接着介绍了布局管理器和事件处理机制；最后通过实现用户登录界面加深读者对 GUI 的理解。通过本章的学习，希望读者学会 GUI 中容器、组件的使用方法。

本章习题

　　请扫描二维码查看本章习题。

第 **13** 章

拓展阅读

综合项目——黑马书屋

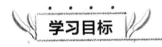

学习目标

技能目标	1. 掌握项目开发准备，能够基于客户提供的资料完成项目环境搭建 2. 掌握用户注册的实现，能够根据客户提供的用户注册 FXML 文件，实现用户的注册 3. 掌握用户登录的实现，能够根据客户提供的用户登录 FXML 文件，实现用户的登录 4. 掌握图书管理的实现，能够根据客户提供的图书信息 FXML 文件和借阅记录 FXML 文件来实现图书信息管理和借阅记录两个功能 5. 掌握用户管理的实现，能够根据客户提供的修改用户信息 FXML 文件和修改密码 FXML 文件来实现用户信息的修改 6. 掌握登录管理的实现，能够根据客户提供的菜单栏 FXML 文件实现退出登录和退出系统两个功能

随着计算机的普及和互联网的发展，越来越多的管理员将线下服务扩展至线上，其中书店的线上自助借阅、归还和图书管理已成为当下的常见需求。本章将讲解的黑马书屋是一个运用 Java 相关基础知识开发的书店业务管理系统，通过这个系统可以加深读者对 Java 基础知识的理解，并了解 Java 项目的开发流程。

13.1 项目开发准备

13.1.1 项目概述

随着计算机和互联网的发展，书店可以利用应用程序实现图书的线上管理，其中，顾客可以通过自助方式进行图书的借阅和归还，从而避免对书店管理人员的过度依赖。这种方式使得书店管理人员能够更加轻松和高效地进行图书管理操作。

本章讲解的黑马书屋是一个基于 GUI 实现的书店业务管理系统，此系统专为满足书店日常管理及顾客借阅和归还需求而设计，下面对黑马书屋的功能进行说明。

1. 系统功能结构

黑马书屋主要包含用户注册、用户登录、图书管理、用户管理和登录管理等功能模块，其功能结构如图 13-1 所示。

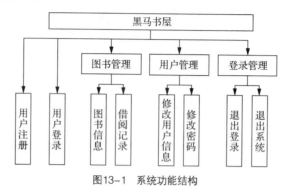

图13-1　系统功能结构

2. 系统功能预览

系统包括管理员和顾客两种角色，每种角色都具有相应的操作权限和功能。其中，图书管理、用户管理、登录管理都需要用户登录后才可以操作，图书管理会根据登录用户的角色提供对应操作权限。图书管理的功能如图 13-2 所示。

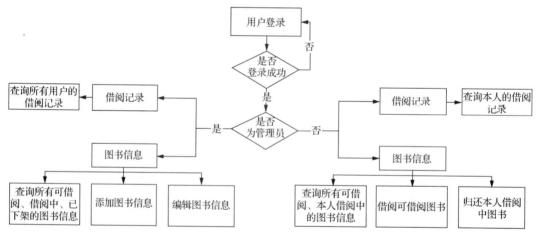

图13-2　图书管理的功能

为了让读者在开发之前对黑马书屋的功能有更好的理解，下面对这些功能进行介绍。

（1）用户登录

管理员和顾客进入系统之前，都需要进行登录。本系统中管理员的信息是固定给出的，顾客的信息可以自行注册。管理员登录时需要在用户登录界面中选择"角色"为管理员，用户登录界面如图 13-3 所示。

用户可以通过"角色"下拉列表框选择自己的角色，输入用户名和密码后，单击"登录"按钮即可实现登录。

（2）图书管理

用户登录系统后默认显示图书管理中的图书信息界面，其中管理员角色可以在图书信息界面添加和修改图书信息，具体如图 13-4 所示。

图13-3　用户登录界面

图13-4　图书信息界面（管理员角色）

选择"图书列表"中的图书信息后，对应的图书信息会填充到下方对应的文本框中，管理员可以基于填充的图书信息添加和修改图书信息。

顾客角色登录后可以在图书信息界面借阅和归还图书，具体如图 13-5 所示。

图13-5　图书信息界面（顾客角色）

选择"图书列表"中的图书信息后，对应的图书信息会填充到下方对应的文本框中，但是文本框处于不可编辑状态，顾客可以确认图书信息后进行借阅和归还。

在图书管理中的借阅记录界面可以查看图书借阅记录，其中管理员可以查看所有用户的借阅记录，顾客只能查看自己的借阅记录，效果如图 13-6 所示。

图13-6　借阅记录界面

（3）用户管理

在用户管理界面下可以对用户的个人信息和密码进行修改，其中修改密码之前需要输入原始密码进行校验，具体如图 13-7 和图 13-8 所示。

图13-7　修改个人信息

图13-8　修改密码信息

（4）登录管理

在登录管理中可以退出当前登录和退出系统，单击"登录管理"，效果如图 13-9 所示。

图13-9　登录管理

单击"退出登录"可以退出当前登录、回到用户登录界面，单击"退出系统"则会直接关闭程序。

（5）用户注册

在用户登录界面单击"注册"按钮会跳转到用户注册界面，效果如图 13-10 所示。

图13-10　用户注册界面

输入用户信息后单击"注册"按钮会实现用户的注册，本系统注册生成的用户角色均为顾客。

13.1.2　数据库设计

黑马书屋中的实体主要包含用户、图书、借阅记录，对此可以在数据库中创建对应的表来存储对应的实体信息。结合系统描述中的信息设计用户表、图书信息表和借阅记录表的结构，具体如表 13-1～表 13-3 所示。

表 13-1　用户表 user 的结构

字段名	类型	长度	是否主键	说明
id	int	0	是	用户编号
name	varchar	32	否	用户名称
password	varchar	32	否	用户密码
tel	varchar	32	否	用户手机号
gender	varchar	32	否	用户性别
role	varchar	32	否	用户角色：管理员、顾客

表 13-2　图书信息表 book 的结构

字段名	类型	长度	是否主键	说明
id	int	0	是	图书编号
bookname	varchar	32	否	图书名称
author	varchar	32	否	图书作者
state	varchar	32	否	图书状态：可借阅、借阅中、已下架
des	varchar	255	否	图书简介
borrower	varchar	32	否	图书借阅人
borrowtime	datetime	0	否	图书借阅时间

表 13-3　借阅记录表 record 的结构

字段名	类型	长度	是否主键	说明
id	int	0	是	借阅记录编号
bookname	varchar	32	否	借阅的图书名称
borrower	varchar	32	否	图书借阅人
borrowtime	varchar	32	否	图书借阅时间
remandtime	datetime	0	否	图书归还时间

13.1.3　项目环境搭建

在正式开发功能模块之前，需要进行项目环境的搭建。本系统的项目环境搭建包括确定项目开发环境、配置数据库、配置文件设置等操作，具体如下。

1. 确定项目开发环境

- 操作系统：Windows 10 及以上版本。
- Java 开发包：JDK 17。
- 数据库：MySQL 8.0。
- 开发工具：IntelliJ IDEA Community Edition 2023.2.1。

2. 创建数据库和表

在 MySQL 数据库中创建一个名称为 "bookstore" 的数据库，并根据设计的数据表结构在 bookstore 数据库中创建相应的数据表。读者也可以在本书提供的配套资源中获取对应的 SQL 文件来创建数据表，并向数据表中插入测试数据。

3. 创建项目

为了提高程序的可维护性、可扩展性和代码结构的清晰性，本项目将每个功能模块划分为表现层、业务逻辑层和数据访问层 3 部分进行开发。下面介绍这 3 部分的作用。

● 表现层：表现层主要负责与用户进行交互，包括接收用户输入的数据和显示处理后的数据。在本项目中，所有表现层的代码都统一放置在 com.itheima.view 包下。

● 业务逻辑层：业务逻辑层主要处理用户交互等业务逻辑，它作为表现层和数据访问层之间的桥梁。在本项目中，所有业务逻辑层的代码都统一放置在 com.itheima.controller 包下。

● 数据访问层：数据访问层主要负责与数据库进行交互，数据访问层根据业务逻辑层发送过来的请求操作数据库中的数据，并将操作结果返回业务逻辑层，实现对数据的增、删、改、查操作。在本项目中，所有数据访问层的代码都统一放置在 com.itheima.dao 包下。

为了更好地管理项目的代码，除了表现层、业务逻辑层和数据访问层，通常还需要建立实体类和工具类。实体类用于表示业务模型和数据对象，工具类则用于封装一些通用的功能和操作。这样可以使代码更加规范和易于维护，提高开发效率和系统的稳定性。

根据上述思想，在 IDEA 中创建一个名称为 "bookstore" 的项目，在项目中创建 com.itheima.domain 包来存放项目的实体类，创建 com.itheima.utils 包来存放项目的工具类。

4. 添加 JAR 包

在项目的根目录下创建一个名称为 "lib" 的文件夹，用于存放项目中所需的 JAR 包。黑马书屋使用 JavaFX 设计应用程序的 GUI，并将应用程序的数据存储在数据库中，对此程序中需要 JavaFX、MySQL 驱动程序、数据库连接等相关 JAR 包。

本书提供的资源中包含对应的 JAR 包，读者可以在资源文件中获取这些 JAR 包，也可以自行通过网络或其他方式获取。将项目所需 JAR 包放入 lib 文件夹后，右击 lib 文件夹，在弹出的快捷菜单中选择 "Add as Library……" 命令，将该文件夹内的 JAR 包应用到项目中。

5. 导入资源

本书提供的资源中包含黑马书屋的 GUI 对应的 FXML 文件，为了更便捷地进行开发，本书的资源同时还提供了实体类、工具类、druid.properties 配置文件等资源，读者只需将这些资源导入 bookstore 项目对应的包下即可，导入资源后项目 bookstore 的目录结构如图 13-11 所示。

在图 13-11 中，BaseController 是一个抽象类，是所有界面结构和布局文件对应的 Controller 类的父类。每个 Controller 类都需要对界面进行初始化操作，在 BaseController 类中定义了用于初始化的抽象方法。PanePaneUtils 提供了两个静态方法，分别用于关闭当前场景并创建一个新的场景和关闭当前场景之前的布局并打开新的布局；Session 提供了两个静态方法，分别用于存放和获取用户信息。

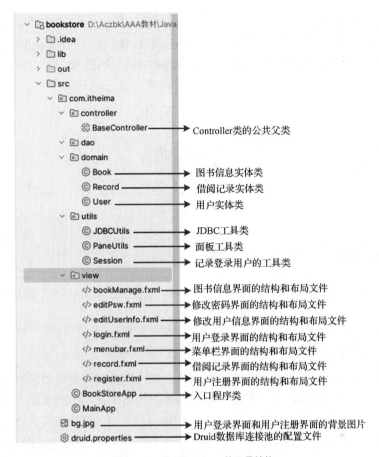

图13-11　项目bookstore的目录结构

13.2　用户注册

　　用户注册界面提供"返回登录"和"注册"按钮，对此需要在用户注册界面中实现返回登录界面和用户注册这两个功能。用户注册的本质是将顾客填写的用户信息保存到数据库中，但在提交用户注册信息之前，为了确保信息的完整性和安全性，需要对填写的内容进行校验，校验通过后才允许提交注册申请。

　　请扫描二维码查看用户注册的实现过程。

13.3　用户登录

　　用户登录界面提供"注册"和"登录"按钮，对此需要在用户登录界面中实现前往用户注册界面和用户登录这两个功能。

为了防止出现系统信息泄露等情况，在使用登录功能之外的其他功能之前，管理员和顾客都需要进行登录验证。当管理员或顾客进行登录操作时，系统会要求输入账号、密码和角色信息。系统会将这些输入信息与数据库中的记录进行比对。如果输入的账号、密码和角色信息与数据库中的记录匹配，则登录成功；否则登录失败，并会提示相应的失败信息。

请扫描二维码查看用户登录的功能实现过程。

13.4　图书管理

图书管理是黑马书屋的核心模块，该模块中包含图书信息和借阅记录两部分，下面分别对两部分的实现进行讲解。

13.4.1　图书信息

图书信息用于查询和修改图书的相关信息，对于不同的用户角色，系统提供了不同的操作权限。为此，在初始化界面时，需要根据登录用户的角色动态加载不同的组件，以提供相应的操作功能。结合导入的 bookManage.fxml 文件和 13.1.1 小节中的图书信息界面可知，管理员角色和顾客角色对应的图书信息界面都主要包含 3 个面板，具体说明如下。

1. 管理员

● "图书查询"面板：主要包含一个下拉列表框、一个文本框、一个按钮，其中，下拉列表框用于选择需要查询的图书的状态，需要包含可借阅、借阅中、已下架 3 种选项；单击"查询"按钮时，根据选择的图书状态以及文本框中输入的图书名称在数据库中查询相应的图书信息。

● "图书列表"面板：用于显示图书查询的结果，如果查询的图书的状态为借阅中，则需要在表格中新增一列来显示当前的借阅者。

● "图书添加\修改"面板：用于输入和选择需要添加或修改的图书信息，其中，修改图书时，只能对查询到的"图书列表"中的图书信息进行修改；当选择"图书列表"中的某行图书信息时，会自动填充相应的信息到文本框和下拉列表框中。

2. 顾客

● "图书查询"面板：与管理员角色的"图书查询"面板的组件和功能一致，不同的是顾客角色查询时，图书状态下拉列表框中不包含"已下架"选项，只有"可借阅"和"借阅中"选项。

● "图书列表"面板：与管理员角色一样，用于展示图书查询的结果。

● "图书借阅\归还"面板：用于对可借阅的图书进行借阅，以及对本人已借阅的图书进行归还。图书借阅和归还都需要先进行图书查询，选择"图书列表"中的图书信息后，会将该图书的信息填充到文本框和下拉列表框中，顾客确认无误后再进行借阅或归还。

请扫描二维码查看图书信息的实现过程。

13.4.2　借阅记录

本系统设定中的借阅记录指的是从借阅到归还的完整借阅信息。借阅记录功能由新增借阅记录和查询借阅记录两个部分组成。其中，新增借阅记录会在顾客成功归还图书时在数据库中新增一条借阅记录；查询借阅记录指根据指定条件查询数据库中对应的借阅记录。在系统中，"借阅记录"功能模块用于查询借阅记录。管理员可以查询所有的借阅记录，而顾客只能查询自己的借阅记录。

请扫描二维码查看借阅记录的实现过程。

13.5　用户管理

用户管理主要是对当前登录用户的基本信息和密码进行修改，下面分别对这两个功能的实现进行讲解。

13.5.1　修改用户信息

进入用户管理界面时，界面需要显示当前登录用户的可修改信息。为了提升用户的体验，用户修改对应的信息后，需要立即对所修改的信息进行校验，如果校验不通过则需要进行对应的提示。为实现这一功能，可以监听需要校验的文本组件，一旦触发了对应的监听事件，就进行校验。为确保信息有效性，需要在单击"修改"按钮时再次对当前个人信息进行校验。只有当符合要求时，才将这些信息更新到数据库中。

请扫描二维码查看修改用户信息的实现过程。

13.5.2　修改密码

修改密码需要确保原始密码输入正确、新密码不为空，以及确认密码和新密码保持一致。对此，可以对这 3 个密码输入框进行监听，当失去焦点时进行规则的校验，如果都符合，则允许将新密码更新到数据库。

请扫描二维码查看修改密码的实现过程。

13.6　登录管理

登录管理主要管理当前用户的登录情况，包括退出登录和退出系统两个功能，分别通过单击菜单栏中"登录管理"菜单的"退出登录"和"退出系统"菜单项实现。用户选择退出登录后，系统将清除用户的登录信息，退出当前登录并跳转到用户登录界面。用户选择退出系统时，系统将关闭当前所有功能窗口，并停止提供系统的任何功能。

请扫描二维码查看登录管理的实现过程。

本章小结

本章主要讲解了基于 JavaFX 实现的黑马书屋项目。其中，首先讲解了项目开发准备；然后讲解了项目各个功能模块的实现，包括用户注册、用户登录、图书管理、用户管理、登录管理。通过本章的学习，希望读者能够对 Java 项目的开发流程及实现思路有较为深入的了解，为后续项目的开发和知识的学习打下良好的基础。